ライブラリ 物理の演習しよう 2

演習しよう 電磁気学

これでマスター！ 学期末・大学院入試問題

鈴木久男●監修／羽部朝男・榎本潤次郎●共著

数理工学社

監修のことば

あなたは物理のテキストを読めばわかるのだけど，問題が解けないなんて悩んでいませんか？　私が学生だった頃も同様の悩みを抱えていました．そもそも物理学は，サイエンスすべての現象を説明するための学問です．こうしたことから，概念を応用して初めて「物理を理解した」といえるものなのです．物理学とは厳しい学問なんですね．

とはいっても，物理が難しい学問であることが今のあなたにとっての悩みを解決しているわけではありません．実際何も参考にしないでじっくりと物理学の難しい問題を解くなんて簡単ではありません．現実に学期末試験や大学院入試の対策に悩んでいるのではないでしょうか．特に学期末試験や大学院入試問題は，限られた時間で解く必要があるのでなおさらです．他方このように悩んでいるのはあなただけではありません．出題側の教員にとっても悩みがあります．例えば，テストなどで全く新しいパターンの問題を出してしまうと，大多数の得点は非常に低くなってしまい，成績付けが困難になります．こうしたことから，テストではパターン化された問題の割合を多くせざるをえないのです．このようなことから，まずあなたに必要なスキルとしては，パターン化された問題を，素早く解いていくことなのです．この「ライブラリ 物理の演習しよう」では，理工系向けに，じっくり考える必要がある難問ではなく学期末試験や大学院入試で出題されやすい型にはまった問題を解くためのスキルを身につけてもらい，あなたの学習を強力にバックアップしていくことを目標としています．

電磁気学は，最初は誰もが大変と感じる科目です．偏微分や多重積分が多く出てきます．一方，わかってしまうとそれほど難しく感じなくなります．そのため，多くの大学教員はなぜ学生が難しいと感じるのかわかってくれません．著者の一人榎本さんは，北海道大学で電磁気学の演習を担当する大学院生インストラクターでした．また，もう一人の羽部先生は，電磁気学の講義を長い間受け持ってきました．そのため，本書では，どこがわかりにくいのかを的確に捉え，かつそれをわかりやすく解説しています．電磁気学の問題では様々な状況設定が考えられますので，本書ですべてのパターンを尽くしているわけではありません．しかし，膨大なパターンを暗記しようとしても意味がありません．まず典型的なパターンを尽くしている本書で繰返し演習し，すらすらとできるようになることが重要なのです．そしてそれがあなたの物理への自信になっていくことでしょう．

読むだけではだめですよ！　さあこれから頑張って物理の演習しよう！

2017 年 3 月　　監修者　北海道大学　鈴木久男

まえがき

電磁気学は古典的な場の概念を学ぶ大変興味深い物理学です．電磁気学の物理法則はマクスウェル方程式にまとめることができ，その方程式の奥深さを理解できたときの感動は大変大きいものです．また，電磁気学は現代物理学の柱である相対論の誕生と密接に関係しています．さらに，電磁気学は様々な技術に応用されている重要な物理学です．

このように大変重要で興味深い電磁気学ですが，大学の1年生の物理の授業では簡単だった電磁気学は，学部の専門課程で電磁気学を学び始めると急に難しさを感じ，特に使われている数学の複雑さに戸惑ってしまう人が多いのではないでしょうか．この演習書は，そうした学生の手引きとなるよう，電磁気学で使われる数学の基本から始めて，初学者にとってわかりにくい基本的な内容を基本問題として取り上げて丁寧に説明しています．さらに，学生が基本問題を参照しながら演習問題を解いていくことで電磁気の法則を深く理解できるようにしています．

本書は以下のような構成になっています．

- 第1章　数学的準備

  電磁気学を理解するために役に立つベクトルやその微分などについてまとめています．基本的な事項の節には，**の記号をつけています．++はより進んだ内容です．進んだ内容の節は必要になったときに読みましょう．なお第1章には演習問題がありません．

- 第2章　静電場

  時間変化しない電場についての章です．クーロンの法則とガウスの法則について扱います．場を扱う最初の章ですので難しいかもしれませんが，良く理解するようにしましょう．

- 第3章　物質と静電場

  導体や誘電体があるときの静電場についての章です．導体や誘電体の基本的な性質から，導体や誘電体と電場の関係を明らかにできることを良く理解しましょう．

- 第4章　定常電流と磁場

  定常な電流によって作られる磁場についての章です．ビオ-サヴァールの法則とアンペールの法則を扱います．これらは電流から作られる磁場についての法則という点では同じ内容ですが，電流と磁場の互いの関係という点でアンペールの法則の方がより広い内容を表しています．磁場に関するガウスの法則や磁場中の物質の性質についても扱っています．

- 第5章　電磁誘導

  磁場が時間変化することによって電場が発生する電磁誘導の法則についての章です．ローレンツ力も扱っています．

- 第6章　マクスウェル方程式

　電流が時間変化する場合にアンペールの法則が拡張され，電磁波の解を持つマクスウェル方程式が得られることについての章です．電磁波の解の性質や電磁場のエネルギーや運動量についても扱っています．

- 付　章　電磁波の放射

　マクスウェル方程式で電荷と電流が時間変化するとき電磁波の放射の解が得られることについての章です．双極子放射について扱っています．

各節に基本問題があり，第1章以外の章の節末に演習問題があります．基本問題は各節の基本事項を良く理解するためのものです．各自が解答の解説を見ながら自分でも問題を解いてみることが大切です．節末の演習問題は自分がどれくらい理解ができたのかを試すためのものです．問題の難度はAからCまであります．初めはAの問題を何も見ないで自分が理解した内容を思い返しながら解いてみましょう．初めはスラスラ解けないかもしれませんが，このチャレンジで自分の理解の不十分さが明確になり，基本問題を見直したりして解答のヒントを見つけだし解答することで理解を深めることができます．みなさんが電磁気学の面白さを理解するうえで本書がお役に立つことを願っています．

本演習書は，北海道大学理学部物理学科が行なっているGSI（Graduate Student Instructor）による電磁気学演習の授業資料を基にしています．著者（羽部朝男）はGSIによる電磁気学演習が始まった当時電磁気学の授業を担当しており，授業と相補的な電磁気学演習の内容を立案しました．当時大学院生だった二森都氏，石倉未奈氏，若山真梨子氏，共著者である榎本潤次郎氏のみなさんに電磁気学演習のGSI講師として協力していただきました．この場をお借りして感謝します．著者（榎本潤次郎）は電磁気学演習のGSI講師を務めるとともに歴代の電磁気学演習の授業資料の取りまとめを行いました．また永本慧氏（北海道大学大学院理学院宇宙理学専攻博士前期課程在学，素粒子論研究室所属）には本演習書の解答のチェックをしていただきました．最後に，数理工学社の田島伸彦氏，鈴木綾子氏，一ノ瀬知子氏には本書の執筆・校正についてきめ細かいアドバイスとご指摘，コメントをいただきました．ここに厚く感謝します．

　2017年3月　　　　著者を代表して　羽部朝男

目　　次

第1章

数学的準備

学部 1, 2 年生にとって，電磁気学は少し取っつきにくい教科でしょう．その原因には，電磁気学を理解するには場の概念が必要ということがあります．そして，場を扱うにはベクトル解析という数学が必要になります．こうした知識の乏しい学部 1, 2 年生が授業で，磁場や電場をベクトルで表したり，その簡単な微分や積分は理解できても，ガウスの法則の積分形や

$$\int_S \boldsymbol{E} \cdot d\boldsymbol{S} = \frac{Q}{\varepsilon_0}$$

微分形

$$\nabla \cdot \boldsymbol{E} = \frac{\rho}{\varepsilon_0}$$

に出会うと，違和感はかなり大きいと思います．そのため電磁気学が苦手になる人もいるのではないでしょうか．これは例えるなら，泳ぎ方をを知らずに深いプールに入るようなものです．苦手になるのは当然かもしれません．この章では電磁気学を学ぶのに必要な数学を説明します．このあたりの数学を知っている人は読み飛ばして構いません．全く触れたことのない人，触れたことはあるけど明確に理解していないと感じる人は是非とも読んでください．電磁気学を理解するのに役立ちます．

この章での説明は数学的な厳密さよりも，どのように理解できるかに重点を置いています．また，この章のすべてを理解しないと次に進めない訳ではありませんので，ざっと目を通して必要なときに，もう一度振り返って理解を深めるのが良いと思います．繰返しは，物事の理解にとって大変大切です．

1.1　ベクトルの基本性質**
——電磁気に必要なベクトル解析で使うベクトルの性質

Contents

キーポイント

内積やベクトルの回転行列はすでに知っているはずだが，外積は初めてでちょっと難しい．外積は回転運動と関係している．単位ベクトルは意外に大切である．

電磁気学で扱う**ベクトル**は，3 次元空間のベクトルです．特殊相対性理論に関係した場合は 4 次元ベクトルも扱いますが，それまでは空間 3 次元です．ベクトルは「$\vec{A}$」のように上付き→で表記されたり，「$\boldsymbol{A}$」のようにボールド体（太字）で表記します．本書ではボールド体で表記します．**デカルト座標系**（xyz 座標系）では，ベクトルとその成分は

$$\begin{aligned}\boldsymbol{A} &= (A_x, A_y, A_z) \\ &= A_x\boldsymbol{e}_x + A_y\boldsymbol{e}_y + A_z\boldsymbol{e}_z\end{aligned} \tag{1.1}$$

と表されます．$\boldsymbol{e}_x$ は x 軸方向の**単位ベクトル**であり，$\boldsymbol{e}_y$ は y 軸方向の単位ベクトル，$\boldsymbol{e}_z$ は z 軸方向の単位ベクトルです．$\boldsymbol{e}_x, \boldsymbol{e}_y, \boldsymbol{e}_z$ の各成分は

$$\boldsymbol{e}_x = (1,0,0), \quad \boldsymbol{e}_y = (0,1,0), \quad \boldsymbol{e}_z = (0,0,1)$$

です．

ベクトルの和は以下の規則に従います．

交換則：$\boldsymbol{A} + \boldsymbol{B} = \boldsymbol{B} + \boldsymbol{A}$

結合則：$(\boldsymbol{A} + \boldsymbol{B}) + \boldsymbol{C} = \boldsymbol{A} + (\boldsymbol{B} + \boldsymbol{C})$

分配則：$a(\boldsymbol{A} + \boldsymbol{B}) = a\boldsymbol{A} + a\boldsymbol{B}$,
$(a+b)\boldsymbol{A} = a\boldsymbol{A} + b\boldsymbol{A}$

❶内積

ベクトルの**内積**は $\boldsymbol{A}\cdot\boldsymbol{B}$ と表され，以下のように定義されます．

$$\boldsymbol{A}\cdot\boldsymbol{B} = A_xB_x + A_yB_y + A_zB_z = \sum_{i=1}^{3} A_iB_i \tag{1.2}$$

ここで，最後の部分は，ベクトル $\boldsymbol{A}$ の x 成分 A_x の代わりに A_1，A_y の代わりに A_2，A_z の代わりに A_3 と表しています．また，二つのベクトル $\boldsymbol{A}$ と $\boldsymbol{B}$ のなす角 θ を用いると，$\boldsymbol{A}$ と $\boldsymbol{B}$ の内積は

$$\boldsymbol{A}\cdot\boldsymbol{B} = AB\cos\theta$$

と書くこともできます．xyz 座標系の各軸方向の単位ベクトル $\boldsymbol{e}_x, \boldsymbol{e}_y, \boldsymbol{e}_z$ の各成分は

$$\boldsymbol{e}_x = (1,0,0),\quad \boldsymbol{e}_y = (0,1,0),\quad \boldsymbol{e}_z = (0,0,1)$$

ですので，これらの内積は，i と j を 1 から 3 の間の整数とすると

$$\boldsymbol{e}_i\cdot\boldsymbol{e}_j = \delta_{ij}$$

とまとめられます．これは各軸の単位ベクトルは互いに直交していることを表しています．ここで，δ_{ij} は**クロネッカーのデルタ**と呼ばれ，$i=j$ のとき $\delta_{ij}=1$，$i\neq j$ のとき $\delta_{ij}=0$ となります．内積の計算は以下の法則に従います．

交換則：$\boldsymbol{A}\cdot\boldsymbol{B} = \boldsymbol{B}\cdot\boldsymbol{A}$

結合則，スカラー倍：$\boldsymbol{A}\cdot(a\boldsymbol{B}) = (a\boldsymbol{A})\cdot\boldsymbol{B}$

分配則：$\boldsymbol{A}\cdot(\boldsymbol{B}+\boldsymbol{C}) = \boldsymbol{A}\cdot\boldsymbol{B}+\boldsymbol{A}\cdot\boldsymbol{C}$

❷外積

ベクトルの**外積**には，定義の仕方がいくつかありますが，ここでは次のようにします．まず，x,y,z 座標軸方向の単位ベクトル $\boldsymbol{e}_x,\boldsymbol{e}_y,\boldsymbol{e}_z$ に対して，ベクトル積として次のような規則を定義します．例えば，

$$\boldsymbol{e}_x\times\boldsymbol{e}_y = \boldsymbol{e}_z$$

これは z 軸方向を向いた右ネジを x 軸から y 軸へ回すと，右ネジは z 軸方向に進むことに対応しています．同様に，

$$\boldsymbol{e}_y\times\boldsymbol{e}_z = \boldsymbol{e}_x,\quad \boldsymbol{e}_z\times\boldsymbol{e}_x = \boldsymbol{e}_y$$

ネジを逆に回すと，右ネジは $-z$ 軸方向に進みますので

$$\boldsymbol{e}_y\times\boldsymbol{e}_x = -\boldsymbol{e}_z$$

同様に

$$\boldsymbol{e}_z \times \boldsymbol{e}_y = -\boldsymbol{e}_x, \quad \boldsymbol{e}_x \times \boldsymbol{e}_z = -\boldsymbol{e}_y$$

また，同じ単位ベクトル同士では回す向きを定義できないので

$$\boldsymbol{e}_x \times \boldsymbol{e}_x = \boldsymbol{e}_y \times \boldsymbol{e}_y = \boldsymbol{e}_z \times \boldsymbol{e}_z = 0$$

のようにします．

次に一般のベクトル $\boldsymbol{A}$ と $\boldsymbol{B}$ のベクトル積に対しては，ベクトル積にも分配則が使えるとして

$$\begin{aligned}\boldsymbol{A} \times \boldsymbol{B} &= (A_x\boldsymbol{e}_x + A_y\boldsymbol{e}_y + A_z\boldsymbol{e}_z) \times (B_x\boldsymbol{e}_x + B_y\boldsymbol{e}_y + B_z\boldsymbol{e}_z) \\ &= (A_xB_y - A_yB_x)\boldsymbol{e}_x \times \boldsymbol{e}_y + (A_yB_z - A_zB_y)\boldsymbol{e}_y \times \boldsymbol{e}_z \\ &\quad + (A_zB_x - A_xB_z)\boldsymbol{e}_z \times \boldsymbol{e}_x \\ &= (A_xB_y - A_yB_x)\boldsymbol{e}_z + (A_yB_z - A_zB_y)\boldsymbol{e}_x + (A_zB_x - A_xB_z)\boldsymbol{e}_y\end{aligned}$$

のように計算できます．これは複雑なようですが，行列式を使って次のようにまとめることができます．

$$\boldsymbol{A} \times \boldsymbol{B} = \begin{vmatrix} \boldsymbol{e}_x & \boldsymbol{e}_y & \boldsymbol{e}_z \\ A_x & A_y & A_z \\ B_x & B_y & B_z \end{vmatrix}$$

次に外積の大きさ $|\boldsymbol{A} \times \boldsymbol{B}|$ は，二つのベクトルのなす角 θ を用いると

$$|\boldsymbol{A} \times \boldsymbol{B}| = AB\sin\theta$$

と書けます．これを次の二つのベクトル

$$\boldsymbol{A} = (A\cos\alpha, A\sin\alpha, 0), \quad \boldsymbol{B} = (B\cos\beta, B\sin\beta, 0)$$

を例にして説明しましょう．ベクトル積を計算すると

$$\boldsymbol{A} \times \boldsymbol{B} = (0, 0, (A\cos\alpha)(B\sin\beta) - (A\sin\alpha)(B\cos\beta)) = (0, 0, AB\sin(\beta - \alpha))$$

$\beta - \alpha$ はベクトル $\boldsymbol{A}$ と $\boldsymbol{B}$ のなす角となっています．この式から $\boldsymbol{A} \times \boldsymbol{B}$ の大きさは，ベクトル $\boldsymbol{A}$ とベクトル $\boldsymbol{B}$ で作る平行四辺形の面積に等しくなっています．

外積の計算は以下の法則に従います．

交換則： $\boldsymbol{A} \times \boldsymbol{B} = -\boldsymbol{B} \times \boldsymbol{A}$

結合則，スカラー倍： $\boldsymbol{A} \times (a\boldsymbol{B}) = (a\boldsymbol{A}) \times \boldsymbol{B}$

分配則： $\boldsymbol{A} \times (\boldsymbol{B} + \boldsymbol{C}) = \boldsymbol{A} \times \boldsymbol{B} + \boldsymbol{A} \times \boldsymbol{C}$

❸ベクトルの回転行列

xy 平面上のベクトル $\boldsymbol{A}$ を z 軸周りに角度 φ だけ回転させる操作は，以下の**回転行列**を用いて

$$\begin{pmatrix} A'_x \\ A'_y \end{pmatrix} = \begin{pmatrix} \cos\varphi & -\sin\varphi \\ \sin\varphi & \cos\varphi \end{pmatrix} \begin{pmatrix} A_x \\ A_y \end{pmatrix} \tag{1.3}$$

のように表せます．ここではベクトルの x, y 成分を縦行列で表しています．ですので，回転後のベクトルの成分を A'_x, A'_y としています．

次に，2 次元極座標系の単位ベクトル $\boldsymbol{e}_r = (\cos\theta, \sin\theta)$ を z 軸周りに角度 φ 回転させると，

$$\begin{pmatrix} \cos\varphi & -\sin\varphi \\ \sin\varphi & \cos\varphi \end{pmatrix} \begin{pmatrix} \cos\theta \\ \sin\theta \end{pmatrix} = \begin{pmatrix} \cos\theta\cos\varphi - \sin\theta\sin\varphi \\ \cos\theta\sin\varphi + \sin\theta\cos\varphi \end{pmatrix}$$

となります．$\boldsymbol{e}_r$ を z 軸の周りに角度 φ 回転させたので，回転後のベクトルの x, y 成分は明らかに

$$(\cos(\theta+\varphi), \sin(\theta+\varphi))$$

このことから

$$\begin{pmatrix} \cos(\theta+\varphi) \\ \sin(\theta+\varphi) \end{pmatrix} = \begin{pmatrix} \cos\theta\cos\varphi - \sin\theta\sin\varphi \\ \cos\theta\sin\varphi + \sin\theta\cos\varphi \end{pmatrix}$$

が得られ，三角関数の加法定理が導けます．$\boldsymbol{e}_\theta$ は $\boldsymbol{e}_r$ を $\frac{\pi}{2}$ 回転させたものなので，$\boldsymbol{e}_\theta$ の成分は上式に $\varphi = \frac{\pi}{2}$ を代入することで

$$\boldsymbol{e}_\theta = \begin{pmatrix} \cos(\theta+\frac{\pi}{2}) \\ \sin(\theta+\frac{\pi}{2}) \end{pmatrix} = \begin{pmatrix} -\sin\theta \\ \cos\theta \end{pmatrix}$$

のようになります．

回転行列を 3 次元に拡張しましょう．3 次元ベクトル $\boldsymbol{A}$ を z 軸周りに角度 φ 回転させる操作は，$\boldsymbol{A}$ の x 成分と y 成分は上のように変化し，z 成分は変わらないので，次のような回転行列で表せることがわかります．

$$\begin{pmatrix} A'_x \\ A'_y \\ A'_z \end{pmatrix} = \begin{pmatrix} \cos\varphi & -\sin\varphi & 0 \\ \sin\varphi & \cos\varphi & 0 \\ 0 & 0 & 1 \end{pmatrix} \begin{pmatrix} A_x \\ A_y \\ A_z \end{pmatrix} \tag{1.4}$$

1.2 ナブラ演算子**
——場の変化を調べるときに使う演算子ナブラ

キーポイント

ナブラ演算子は偏微分演算子が成分のベクトルである．電磁気学ではとても大切な役割を果たしている．勾配はわかりやすいが，発散や回転は少し難しい．発散や回転はガウスの法則やアンペールの法則と一緒に理解した方がわかりやすい．

場の物理量の微分を扱う上で便利な記号である**ナブラ**演算子 ∇ を定義しましょう．ナブラ演算子は

$$\nabla \equiv \left(\frac{\partial}{\partial x}, \frac{\partial}{\partial y}, \frac{\partial}{\partial z}\right) = \boldsymbol{e}_x \frac{\partial}{\partial x} + \boldsymbol{e}_y \frac{\partial}{\partial y} + \boldsymbol{e}_z \frac{\partial}{\partial z} \tag{1.5}$$

という偏微分演算子を成分とするベクトルで表されます．これをまとめて

$$\nabla = \frac{\partial}{\partial \boldsymbol{r}}$$

のように書くこともあります．ナブラ演算子はその右に並べて書かれた量に作用します．例えば，関数 $f = f(x, y, z)$ に対して ∇ を作用させると，∇f は

$$\nabla f(x, y, z) = \left(\frac{\partial f}{\partial x}, \frac{\partial f}{\partial y}, \frac{\partial f}{\partial z}\right) = \boldsymbol{e}_x \frac{\partial f}{\partial x} + \boldsymbol{e}_y \frac{\partial f}{\partial y} + \boldsymbol{e}_z \frac{\partial f}{\partial z} \tag{1.6}$$

のように計算されます．ナブラ演算子の各成分は偏微分演算子であり，例えば f と ∇ の交換

$$\nabla f = f \nabla$$

は成り立たないことに気をつけましょう．

ナブラ演算子を用いて，大切な量が定義されています．以下それを説明します．

勾配 (gradient)**：**∇ をスカラー関数 $f = f(x, y, z) = f(\boldsymbol{r})$ に作用させたもの ∇f を「f の勾配」と言います．勾配は先ほど計算例として (1.6) 式に示しました．∇f を grad f とも書きます．f の勾配 ∇f は，f の x, y, z 各軸方向の傾きを成分とするベクトルを意味しています．このように ∇f は物理量 f の変化と関係しています．

発散 (divergence)**：**∇ とベクトル $\boldsymbol{A}$ の内積をとったもの

$$\nabla \cdot \boldsymbol{A} = \frac{\partial A_x}{\partial x} + \frac{\partial A_y}{\partial y} + \frac{\partial A_z}{\partial z} \tag{1.7}$$

を $\boldsymbol{A}$ の**発散**と言います．$\nabla \cdot \boldsymbol{A}$ は，div $\boldsymbol{A}$ と書かれることもあります．発散は**湧き出し**とも呼ばれます．

ちょっと難しいですが，$\boldsymbol{A}$ をある物理量の単位面積当たりの流量とすると（例えば，単位面積当たりの電流である電流密度 $\boldsymbol{j}$ がその例です），$\nabla \cdot \boldsymbol{A}\,dV$ は，「無限に小さい領域 dV」から流出する流量であることを示すことができます．発散が 0 であるなら，その物理量の流出がないことを意味します．つまり，dV に流れ込む量と流れ出す量が等しいことを意味しています（基本問題 1.6 参照）．

回転（rotation）**：**∇ とベクトル $\boldsymbol{A}$ との外積をとったもの

$$\nabla \times \boldsymbol{A} \tag{1.8}$$

を $\boldsymbol{A}$ の**回転**と言います．これは

$$\nabla \times \boldsymbol{A} = \left(\frac{\partial A_z}{\partial y} - \frac{\partial A_y}{\partial z}, \frac{\partial A_x}{\partial z} - \frac{\partial A_z}{\partial x}, \frac{\partial A_y}{\partial x} - \frac{\partial A_x}{\partial y} \right)$$

のように計算されます．$\nabla \times \boldsymbol{A}$ は $\mathrm{rot}\,\boldsymbol{A}$ と書くこともあります．$\boldsymbol{A}$ の回転の値が 0 となる場合を**渦なし場**と言います．これはベクトル $\boldsymbol{A}$ が渦を巻いていないときには，$\boldsymbol{A}$ の回転が 0 となるからです．

ラプラシアン：∇ 同士の内積を Δ で表し，これを**ラプラシアン**と言います．具体的には，Δ 演算子だけを書くと

$$\begin{aligned} \Delta &= \nabla \cdot \nabla \\ &= \frac{\partial^2}{\partial x^2} + \frac{\partial^2}{\partial y^2} + \frac{\partial^2}{\partial z^2} \\ &= \nabla^2 \end{aligned} \tag{1.9}$$

基本問題 1.1

以下の式を計算せよ．ただし，$\boldsymbol{r} = (x, y, z), r = |\boldsymbol{r}|$ である．

(1)　∇r

(2)　$\nabla \cdot \boldsymbol{r}$

(3)　$\nabla \times \boldsymbol{r}$

(4)　Δr

方針　基本となる計算です．ナブラ演算子の計算に慣れましょう．

【答案】　(1)　x 成分について計算する．このとき $r = \sqrt{x^2 + y^2 + z^2}$ に注意する．

$$
\begin{aligned}
(\nabla r)_x &= \frac{\partial r}{\partial x} \\
&= \frac{\partial}{\partial x}\sqrt{x^2 + y^2 + z^2} \\
&= \frac{x}{r} \\
&= \left(\frac{\boldsymbol{r}}{r}\right)_x
\end{aligned}
$$

y, z 成分についても同様に計算できるので

$$
\begin{aligned}
\nabla r &= \left(\frac{\boldsymbol{r}}{r}\right)_x + \left(\frac{\boldsymbol{r}}{r}\right)_y + \left(\frac{\boldsymbol{r}}{r}\right)_z \\
&= \frac{\boldsymbol{r}}{r}
\end{aligned}
$$

(2)　発散の定義に従い計算すると

$$
\begin{aligned}
\nabla \cdot \boldsymbol{r} &= \frac{\partial x}{\partial x} + \frac{\partial y}{\partial y} + \frac{\partial z}{\partial z} \\
&= 3
\end{aligned}
$$

(3)　x 成分について計算すると

$$
\begin{aligned}
(\nabla \times \boldsymbol{r})_x &= \frac{\partial z}{\partial y} - \frac{\partial y}{\partial z} \\
&= 0
\end{aligned}
$$

y, z 成分についても同様に計算すると 0 になるので，

$$
\nabla \times \boldsymbol{r} = 0
$$

(4)　ラプラシアンの定義に従って計算すると

$$\Delta r = \left(\frac{\partial^2}{\partial x^2} + \frac{\partial^2}{\partial y^2} + \frac{\partial^2}{\partial z^2}\right) r$$

ここで x についての 2 階偏微分の部分だけを計算すると

$$\begin{aligned}\frac{\partial^2 r}{\partial x^2} &= \frac{\partial}{\partial x}\left(\frac{\partial r}{\partial x}\right) \\ &= \frac{\partial}{\partial x}\left(\frac{x}{r}\right) \\ &= \frac{1}{r} - \frac{x^2}{r^3}\end{aligned}$$

同様に y と z 成分に関する偏微分の部分も同様に計算できるので

$$\begin{aligned}\Delta r &= \frac{3}{r} - \frac{x^2+y^2+z^2}{r^3} \\ &= \frac{3}{r} - \frac{r^2}{r^3} \\ &= \frac{2}{r} \ \blacksquare\end{aligned}$$

ポイント 一番単純な位置ベクトル $\boldsymbol{r}$ とその大きさ r について勾配や発散，回転，ラプラシアンを計算しました．これは $\boldsymbol{r}$ をベクトル場として計算しました．その結果を良く考えると勾配や発散，回転，ラプラシアンの意味を理解する助けになります．(1) はなぜ $\boldsymbol{r}$ 方向の単位ベクトルになったのでしょう．(2) はなぜ 3 なのでしょうか．(3) はなぜ 0 なのでしょうか．(4) はなぜ正で r とともに減少するのでしょう．考えてみると面白いと思います．

基本問題 1.2

次の式を計算せよ．ただし，$\boldsymbol{E} = (E_x, E_y, E_z)$, $\boldsymbol{k} = (k_x, k_y, k_z)$ は，それぞれ定ベクトルである．また，ω は定数である．

(1) $\nabla\{\cos(\boldsymbol{k}\cdot\boldsymbol{r} - \omega t)\}$

(2) $\nabla\cdot\{\boldsymbol{E}\cos(\boldsymbol{k}\cdot\boldsymbol{r} - \omega t)\}$

(3) $\nabla\times\{\boldsymbol{E}\cos(\boldsymbol{k}\cdot\boldsymbol{r} - \omega t)\}$

(4) $\Delta\{\boldsymbol{E}\cos(\boldsymbol{k}\cdot\boldsymbol{r} - \omega t)\}$

方針 やや難しいので飛ばして良いです．電磁波を扱うときに良く出てくる計算ですので，必要になったときにやりましょう．

【答案】 (1) x に依存するところは cos 関数の中の $\boldsymbol{r}$ のみであることに注意して，x 成分について計算すると，

$$
\begin{aligned}
[\nabla\{\cos(\boldsymbol{k}\cdot\boldsymbol{r}-\omega t)\}]_x &= \frac{\partial}{\partial x}\cos(\boldsymbol{k}\cdot\boldsymbol{r}-\omega t) \\
&= \frac{\partial}{\partial x}\cos(k_x x+k_y y+k_z z-\omega t) \\
&= -k_x\sin(k_x x+k_y y+k_z z-\omega t) \\
&= \{-\boldsymbol{k}\sin(\boldsymbol{k}\cdot\boldsymbol{r}-\omega t)\}_x
\end{aligned}
$$

y,z 成分についても同様に計算すると

$$
\nabla\{\cos(\boldsymbol{k}\cdot\boldsymbol{r}-\omega t)\} = -\boldsymbol{k}\sin(\boldsymbol{k}\cdot\boldsymbol{r}-\omega t)
$$

(2) (1) と同様に x に依存するところは cos 関数の中の $\boldsymbol{r}$ のみであることに注意して計算すると

$$
\begin{aligned}
&\nabla\cdot\{\boldsymbol{E}\cos(\boldsymbol{k}\cdot\boldsymbol{r}-\omega t)\} \\
&= \frac{\partial}{\partial x}E_x\cos(\boldsymbol{k}\cdot\boldsymbol{r}-\omega t) \\
&\quad + \frac{\partial}{\partial y}E_y\cos(\boldsymbol{k}\cdot\boldsymbol{r}-\omega t) \\
&\quad + \frac{\partial}{\partial z}E_z\cos(\boldsymbol{k}\cdot\boldsymbol{r}-\omega t) \\
&= \frac{\partial}{\partial x}E_x\cos(k_x x+k_y y+k_z z-\omega t) \\
&\quad + \frac{\partial}{\partial y}E_y\cos(k_x x+k_y y+k_z z-\omega t) \\
&\quad + \frac{\partial}{\partial z}E_z\cos(k_x x+k_y y+k_z z-\omega t) \\
&= -k_x E_x\sin(k_x x+k_y y+k_z z-\omega t) \\
&\quad - k_y E_y\sin(k_x x+k_y y+k_z z-\omega t) \\
&\quad - k_z E_z\sin(k_x x+k_y y+k_z z-\omega t) \\
&= -\boldsymbol{k}\cdot\boldsymbol{E}\sin(\boldsymbol{k}\cdot\boldsymbol{r}-\omega t)
\end{aligned}
$$

(3) まずこの式の x 成分について計算すると

$$
\begin{aligned}
&[\nabla\times\{\boldsymbol{E}\cos(\boldsymbol{k}\cdot\boldsymbol{r}-\omega t)\}]_x \\
&= \frac{\partial}{\partial y}E_z\cos(\boldsymbol{k}\cdot\boldsymbol{r}-\omega t) - \frac{\partial}{\partial z}E_y\cos(\boldsymbol{k}\cdot\boldsymbol{r}-\omega t) \\
&= -k_y E_z\sin(\boldsymbol{k}\cdot\boldsymbol{r}-\omega t) - (-k_z)E_y\sin(\boldsymbol{k}\cdot\boldsymbol{r}-\omega t) \\
&= -(k_y E_z - k_z E_y)\sin(\boldsymbol{k}\cdot\boldsymbol{r}-\omega t)
\end{aligned}
$$

y,z 成分についても同様に計算できるので，まとめると

$$
\nabla\times\boldsymbol{E}\cos(\boldsymbol{k}\cdot\boldsymbol{r}-\omega t) = -\boldsymbol{k}\times\boldsymbol{E}\sin(\boldsymbol{k}\cdot\boldsymbol{r}-\omega t)
$$

(4)　まず，この式の x 成分について計算する．

$$
\begin{aligned}
&[\Delta\{\boldsymbol{E}\cos(\boldsymbol{k}\cdot\boldsymbol{r}-\omega t)\}]_x \\
&= \left(\frac{\partial^2}{\partial x^2}+\frac{\partial^2}{\partial y^2}+\frac{\partial^2}{\partial z^2}\right)E_x\cos(\boldsymbol{k}\cdot\boldsymbol{r}-\omega t) \\
&= \frac{\partial^2}{\partial x^2}E_x\cos(\boldsymbol{k}\cdot\boldsymbol{r}-\omega t) \\
&\quad + \frac{\partial^2}{\partial y^2}E_x\cos(\boldsymbol{k}\cdot\boldsymbol{r}-\omega t) \\
&\quad + \frac{\partial^2}{\partial z^2}E_x\cos(\boldsymbol{k}\cdot\boldsymbol{r}-\omega t) \\
&= -k_x^2E_x\cos(\boldsymbol{k}\cdot\boldsymbol{r}-\omega t) \\
&\quad - k_y^2E_x\cos(\boldsymbol{k}\cdot\boldsymbol{r}-\omega t) \\
&\quad - k_z^2E_x\cos(\boldsymbol{k}\cdot\boldsymbol{r}-\omega t) \\
&= -k^2E_x\cos(\boldsymbol{k}\cdot\boldsymbol{r}-\omega t)
\end{aligned}
$$

ここで，

$$
\begin{aligned}
k^2 &= \boldsymbol{k}\cdot\boldsymbol{k} \\
&= k_x^2+k_y^2+k_z^2
\end{aligned}
$$

である．y, z 成分についても同様に計算できるので，

$$
\begin{aligned}
&\Delta\boldsymbol{E}\cos(\boldsymbol{k}\cdot\boldsymbol{r}-\omega t) \\
&= -k^2E_x\cos(\boldsymbol{k}\cdot\boldsymbol{r}-\omega t)\boldsymbol{e}_x \\
&\quad - k^2E_y\cos(\boldsymbol{k}\cdot\boldsymbol{r}-\omega t)\boldsymbol{e}_y \\
&\quad - k^2E_z\cos(\boldsymbol{k}\cdot\boldsymbol{r}-\omega t)\boldsymbol{e}_z \\
&= -k^2\boldsymbol{E}\cos(\boldsymbol{k}\cdot\boldsymbol{r}-\omega t) \ \blacksquare
\end{aligned}
$$

ポイント　計算は少し長いですが，微分される関数の中の変数 x, y, z の依存性に注意して計算しましょう．

基本問題 1.3 重要

次の式を示せ．ただし，$\boldsymbol{r}=(x,y,z)$ であり，$f=f(\boldsymbol{r}), \boldsymbol{A}=\boldsymbol{A}(\boldsymbol{r}), \boldsymbol{B}=\boldsymbol{B}(\boldsymbol{r})$ のように x,y,z に依存している（これは f や $\boldsymbol{A}$ や $\boldsymbol{B}$ が x,y,z による偏微分が可能であることを意味する）．

(1)　$\nabla\cdot(f\boldsymbol{A})=(\nabla f)\cdot\boldsymbol{A}+f(\nabla\cdot\boldsymbol{A})$

(2)　$\nabla\times(f\boldsymbol{A})=(\nabla f)\times\boldsymbol{A}+f(\nabla\times\boldsymbol{A})$

(3)　$\nabla\times(\nabla f)=0$

(4)　$\nabla\cdot(\nabla\times\boldsymbol{A})=0$

(5)　$\nabla\cdot(\boldsymbol{A}\times\boldsymbol{B})=(\nabla\times\boldsymbol{A})\cdot\boldsymbol{B}-\boldsymbol{A}\cdot(\nabla\times\boldsymbol{B})$

(6)　$\nabla\times(\nabla\times\boldsymbol{A})=\nabla(\nabla\cdot\boldsymbol{A})-\nabla^2\boldsymbol{A}$

方針　ベクトル解析における重要な関係です．電磁気学の方程式の変形で多く使われます．

【答案】　(1)　積の微分に注意して計算する．

$$\begin{aligned}\nabla\cdot(f\boldsymbol{A}) &= \frac{\partial}{\partial x}\{f(\boldsymbol{r})A_x(\boldsymbol{r})\}+\frac{\partial}{\partial y}\{f(\boldsymbol{r})A_y(\boldsymbol{r})\}+\frac{\partial}{\partial z}\{f(\boldsymbol{r})A_z(\boldsymbol{r})\}\\ &= \frac{\partial f}{\partial x}A_x+f\frac{\partial A_x}{\partial x}+\frac{\partial f}{\partial y}A_y+f\frac{\partial A_y}{\partial y}+\frac{\partial f}{\partial z}A_z+f\frac{\partial A_z}{\partial z}\\ &= \left(\frac{\partial f}{\partial x}A_x+\frac{\partial f}{\partial y}A_y+\frac{\partial f}{\partial z}A_z\right)+f\left(\frac{\partial A_x}{\partial x}+\frac{\partial A_y}{\partial y}+\frac{\partial A_z}{\partial z}\right)\\ &= (\nabla f)\cdot\boldsymbol{A}+f(\nabla\cdot\boldsymbol{A})\end{aligned}$$

(2)　まず，x 成分について計算する．

$$\begin{aligned}\{\nabla\times(f\boldsymbol{A})\}_x &= \frac{\partial}{\partial y}(fA_z)-\frac{\partial}{\partial z}(fA_y)\\ &= \frac{\partial f}{\partial y}A_z+f\frac{\partial A_z}{\partial y}-\frac{\partial f}{\partial z}A_y-f\frac{\partial A_y}{\partial z}\\ &= \left(\frac{\partial f}{\partial y}A_z-\frac{\partial f}{\partial z}A_y\right)+\left(f\frac{\partial A_z}{\partial y}-f\frac{\partial A_y}{\partial z}\right)\\ &= \{(\nabla f)\times\boldsymbol{A}+f(\nabla\times\boldsymbol{A})\}_x\end{aligned}$$

y,z 成分についても同様に計算できるので，(2) 式を示すことができる．

(3)　x 成分について計算する．

$$\{\nabla\times(\nabla f)\}_x=\frac{\partial}{\partial y}\left(\frac{\partial}{\partial z}f\right)-\frac{\partial}{\partial z}\left(\frac{\partial}{\partial y}f\right)=0$$

y,z 成分についても同様に計算できるので，$\nabla\times(\nabla f)=0$

(4)

$$\nabla\cdot(\nabla\times\boldsymbol{A})=\frac{\partial}{\partial x}(\nabla\times\boldsymbol{A})_x+\frac{\partial}{\partial y}(\nabla\times\boldsymbol{A})_y+\frac{\partial}{\partial z}(\nabla\times\boldsymbol{A})_z$$

$$= \frac{\partial}{\partial x}\left(\frac{\partial A_z}{\partial y}-\frac{\partial A_y}{\partial z}\right)+\frac{\partial}{\partial y}\left(\frac{\partial A_x}{\partial z}-\frac{\partial A_z}{\partial x}\right)+\frac{\partial}{\partial z}\left(\frac{\partial A_y}{\partial x}-\frac{\partial A_x}{\partial y}\right)$$
$$= 0$$

(5)

$$\begin{aligned}
\nabla\cdot(\boldsymbol{A}\times\boldsymbol{B}) &= \frac{\partial}{\partial x}(\boldsymbol{A}\times\boldsymbol{B})_x+\frac{\partial}{\partial y}(\boldsymbol{A}\times\boldsymbol{B})_y+\frac{\partial}{\partial z}(\boldsymbol{A}\times\boldsymbol{B})_z \\
&= \frac{\partial}{\partial x}(A_yB_z-A_zB_y)+\frac{\partial}{\partial y}(A_zB_x-A_xB_z)+\frac{\partial}{\partial z}(A_xB_y-A_yB_x) \\
&= A_x\left(-\frac{\partial B_z}{\partial y}+\frac{\partial B_y}{\partial z}\right)+A_y\left(-\frac{\partial B_x}{\partial z}+\frac{\partial B_z}{\partial x}\right) \\
&\quad + A_z\left(-\frac{\partial B_y}{\partial x}+\frac{\partial B_x}{\partial y}\right)+B_x\left(\frac{\partial A_z}{\partial y}-\frac{\partial A_y}{\partial z}\right) \\
&\quad + B_y\left(\frac{\partial A_x}{\partial z}-\frac{\partial A_z}{\partial x}\right)+B_z\left(\frac{\partial A_y}{\partial x}-\frac{\partial A_x}{\partial y}\right) \\
&= -\boldsymbol{A}\cdot(\nabla\times\boldsymbol{B})+(\nabla\times\boldsymbol{A})\cdot\boldsymbol{B}
\end{aligned}$$

(6) x 成分について計算する.

$$\begin{aligned}
&\{\nabla\times(\nabla\times\boldsymbol{A})\}_x \\
&= \frac{\partial}{\partial y}(\nabla\times\boldsymbol{A})_z-\frac{\partial}{\partial z}(\nabla\times\boldsymbol{A})_y \\
&= \frac{\partial}{\partial y}\left(\frac{\partial A_y}{\partial x}-\frac{\partial A_x}{\partial y}\right)-\frac{\partial}{\partial z}\left(\frac{\partial A_x}{\partial z}-\frac{\partial A_z}{\partial x}\right) \\
&= \frac{\partial}{\partial y}\left(\frac{\partial A_y}{\partial x}\right)-\frac{\partial^2 A_x}{\partial y^2}+\frac{\partial}{\partial z}\left(\frac{\partial A_z}{\partial x}\right)-\frac{\partial^2 A_x}{\partial z^2} \\
&= \frac{\partial}{\partial x}\left(\frac{\partial A_x}{\partial x}\right)-\frac{\partial}{\partial x}\left(\frac{\partial A_x}{\partial x}\right)+\frac{\partial}{\partial x}\left(\frac{\partial A_y}{\partial y}\right)-\frac{\partial^2 A_x}{\partial y^2}+\frac{\partial}{\partial x}\left(\frac{\partial A_z}{\partial z}\right)-\frac{\partial^2 A_x}{\partial z^2} \\
&= \frac{\partial}{\partial x}\left(\frac{\partial A_x}{\partial x}\right)+\frac{\partial}{\partial x}\left(\frac{\partial A_y}{\partial y}\right)+\frac{\partial}{\partial x}\left(\frac{\partial A_z}{\partial z}\right)-\frac{\partial^2 A_x}{\partial x^2}-\frac{\partial^2 A_x}{\partial y^2}-\frac{\partial^2 A_x}{\partial z^2} \\
&= \{\nabla(\nabla\cdot\boldsymbol{A})-\nabla^2\boldsymbol{A}\}_x \ \blacksquare
\end{aligned}$$

ポイント (4) の結果が 0 になることは，物理量は普通十分滑らかですから,

$$\frac{\partial}{\partial x}\left(\frac{\partial A_z}{\partial y}\right)=\frac{\partial}{\partial y}\left(\frac{\partial A_z}{\partial x}\right)$$

となります．偏微分の順序の交換が可能です．

(5) では計算は長いですが，ベクトル $\boldsymbol{A}$ と $\boldsymbol{B}$ の成分をくくり出して整理すれば変形は容易です．

(6) では途中の式で，右辺に $\frac{\partial^2 A_x}{\partial x^2}$ を足して引いていることに注意してください．y, z 成分についても同様に計算でき，(6) の関係式が得られます．

1.3 レビ-チビタ記号$^{++}$
——ベクトルの外積の計算に使うと便利な記号

Contents

キーポイント

使うのには慣れが必要ですが，使えるようになると便利です．簡単な場合を計算して慣れておきましょう．

❶レビチビタ記号の定義

電磁気学では，ベクトル解析の公式を使って式変形が良く行われます．ですので，基本的な公式を覚えることは大切です．すべての公式まで覚えてしまうことは大変です．特に外積を含む式の変形は複雑ですが，その式変形の際に大変便利な**レビ-チビタ**記号を紹介しましょう．レビ-チビタ記号は ε_{ijk} です．これは添え字が三つもあるため，少しビックリするかもしれません．しかし，ベクトルの成分は添え字が一つ，2次元行列の成分は添え字が二つですから，レビ-チビタ記号は，行列要素に添え字が三つあることに対応し，行列要素が3次元的に並んでいる3次元行列と考えることができます．レビ-チビタ記号 ε_{ijk} の添え字は，添え字 x, y, z を一般的に表すのに i, j, k を使っています．添え字 x, y, z を添え字1, 2, 3で表すことも良くあります．ε_{ijk} の各成分は

$$\varepsilon_{ijk} = \begin{cases} 1 & ((ijk) = (xyz), (yzx), (zxy)), \\ -1 & ((ijk) = (yxz), (zyx), (xzy)), \\ 0 & (\text{それ以外}) \end{cases} \tag{1.10}$$

のように定義されています．少しわかりにくいので説明します．これは添え字が xyz の順番に並んでいるときは

$$\varepsilon_{ijk} = 1$$

添え字 xyz の隣合っている添え字同士を偶数回入れ替えたときも

$$\varepsilon_{ijk} = 1$$

奇数回入れ替えたときには

$$\varepsilon_{ijk} = -1$$

これらに当てはまらないときには

$$\varepsilon_{ijk} = 0$$

になることを表しています．例えば，ε_{xyz} の y と z を 1 回入れ替えた ε_{xzy} は -1 になります．ε_{xyy} などは xyz の順番を入れ替えても作れないので 0 となります．レビ-チビタ記号 ε_{ijk} を用いると，外積 $\boldsymbol{A}$ と $\boldsymbol{B}$ の i 成分は

$$(\boldsymbol{A} \times \boldsymbol{B})_i = \sum_j \sum_k \varepsilon_{ijk} A_j B_k$$

ここで，和の記号 $\sum_j$ は j として x から z まで和をとることを表しています．この和の記号の代わりに

$$\sum_j \sum_k \varepsilon_{ijk} A_j B_k = \varepsilon_{ijk} A_j B_k$$

の右辺のように和の記号を省略することもあります．これは和をとるときには，しばしば一つの項の中に同じ添え字が 2 回現れることから，同じ添え字が 2 回現れたときは，その添え字に対して和をとることにするというものです．この約束のことを**アインシュタインの縮約**と言います．以下ではアインシュタインの縮約を使うことにします．初めての人にはわかりにくいところです．慣れる意味でも，ベクトル積の i 成分が

$$\varepsilon_{ijk} A_j B_k$$

のように ε_{ijk} を使って表せることを具体的に計算して確かめてみましょう．例えば，$\varepsilon_{ijk} A_j B_k$ の x 成分は，ε_{ijk} が 0 でないところだけを残すと

$$\begin{aligned}
(\boldsymbol{A} \times \boldsymbol{B})_x &= \varepsilon_{xjk} A_j B_k \\
&= \varepsilon_{xyz} A_y B_z + \varepsilon_{xzy} A_z B_y \\
&= A_y B_z - A_z B_y
\end{aligned}$$

ここで，$\varepsilon_{xyz} = 1$, $\varepsilon_{xzy} = -1$ を使いました．y, z 成分についても同様に示すことができます．ここでは省略しますので，各自やってみてください．

レビ-チビタ記号を二つ組み合わせたものから得られる関係

$$\varepsilon_{ijk} \varepsilon_{klm} = \delta_{il} \delta_{jm} - \delta_{im} \delta_{jl}$$

は，ベクトル積が 2 回出てくる式の変形に利用でき大変便利です．この式は次のようにして示すことができます．

まず，i, j, k のどれか二つが同じときには，この式の値は 0 になります．同じく k, l, m のどれか二つが同じときにも 0 になります．それで，i, j, k の組と k, l, m の組では，それぞれの添え字は互いに別の添え字にならないといけません．

それでは $i = x, j = y$ のときを考えましょう．0 にならないためには，$k = z$ です．この場合，0 にならない組合せは

$$\varepsilon_{xyz}\varepsilon_{zxy} = 1 \quad と \quad \varepsilon_{xyz}\varepsilon_{zyx} = -1$$

です．i と j の添え字を入れ替えた

$$\varepsilon_{yxz}\varepsilon_{zxy} = -1 \quad と \quad \varepsilon_{yxz}\varepsilon_{zyx} = 1$$

も 0 になりません．

同じようにして，$i = y, j = z$ のときには

$$\varepsilon_{yzx}\varepsilon_{xyz} = 1 \quad と \quad \varepsilon_{yzx}\varepsilon_{xzy} = -1$$

です．i と j の添え字を入れ替えた

$$\varepsilon_{zyx}\varepsilon_{xyz} = -1 \quad と \quad \varepsilon_{zyx}\varepsilon_{xzy} = 1$$

も 0 になりません．

もう一つの組合せである $i = z, j = x$ のときには

$$\varepsilon_{zxy}\varepsilon_{yzx} = 1 \quad と \quad \varepsilon_{zxy}\varepsilon_{yxz} = -1$$

です．i と j の添え字を入れ替えた

$$\varepsilon_{xzy}\varepsilon_{yzx} = -1 \quad と \quad \varepsilon_{xzy}\varepsilon_{yxz} = 1$$

も 0 になりません．

この組合せ以外は，

$$\varepsilon_{ijk} = 0$$

となります．以上の組合せを良く見ると，i と j が異なり，l と m が異なっているとき，$i = l$ で $j = m$ のときには

$$\varepsilon_{ijk}\varepsilon_{klm} = 1$$

$i = m$ で $j = l$ のときには

$$\varepsilon_{ijk}\varepsilon_{klm} = -1$$

となっていることがわかります．説明が長くなりましたが，以上のことから，

$$\varepsilon_{ijk}\varepsilon_{klm} = \delta_{il}\delta_{jm} - \delta_{im}\delta_{jl}$$

であることがわかります．$i = j$ のときも

$$\delta_{il}\delta_{jm} - \delta_{im}\delta_{jl} = 0$$

となることもすぐわかります．

では，レビ-チビタ記号を用いて次の基本問題を解いてみましょう．

基本問題 1.4

関係

$$\boldsymbol{A} \times (\boldsymbol{B} \times \boldsymbol{C}) = \boldsymbol{B}(\boldsymbol{A} \cdot \boldsymbol{C}) - \boldsymbol{C}(\boldsymbol{A} \cdot \boldsymbol{B})$$

を示せ．

方針 $\boldsymbol{A} \times (\boldsymbol{B} \times \boldsymbol{C})$ の i 成分についてレビ-チビタ記号を用いて計算します．

【答案】

$$\begin{aligned}
(\boldsymbol{A} \times (\boldsymbol{B} \times \boldsymbol{C}))_i &= \varepsilon_{ijk} A_j (\boldsymbol{B} \times \boldsymbol{C})_k \\
&= \varepsilon_{ijk} A_j (\varepsilon_{klm} B_l C_m) \\
&= \varepsilon_{ijk} \varepsilon_{klm} A_j B_l C_m \\
&= (\delta_{il}\delta_{jm} - \delta_{im}\delta_{jl}) A_j B_l C_m \\
&= \delta_{il}\delta_{jm} A_j B_l C_m - \delta_{im}\delta_{jl} A_j B_l C_m \\
&= A_j B_i C_j - A_j B_j C_i \\
&= \boldsymbol{B}(\boldsymbol{A} \cdot \boldsymbol{C}) - \boldsymbol{C}(\boldsymbol{A} \cdot \boldsymbol{B}) \ \blacksquare
\end{aligned}$$

ポイント ここで

$$\delta_{jm} C_m = C_j$$

などを使った．また

$$\boldsymbol{A} \cdot \boldsymbol{B} = A_j B_j$$

も使っています．慣れていないと途中の式変形で戸惑うかもしれませんが，どの添え字で和をとっているのかをきちんと意識すれば，それほど複雑ではありません．

❷レビ-チビタ記号とベクトル解析の公式

次に，このレビ-チビタ記号を用いて，電磁気学で良く用いられるベクトル解析の公式を導いていきます．なお，以下では，式が複雑になるため，偏微分演算子とナブラ演算子は次のように簡略化して表記することにします．この表記は，一部の教科書でも用いられています．

偏微分演算子： $\dfrac{\partial}{\partial x_i} = \partial_i$

勾配： $(\nabla\phi)_i = \partial_i \phi$

回転： $(\nabla \times \boldsymbol{A})_i = \varepsilon_{ijk}\partial_j A_k$

基本問題 1.5

次の関係を示せ．ただし f は $\boldsymbol{r} = (x, y, z)$ の関数，$\boldsymbol{A}, \boldsymbol{B}$ は $\boldsymbol{r}$ に依存するとする．

(1) $\nabla \times (\nabla f) = 0$

(2) $\nabla \cdot (\nabla \times \boldsymbol{A}) = 0$

(3) $\nabla \cdot (\boldsymbol{A} \times \boldsymbol{B}) = (\nabla \times \boldsymbol{A}) \cdot \boldsymbol{B} - \boldsymbol{A} \cdot (\nabla \times \boldsymbol{B})$

(4) $\nabla \times (\nabla \times \boldsymbol{A}) = \nabla(\nabla \cdot \boldsymbol{A}) - \nabla^2 \boldsymbol{A}$

方針 (1), (2) は添え字の対称性から直ちに導くことができます．
(3), (4) は $\varepsilon_{ijk}\varepsilon_{klm} = \delta_{il}\delta_{jm} - \delta_{im}\delta_{jl}$ を用います．

【答案】 (1) i 成分を計算する．

$$\begin{aligned}(\nabla \times (\nabla f))_i &= \varepsilon_{ijk}\partial_j(\nabla f)_k \\ &= \varepsilon_{ijk}\partial_j\partial_k f \\ &= \frac{1}{2}(\varepsilon_{ijk}\partial_j\partial_k f + \varepsilon_{ikj}\partial_k\partial_j f) \\ &= \frac{1}{2}(\varepsilon_{ijk} + \varepsilon_{ikj})\partial_k\partial_j f = 0\end{aligned}$$

i は x, y, z のいずれかでもこの式は成り立つので $\nabla \times (\nabla f) = 0$.

(2) (1) と同様に計算できる．

$$\begin{aligned}(\nabla \cdot (\nabla \times \boldsymbol{A})) &= \partial_i(\nabla \times \boldsymbol{A})_i \\ &= \partial_i(\varepsilon_{ijk}\partial_j A_k) \\ &= \varepsilon_{ijk}\partial_i\partial_j A_k \\ &= \frac{1}{2}(\varepsilon_{ijk}\partial_i\partial_j A_k + \varepsilon_{jik}\partial_j\partial_i A_k) \\ &= \frac{1}{2}(\varepsilon_{ijk} + \varepsilon_{jik})\partial_i\partial_j A_k = 0\end{aligned}$$

(3) これは少し複雑だが，順番に計算していく．

$$
\begin{aligned}
\nabla\cdot(\boldsymbol{A}\times\boldsymbol{B}) &= \partial_i(\boldsymbol{A}\times\boldsymbol{B})_i \\
&= \partial_i(\varepsilon_{ijk}A_jB_k) \\
&= \varepsilon_{ijk}(\partial_iA_j)B_k+\varepsilon_{ijk}A_j(\partial_iB_k) \\
&= (\varepsilon_{kij}\partial_iA_j)B_k-A_j(\varepsilon_{jik}(\partial_iB_k)) \\
&= (\nabla\times\boldsymbol{A})\cdot\boldsymbol{B}-\boldsymbol{A}\cdot(\nabla\times\boldsymbol{B})
\end{aligned}
$$

(4) i 成分を計算する．これも少し複雑だが，順番に計算していく．

$$
\begin{aligned}
(\nabla\times(\nabla\times\boldsymbol{A}))_i &= \varepsilon_{ijk}\partial_j((\nabla\times\boldsymbol{A})_k) \\
&= \varepsilon_{ijk}\partial_j(\varepsilon_{klm}\partial_lA_m) \\
&= \varepsilon_{ijk}\varepsilon_{klm}\partial_j\partial_lA_m \\
&= (\delta_{il}\delta_{jm}-\delta_{im}\delta_{jl})\partial_j\partial_lA_m \\
&= \delta_{il}\delta_{jm}\partial_j\partial_lA_m-\delta_{im}\delta_{jl}\partial_j\partial_lA_m \\
&= \partial_j\partial_iA_j-\partial_j\partial_jA_i \\
&= \nabla(\nabla\cdot\boldsymbol{A})-\nabla^2\boldsymbol{A} \ \blacksquare
\end{aligned}
$$

ポイント (1) では，$\varepsilon_{ijk}\partial_j\partial_kf$ と $\varepsilon_{ikj}\partial_k\partial_jf$ は，和をとる文字 j と k を形式的に入れ替えたものですので

$$
\varepsilon_{ijk}\partial_j\partial_kf=\varepsilon_{ikj}\partial_k\partial_jf
$$

のように等しいことと，$(\varepsilon_{ijk}+\varepsilon_{ikj})$ は ε_{ijk} の性質から 0 になることを使いました．

1.4 座標系と ∇**
——2 次元極座標系，3 次元極座標系，円筒座標系におけるナブラ演算子

Contents

キーポイント

電磁気学では座標系の選び方が大切である．電荷分布の対称性などに応じて座標系を選ぶが，ナブラ演算子の表現が各座標系で異なるのに注意しよう．

電磁気学で主に使われる座標系には，**デカルト座標系**（xyz 座標系のことです），極座標系，円筒座標系の三つがあります．電場や磁場の対称性に応じて，その記述に最も適した座標系を選ぶことが大切です．ここではそれぞれの座標系における位置ベクトル $\boldsymbol{r}$ と各座標軸方向の単位ベクトル，1.2 節で扱った勾配，発散，回転，ラプラシアンを示します．

❶デカルト座標系

デカルト座標系は，図 1.1 の xyz 座標系のことです．単位ベクトルやナブラ演算子に関しては，すでに紹介しました．

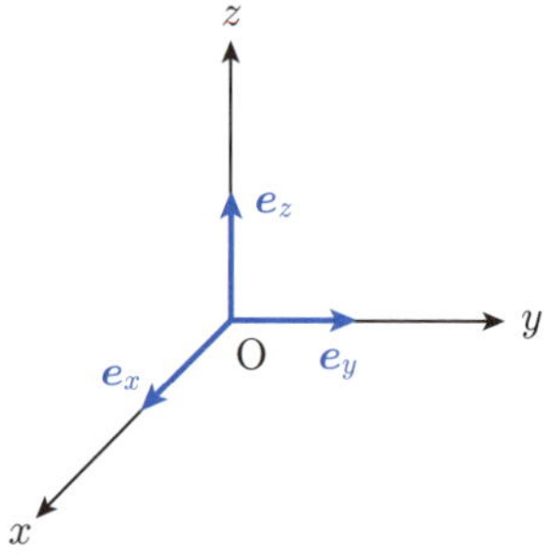

図 1.1　デカルト座標系の単位ベクトル $\boldsymbol{e}_x, \boldsymbol{e}_y, \boldsymbol{e}_x$

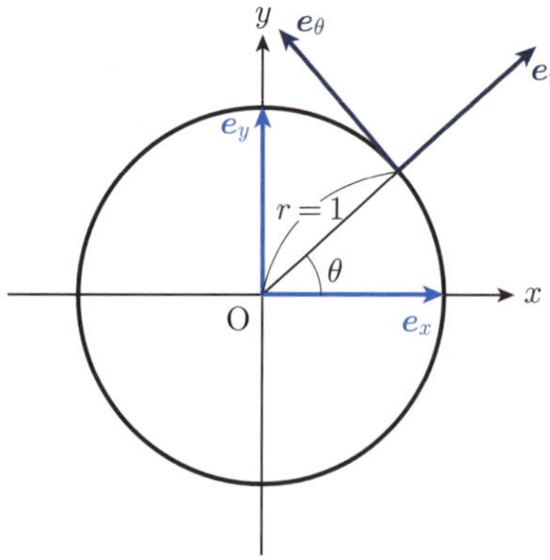

図 1.2　2 次元極座標系の単位ベクトル $\boldsymbol{e}_r, \boldsymbol{e}_\theta$

❷ 2 次元極座標系

2 次元座標系上の点の位置を表すのに，その点の位置ベクトル $\boldsymbol{r}$ の大きさ r と，$\boldsymbol{r}$ と x 軸とのなす角 θ（シータ）（方位角のことです）を用いて表現するのが **2 次元極座標系**です（図 1.2）．2 次元座標系上の点 (x, y) と 2 次元極座標系 (r, θ) との関係は，

$$x = r\cos\theta, \quad y = r\sin\theta$$

となります．デカルト座標系の**単位ベクトル** $\boldsymbol{e}_x, \boldsymbol{e}_y$ を使って，$\boldsymbol{r}$ は

$$\boldsymbol{r} = r\cos\theta\,\boldsymbol{e}_x + r\sin\theta\,\boldsymbol{e}_y$$

これから $\boldsymbol{r}$ 方向の単位ベクトル $\boldsymbol{e}_r$ は $\boldsymbol{r} = r\,\boldsymbol{e}_r$ を満たすので，

$$\boldsymbol{e}_r = \cos\theta\,\boldsymbol{e}_x + \sin\theta\,\boldsymbol{e}_y$$

となることがわかります．この関係は次のようにしても導くことができます．位置ベクトル $\boldsymbol{r}$ の方向は変えずに長さ r を $r + dr$ に増やしたときの位置ベクトルのズレ $d\boldsymbol{r}$ の方向という見方です．つまり

$$\begin{aligned} d\boldsymbol{r} &= \{(r+dr)\cos\theta\,\boldsymbol{e}_x + (r+dr)\sin\theta\,\boldsymbol{e}_y\} - (r\cos\theta\,\boldsymbol{e}_x + r\sin\theta\,\boldsymbol{e}_y) \\ &= dr\cos\theta\,\boldsymbol{e}_x + dr\sin\theta\,\boldsymbol{e}_y = dr(\cos\theta\,\boldsymbol{e}_x + \sin\theta\,\boldsymbol{e}_y) \end{aligned}$$

$d\boldsymbol{r}$ の方向の単位ベクトル $\boldsymbol{e}_r$ は，$d\boldsymbol{r}$ を dr で割ったものになります．dr を十分に小さくすれば，これは偏微分に対応します．つまり

$$\boldsymbol{e}_r = \frac{\partial \boldsymbol{r}}{\partial r}$$

2 次元極座標系では θ 方向というものを考えます．これは $\boldsymbol{r}$ の θ のみを増加させたときに $\boldsymbol{r}$ が変化する方向です．ちょうど円軌道をイメージすると良いでしょう．この方向は $\boldsymbol{e}_r$ の θ を $\theta + \frac{\pi}{2}$ とした方向になります．この方向の単位ベクトルを $\boldsymbol{e}_\theta$ と書くと

$$\boldsymbol{e}_\theta = \cos\left(\theta + \frac{\pi}{2}\right)\boldsymbol{e}_x + \sin\left(\theta + \frac{\pi}{2}\right)\boldsymbol{e}_y = -\sin\theta\,\boldsymbol{e}_x + \cos\theta\,\boldsymbol{e}_y$$

$\boldsymbol{e}_\theta$ を上で説明したように計算してみましょう．$\boldsymbol{r}$ を θ で偏微分してみると

$$\frac{\partial \boldsymbol{r}}{\partial \theta} = \frac{\partial}{\partial \theta}(r\cos\theta\,\boldsymbol{e}_x + r\sin\theta\,\boldsymbol{e}_y) = r(-\sin\theta\,\boldsymbol{e}_x + \cos\theta\,\boldsymbol{e}_y)$$

これを単位ベクトルにするには r で割れば良いので

$$\boldsymbol{e}_\theta = \frac{1}{r}\frac{\partial \boldsymbol{r}}{\partial \theta} = -\sin\theta\,\boldsymbol{e}_x + \cos\theta\,\boldsymbol{e}_y$$

となり，上と同じ結果が得られます．慣れると，こちらの方がわかりやすいです．

参考までに，これらの関係から，$\boldsymbol{e}_x$ と $\boldsymbol{e}_y$ を $\boldsymbol{e}_r$ と $\boldsymbol{e}_\theta$ で表すと

$$\boldsymbol{e}_x = \cos\theta\,\boldsymbol{e}_r - \sin\theta\,\boldsymbol{e}_\theta, \quad \boldsymbol{e}_y = \sin\theta\,\boldsymbol{e}_r + \cos\theta\,\boldsymbol{e}_\theta$$

が得られます．

❸円筒座標系

円筒座標系は（円柱座票系とも言う），2 次元極座標系の平面に対して垂直に z 軸を加わえたものです（図 1.3）．xyz 座標系とは

$$
\begin{aligned}
x &= r\cos\theta,\\
y &= r\sin\theta,\\
z &= z
\end{aligned}
$$

のように関係しています．$\boldsymbol{e}_x, \boldsymbol{e}_y, \boldsymbol{e}_z$ は円筒座標系の各座標軸方向の単位ベクトル $\boldsymbol{e}_r, \boldsymbol{e}_\theta, \boldsymbol{e}_z$ を使うと，

$$
\begin{aligned}
\boldsymbol{e}_x &= \cos\theta\,\boldsymbol{e}_r - \sin\theta\,\boldsymbol{e}_\theta,\\
\boldsymbol{e}_y &= \sin\theta\,\boldsymbol{e}_r + \cos\theta\,\boldsymbol{e}_\theta,\\
\boldsymbol{e}_z &= \boldsymbol{e}_z
\end{aligned}
$$

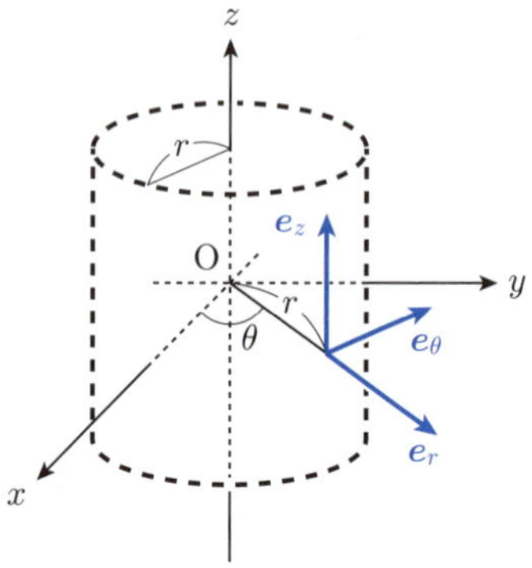

図 1.3　円筒座標系の単位ベクトル $\boldsymbol{e}_r, \boldsymbol{e}_\theta, \boldsymbol{e}_z$

次にナブラ演算子の成分を調べましょう．ある関数 $f = f(\boldsymbol{r})$ に対して，

$$
df = f(\boldsymbol{r} + d\boldsymbol{r}) - f(\boldsymbol{r})
$$

は次のように計算できます．

$$
\begin{aligned}
df &= f(\boldsymbol{r} + d\boldsymbol{r}) - f(\boldsymbol{r})\\
&= f(x+dx, y+dy, z+dz) - f(x, y, z)\\
&= f(x+dx, y+dy, z+dz) - f(x, y+dy, z+dz)\\
&\quad + f(x, y+dy, z+dz) - f(x, y, z+dz)\\
&\quad + f(x, y, z+dz) - f(x, y, z)\\
&= \frac{\partial f}{\partial x}dx + \frac{\partial f}{\partial y}dy + \frac{\partial f}{\partial z}dz
\end{aligned}
$$

最後の結果

$$
\frac{\partial f}{\partial x}dx + \frac{\partial f}{\partial y}dy + \frac{\partial f}{\partial z}dz
$$

は，まとめると

$$
\frac{\partial f}{\partial x}dx + \frac{\partial f}{\partial y}dy + \frac{\partial f}{\partial z}dz = d\boldsymbol{r}\cdot\nabla f
$$

ここで，

$$
d\boldsymbol{r} = dx\,\boldsymbol{e}_x + dy\,\boldsymbol{e}_y + dz\,\boldsymbol{e}_z
$$

を使っています．以上から，∇ は

$$
\begin{aligned}
df &= f(\boldsymbol{r}+d\boldsymbol{r}) - f(\boldsymbol{r}) \\
&= d\boldsymbol{r}\cdot\nabla f
\end{aligned}
$$

を満たすと理解できます．

円筒座標系で $df = d\boldsymbol{r}\cdot\nabla f$ を考えてみましょう．f は

$$f = f(r,\theta,z)$$

これから

$$
\begin{aligned}
df &= f(r+dr,\theta+d\theta,z+dz) - f(r,\theta,z) \\
&= \frac{\partial f}{\partial r}dr + \frac{\partial f}{\partial \theta}d\theta + \frac{\partial f}{\partial z}dz \\
&= \frac{\partial f}{\partial r}dr + \left(\frac{1}{r}\frac{\partial f}{\partial \theta}\right) r\,d\theta + \frac{\partial f}{\partial z}dz
\end{aligned}
$$

円筒座標系で $d\boldsymbol{r}$ は

$$d\boldsymbol{r} = dr\,\boldsymbol{e}_r + r\,d\theta\,\boldsymbol{e}_\theta + dz\,\boldsymbol{e}_z$$

ですので

$$df = (dr\,\boldsymbol{e}_r + r\,d\theta\,\boldsymbol{e}_\theta + dz\,\boldsymbol{e}_z)\cdot\left(\frac{\partial f}{\partial r}\boldsymbol{e}_r + \frac{1}{r}\frac{\partial f}{\partial \theta}\boldsymbol{e}_\theta + \frac{\partial f}{\partial z}\boldsymbol{e}_z\right)$$

ここでは $\boldsymbol{e}_r, \boldsymbol{e}_\theta, \boldsymbol{e}_z$ が互いに直交していることを使いました．これと

$$df = d\boldsymbol{r}\cdot\nabla f$$

を比較すると f の勾配は

$$\nabla f = \boldsymbol{e}_r\frac{\partial f}{\partial r} + \boldsymbol{e}_\theta\frac{1}{r}\frac{\partial f}{\partial \theta} + \boldsymbol{e}_z\frac{\partial f}{\partial z} \tag{1.11}$$

であり

$$\nabla = \boldsymbol{e}_r\frac{\partial}{\partial r} + \boldsymbol{e}_\theta\frac{1}{r}\frac{\partial}{\partial \theta} + \boldsymbol{e}_z\frac{\partial}{\partial z} \tag{1.12}$$

と考えることができます．

発散 $\nabla\cdot\boldsymbol{A}$ については，(1.12) 式を使って

$$
\begin{aligned}
\nabla\cdot\boldsymbol{A} &= \left(\boldsymbol{e}_r\frac{\partial}{\partial r} + \boldsymbol{e}_\theta\frac{\partial}{r\,\partial \theta} + \boldsymbol{e}_z\frac{\partial}{\partial z}\right)\cdot(A_r\boldsymbol{e}_r + A_\theta\boldsymbol{e}_\theta + A_z\boldsymbol{e}_z) \\
&= \frac{\partial A_r}{\partial r} + \frac{\partial A_\theta}{r\,\partial \theta} + \frac{\partial A_z}{\partial z} + A_r\,\boldsymbol{e}_\theta\cdot\frac{\partial\,\boldsymbol{e}_r}{r\,\partial\theta} \\
&= \frac{\partial A_r}{\partial r} + \frac{\partial A_\theta}{r\,\partial \theta} + \frac{\partial A_z}{\partial z} + \frac{A_r}{r} \\
&= \frac{1}{r}\frac{\partial}{\partial r}(rA_r) + \frac{\partial A_\theta}{r\,\partial \theta} + \frac{\partial A_z}{\partial z}
\end{aligned}
$$

ここで，$\boldsymbol{e}_r, \boldsymbol{e}_\theta, \boldsymbol{e}_z$ が互いに直交していることと

$$\begin{aligned}\frac{\partial \boldsymbol{e}_r}{\partial\theta} &= \frac{\partial}{\partial\theta}(\cos\theta\,\boldsymbol{e}_x + \sin\theta\,\boldsymbol{e}_y)\\ &= -\sin\theta\,\boldsymbol{e}_x + \cos\theta\,\boldsymbol{e}_y\\ &= \boldsymbol{e}_\theta\end{aligned}$$

となることを使っています．

次に回転 $\nabla\times\boldsymbol{A}$ です．(1.12) 式を使って

$$\begin{aligned}&\nabla\times\boldsymbol{A}\\ &= \left(\boldsymbol{e}_r\frac{\partial}{\partial r} + \boldsymbol{e}_\theta\frac{\partial}{r\,\partial\theta} + \boldsymbol{e}_z\frac{\partial}{\partial z}\right)\times(A_r\boldsymbol{e}_r + A_\theta\boldsymbol{e}_\theta + A_z\boldsymbol{e}_z)\end{aligned}$$

ここで，外積をとったときに残る項は

$$\begin{aligned}\nabla\times\boldsymbol{A} &= \boldsymbol{e}_r\times\left(\boldsymbol{e}_\theta\frac{\partial A_\theta}{\partial r} + \boldsymbol{e}_z\frac{\partial A_z}{\partial r}\right) + \boldsymbol{e}_\theta\times\left(\boldsymbol{e}_r\frac{\partial A_r}{r\,\partial\theta} + \boldsymbol{e}_z\frac{\partial A_z}{r\,\partial\theta}\right)\\ &\quad + \boldsymbol{e}_z\times\left(\boldsymbol{e}_r\frac{\partial A_r}{\partial z} + \boldsymbol{e}_\theta\frac{\partial A_\theta}{\partial z}\right) + \boldsymbol{e}_\theta\times\left(\frac{\partial \boldsymbol{e}_\theta}{r\,\partial\theta}\right)A_\theta\\ &= \boldsymbol{e}_z\frac{\partial A_\theta}{\partial r} - \boldsymbol{e}_\theta\frac{\partial A_z}{\partial r} - \boldsymbol{e}_z\frac{\partial A_r}{r\,\partial\theta} + \boldsymbol{e}_r\frac{\partial A_z}{r\,\partial\theta}\\ &\quad + \boldsymbol{e}_\theta\frac{\partial A_r}{\partial z} - \boldsymbol{e}_r\frac{\partial A_\theta}{\partial z} + \boldsymbol{e}_z\frac{A_\theta}{r}\\ &= \boldsymbol{e}_r\left(\frac{\partial A_z}{r\,\partial\theta} - \frac{\partial A_\theta}{\partial z}\right) + \boldsymbol{e}_\theta\left(\frac{\partial A_r}{\partial z} - \frac{\partial A_z}{\partial r}\right) + \boldsymbol{e}_z\left(\frac{\partial}{r\,\partial r}(rA_\theta) - \frac{\partial A_r}{r\,\partial\theta}\right)\end{aligned}$$

ここで，$\boldsymbol{e}_r, \boldsymbol{e}_\theta, \boldsymbol{e}_z$ の互いの外積が

$$\begin{aligned}\boldsymbol{e}_r &= \boldsymbol{e}_\theta\times\boldsymbol{e}_z,\\ \boldsymbol{e}_\theta &= \boldsymbol{e}_z\times\boldsymbol{e}_r,\\ \boldsymbol{e}_z &= \boldsymbol{e}_r\times\boldsymbol{e}_\theta\end{aligned}$$

となることと

$$\begin{aligned}\frac{\partial \boldsymbol{e}_\theta}{\partial\theta} &= \frac{\partial}{\partial\theta}(-\sin\theta\,\boldsymbol{e}_x + \cos\theta\,\boldsymbol{e}_y)\\ &= -\cos\theta\,\boldsymbol{e}_x - \sin\theta\,\boldsymbol{e}_y\\ &= -\boldsymbol{e}_r\end{aligned}$$

となることを使っています．$\nabla\times\boldsymbol{A}$ は

$$\nabla\times\boldsymbol{A} = \frac{1}{r}\begin{vmatrix}\boldsymbol{e}_r & r\,\boldsymbol{e}_\theta & \boldsymbol{e}_z\\ \frac{\partial}{\partial r} & \frac{\partial}{\partial\theta} & \frac{\partial}{\partial z}\\ A_r & rA_\theta & A_z\end{vmatrix}$$

f のラプラシアン $\nabla^2 f$ は，(1.12) 式を使って

$$
\begin{aligned}
\nabla^2 f &= \left(\boldsymbol{e}_r\frac{\partial}{\partial r}+\boldsymbol{e}_\theta\frac{\partial}{r\,\partial\theta}+\boldsymbol{e}_z\frac{\partial}{\partial z}\right)\cdot\left(\boldsymbol{e}_r\frac{\partial}{\partial r}+\boldsymbol{e}_\theta\frac{\partial}{r\,\partial\theta}+\boldsymbol{e}_z\frac{\partial}{\partial z}\right)f \\
&= \left(\frac{\partial^2}{\partial r^2}+\frac{1}{r^2}\frac{\partial^2}{\partial\theta^2}+\frac{\partial^2}{\partial z^2}\right)f+\boldsymbol{e}_\theta\cdot\left(\frac{\partial\,\boldsymbol{e}_r}{r\,\partial\theta}\right)\frac{\partial f}{\partial r} \\
&= \left(\frac{\partial^2}{\partial r^2}+\frac{1}{r^2}\frac{\partial^2}{\partial\theta^2}+\frac{\partial^2}{\partial z^2}\right)f+\frac{1}{r}\frac{\partial f}{\partial r} \\
&= \frac{\partial}{r\,\partial r}\left(r\frac{\partial f}{\partial r}\right)+\frac{1}{r^2}\frac{\partial^2 f}{\partial\theta^2}+\frac{\partial^2 f}{\partial z^2}
\end{aligned}
$$

まとめると

$$
\begin{aligned}
\nabla f &= \boldsymbol{e}_r\frac{\partial f}{\partial r}+\boldsymbol{e}_\theta\frac{1}{r}\frac{\partial f}{\partial\theta}+\boldsymbol{e}_z\frac{\partial f}{\partial z}, \\
\nabla\cdot\boldsymbol{A} &= \frac{1}{r}\frac{\partial}{\partial r}(rA_r)+\frac{\partial A_\theta}{r\,\partial\theta}+\frac{\partial A_z}{\partial z}, \\
\nabla\times\boldsymbol{A} &= \frac{1}{r}\begin{vmatrix}\boldsymbol{e}_r & r\,\boldsymbol{e}_\theta & \boldsymbol{e}_z \\ \frac{\partial}{\partial r} & \frac{\partial}{\partial\theta} & \frac{\partial}{\partial z} \\ A_r & rA_\theta & A_z\end{vmatrix}, \\
\nabla^2 f &= \frac{\partial}{r\,\partial r}\left(r\frac{\partial f}{\partial r}\right)+\frac{1}{r^2}\frac{\partial^2 f}{\partial\theta^2}+\frac{\partial^2 f}{\partial z^2}
\end{aligned}
$$

❹ 3 次元極座標系

デカルト座標系での点 (x, y, z) を，その位置ベクトル $\boldsymbol{r}$ の大きさ r，$\boldsymbol{r}$ と z 軸とのなす角 θ（**極角**と言います），$\boldsymbol{r}$ の xy 平面上への射影と x 軸とのなす角 φ（**方位角**と言います）を用いて示すのが **3 次元極座標系**です（図 1.4）．x, y, z を r, θ, φ を用いて表すと，

$$
\begin{aligned}
x &= r\sin\theta\cos\varphi, \\
y &= r\sin\theta\sin\varphi, \\
z &= r\cos\theta
\end{aligned}
$$

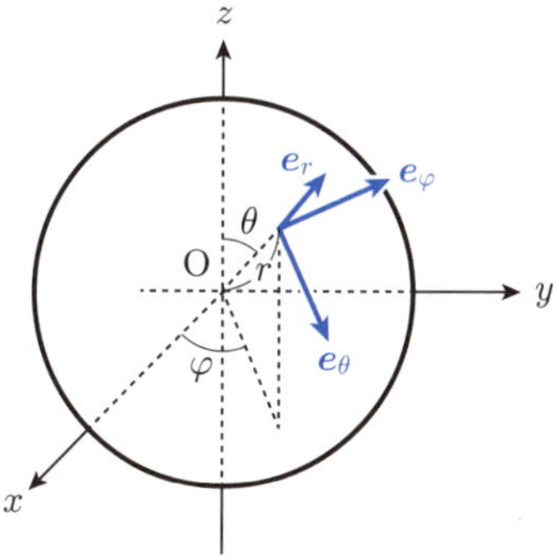

図 1.4　3 次元極座標系の単位ベクトル $\boldsymbol{e}_r, \boldsymbol{e}_\theta, \boldsymbol{e}_\varphi$

これから，$\boldsymbol{r}$ は

$$\boldsymbol{r} = r\sin\theta\cos\varphi\,\boldsymbol{e}_x + r\sin\theta\sin\varphi\,\boldsymbol{e}_y + r\cos\theta\,\boldsymbol{e}_z$$

このことから，$\boldsymbol{r}$ 方向の単位ベクトル $\boldsymbol{e}_r$ は

$$\boldsymbol{e}_r = \sin\theta\cos\varphi\,\boldsymbol{e}_x + \sin\theta\sin\varphi\,\boldsymbol{e}_y + \cos\theta\,\boldsymbol{e}_z$$

$\boldsymbol{e}_\theta$ は，2 次元極座標と同じように考えると $\frac{\partial \boldsymbol{r}}{\partial \theta}$ の方向なので

$$\frac{\partial \boldsymbol{r}}{\partial \theta} = r\cos\theta\cos\varphi\,\boldsymbol{e}_x + r\cos\theta\sin\varphi\,\boldsymbol{e}_y - r\sin\theta\,\boldsymbol{e}_z$$

となることから，この方向の単位ベクトルは

$$\begin{aligned}\boldsymbol{e}_\theta &= \frac{1}{r}\frac{\partial \boldsymbol{r}}{\partial \theta}\\ &= \cos\theta\cos\varphi\,\boldsymbol{e}_x + \cos\theta\sin\varphi\,\boldsymbol{e}_y - \sin\theta\,\boldsymbol{e}_z\end{aligned}$$

$\boldsymbol{e}_\varphi$ は，$\boldsymbol{e}_\theta$ と同じように $\frac{\partial \boldsymbol{r}}{\partial \varphi}$ の方向の単位ベクトルと考えられるので

$$\frac{\partial \boldsymbol{r}}{\partial \varphi} = -r\sin\theta\sin\varphi\,\boldsymbol{e}_x + r\sin\theta\cos\varphi\,\boldsymbol{e}_y$$

となることから，この方向の単位ベクトルは

$$\begin{aligned}\boldsymbol{e}_\varphi &= \frac{1}{r\sin\theta}\frac{\partial \boldsymbol{r}}{\partial \varphi}\\ &= -\sin\varphi\,\boldsymbol{e}_x + \cos\varphi\,\boldsymbol{e}_y\end{aligned}$$

これは $\boldsymbol{e}_r \times \boldsymbol{e}_\theta$ からも得ることができます．

次にナブラ演算子は，円筒座標系と同様に

$$df = d\boldsymbol{r}\cdot\nabla f$$

から計算すると

$$\nabla = \boldsymbol{e}_r\frac{\partial}{\partial r} + \boldsymbol{e}_\theta\frac{1}{r}\frac{\partial}{\partial \theta} + \boldsymbol{e}_\varphi\frac{1}{r\sin\theta}\frac{\partial}{\partial \varphi}$$

さらに，円筒座標系と同様の計算を行うと

$$\begin{aligned}\nabla f &= \boldsymbol{e}_r\frac{\partial f}{\partial r} + \boldsymbol{e}_\theta\frac{1}{r}\frac{\partial f}{\partial \theta} + \boldsymbol{e}_\varphi\frac{1}{r\sin\theta}\frac{\partial f}{\partial \theta},\\ \nabla\cdot\boldsymbol{A} &= \frac{1}{r^2}\frac{\partial}{\partial r}(r^2A_r) + \frac{1}{r\sin\theta}\frac{\partial}{\partial \theta}(\sin\theta A_\theta) + \frac{1}{r\sin\theta}\frac{\partial A_\varphi}{\partial \varphi},\\ \nabla\times\boldsymbol{A} &= \frac{1}{r^2\sin\theta}\begin{vmatrix}\boldsymbol{e}_r & r\,\boldsymbol{e}_\theta & r\sin\theta\,\boldsymbol{e}_\varphi\\ \frac{\partial}{\partial r} & \frac{\partial}{\partial \theta} & \frac{\partial}{\partial \varphi}\\ A_r & rA_\theta & r\sin\theta A_\varphi\end{vmatrix},\\ \nabla^2 f &= \frac{\partial}{r^2\partial r}\left(r^2\frac{\partial f}{\partial r}\right) + \frac{1}{r^2\sin\theta}\frac{\partial}{\partial \theta}\left(\sin\theta\frac{\partial f}{\partial \theta}\right) + \frac{1}{r^2\sin^2\theta}\frac{\partial^2 f}{\partial \varphi^2}\end{aligned}$$

1.5　線積分，面積分，体積積分**
——電磁場の解析で良く使われる積分

Contents

キーポイント

積分に馴染みがあっても，線積分や面積分には馴染みがない人が多いだろう．微小な長さ，微小な面積を微小なベクトルとして扱う．これはとても大切な考え方である．面積分や体積積分を 3 次元極座標で行うことも良くあり微小面積や微小体積の表現を良く理解しよう．

電磁気学では，線積分，面積分，体積積分が多く使われます．慣れていない人のために，これらの積分の方法をまとめておきましょう．

❶線積分

ある経路に沿った**線積分**を行う際に，その経路の線素から作られるベクトル $d\boldsymbol{r}$ を使います（図 1.5(a)）．例えば，磁場 $\boldsymbol{H}$ の経路 C 方向成分を，経路 C に沿って線積分する場合は，磁場 $\boldsymbol{H}$ と**線素ベクトル** $d\boldsymbol{r}$ との内積を使って

$$\int_C \boldsymbol{H}\cdot d\boldsymbol{r}$$

のように書きます．積分結果はスカラーになります．積分記号についている C の記号は，積分の経路が経路 C に沿っていることを表しています．経路 C が閉じている場合は $\oint_C \boldsymbol{H}\cdot d\boldsymbol{r}$ のように経路が閉じていることを表している積分記号 $\oint$ を使います．

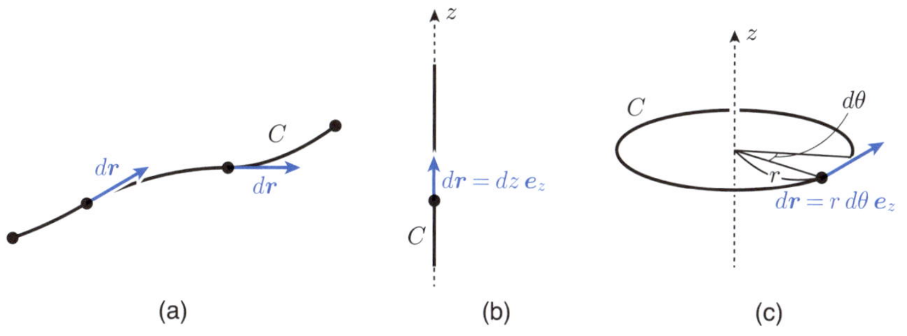

図 1.5　積分経路 C と線素ベクトル $d\boldsymbol{r}$ の関係．(a) 一般的な場合．(b) z 軸方向の直線上の $d\boldsymbol{r}$．(c) 半径 r の円の円周上の $d\boldsymbol{r}$．

電磁気学では，経路として無限に長い直線や円が良く出てきますので，その経路の線素ベクトルの表し方を紹介しましょう．経路として z 軸上の無限に長い直線をとったときは，線素ベクトルは $d\boldsymbol{r} = dz\,\boldsymbol{e}_z$ となります（図 1.5(b)）．円筒座標系で z 軸と垂直な面内の半径 r の円を経路としたとき，線素ベクトル $d\boldsymbol{r}$ は，図 1.5(c) のように $d\boldsymbol{r} = r\,d\theta\,\boldsymbol{e}_\theta$ となります．もし磁場 $\boldsymbol{H}$ が円筒座標系で $\boldsymbol{H} = H(r)\boldsymbol{e}_\theta$ となっている場合，上の円の経路 C に対して線積分をすると

$$\oint_C \boldsymbol{H}\cdot d\boldsymbol{r} = \int_0^{2\pi} (H(r)\boldsymbol{e}_\theta)\cdot(r\,d\theta\,\boldsymbol{e}_\theta) = H(r)r\int_0^{2\pi} d\theta = 2\pi r H(r)$$

ここで，C 上では r は一定であることを使いました．アンペールの法則では，定常直線電流 I に対して

$$\oint_C \boldsymbol{H}\cdot d\boldsymbol{r} = I$$

が成り立ちますから（I は C を通り抜ける定常電流），$2\pi r H(r) = I$ となり，$H(r) = \frac{I}{2\pi r}$ という良く知られた関係が得られます．

❷面積分

面積分は曲面 S に対して行います．面積分では，面素ベクトル $d\boldsymbol{S}$ を使います（図 1.6(a)）．**面素ベクトル** $d\boldsymbol{S}$ は，面積分を行う曲面 S 上の一部の微小面を表し，$d\boldsymbol{S}$ の大きさがこの微小面の面積，$d\boldsymbol{S}$ の向きが曲面に対して垂直，曲面 S が閉曲面の場合は閉曲面の外向きと定義します．

例として $\displaystyle\int_S \boldsymbol{E}\cdot d\boldsymbol{S}$ の面積分を調べてみましょう．積分記号 $\int_S$ の S は，曲面 S での面積分を意味しています．この面積分では，$\boldsymbol{E}$ と $d\boldsymbol{S}$ の内積をとっていますので，積分結果はスカラーになります．線積分のときと同様に，面素ベクトル $d\boldsymbol{S}$ を電場 $\boldsymbol{E}$ に平行または垂直となるように曲面 S をとると便利な場合があります．それで，しばしば電場の様子に応じて，球や円柱の表面を閉曲面とします．原点に 1 個の電荷がある場合のように，電場が座標原点に対して球対称であるときは半径 r の球の表面を $\boldsymbol{S}$ として，3 次元極座標系を使い $d\boldsymbol{S} = r^2\sin\theta\,d\theta d\varphi\,\boldsymbol{e}_r$ とします（図 1.6(b)）．これは，$d\boldsymbol{S}$ は球の表面上なので $\boldsymbol{e}_r$ 方向であり，$d\boldsymbol{S}$ を作るには r を変化させずに $d\theta$ と $d\varphi$ のみの変化による変位ベクトル，$r\,d\theta\,\boldsymbol{e}_\theta$ と $r\sin\theta\,d\varphi\,\boldsymbol{e}_\varphi$ を使うことから説明できます．具体的には

$$d\boldsymbol{S} = (r\,d\theta\,\boldsymbol{e}_\theta)\times(r\sin\theta\,d\varphi\,\boldsymbol{e}_\varphi) = r^2\sin\theta\,d\theta d\varphi\,\boldsymbol{e}_r$$

となるからです．

電場が z 軸に対して軸対称であるときには，z 軸を軸とする円柱の表面を考え，円筒座標系を使い，この円柱の側面に対しては $d\boldsymbol{S} = r\,d\theta dz\,\boldsymbol{e}_r$．円柱の上面では $d\boldsymbol{S} = r\,drd\theta\,\boldsymbol{e}_z$．下面では $d\boldsymbol{S} = -r\,drd\theta\,\boldsymbol{e}_z$ となります（図 1.6(c)）．

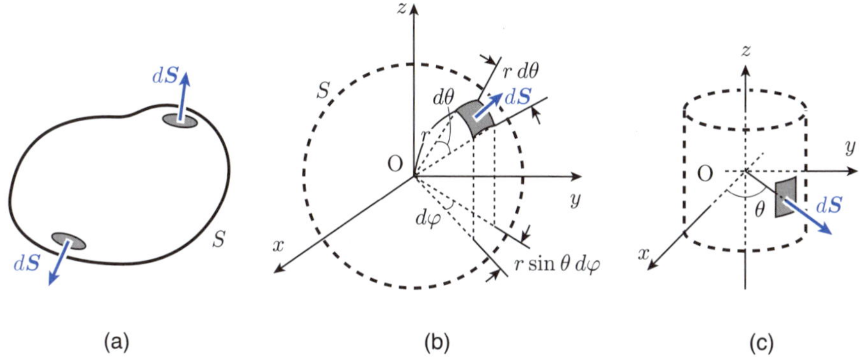

図 1.6　閉曲面 S と面素ベクトル $d\boldsymbol{S}$ の関係．(a) 一般的な閉曲面 S の $d\boldsymbol{S}$．(b) 球面上の $d\boldsymbol{S}$．(c) 円柱の側面上の $d\boldsymbol{S}$．

❸体積積分

電磁気学で良く使う**体積積分**では，球，円柱を積分範囲に選ぶことが多いです．それぞれ 3 次元極座標系，円筒座標系で積分するのが便利です．例えば関数 $f = f(\boldsymbol{r})$ の全空間を範囲とした体積積分は，デカルト座標系，円筒座標系，3 次元極座標系では，それぞれ

$$\int_{-\infty}^{\infty}\int_{-\infty}^{\infty}\int_{-\infty}^{\infty} f(x,y,z)dxdydz = \int_0^{\infty}\int_0^{2\pi}\int_0^{\infty} f(r,\theta,z)r\,drd\theta dz$$
$$= \int_0^{\infty}\int_0^{\pi}\int_0^{2\pi} f(r,\theta,\varphi)r^2\sin\theta\,drd\theta d\varphi$$

半径 r の球の体積積分は $\int_0^{r}\int_0^{\pi}\int_0^{2\pi} f(r,\theta,\varphi)r^2\sin\theta\,drd\theta d\varphi$．半径が r で高さが h の円柱の体積積分は $\int_0^{r}\int_0^{2\pi}\int_0^{h} f(r,\theta,z)r\,drd\theta dz$．

電磁気学で良く使う体積積分に関する重要な定理を二つ紹介します．それは**ガウスの定理**

$$\int_V \nabla\cdot\boldsymbol{A}dV = \int_S \boldsymbol{A}\cdot d\boldsymbol{S}$$

と**ストークスの定理**

$$\oint_C \boldsymbol{A}\cdot d\boldsymbol{r} = \int_S \nabla\times\boldsymbol{A}\cdot d\boldsymbol{S}$$

です．この二つを問題形式で導いてみましょう．

基本問題 1.6　重要

以下の問に沿ってガウスの定理を導け．微小な直方体を考え，その中心の座標を $\boldsymbol{r} = (x, y, z)$，各面は x 軸，y 軸，z 軸に垂直で，各辺の長さはそれぞれ dx, dy, dz とする．

(1)　この直方体の各面に対して $\boldsymbol{A} \cdot d\boldsymbol{S}$ を計算し，この直方体すべての面の $\boldsymbol{A} \cdot d\boldsymbol{S}$ の和が $\nabla \cdot \boldsymbol{A}\, dV$ となることを示せ．

(2)　この直方体に隣接する別の微小な直方体を考える．この二つの直方体の接している面では，それぞれの直方体の $\boldsymbol{A} \cdot d\boldsymbol{S}$ は，どういう関係にあるのかを示せ．

(3)　以上の議論から，任意の領域 V に対して，ガウスの定理

$$\int_V \nabla \cdot \boldsymbol{A}\, dV = \int_S \boldsymbol{A} \cdot d\boldsymbol{S}$$

が成り立つことを示せ．ここで S は領域 V の表面積を表す．

方針　微小な直方体の各面の面ベクトルの方向に注意して計算します．偏微分を使えるように変形します．

【答案】　(1)　一つの微小直方体には x 軸に垂直な面は二つあり，それらは

$$d\boldsymbol{S}\left(x + \frac{dx}{2}, y, z\right) = dydz\, \boldsymbol{e}_x \quad と \quad d\boldsymbol{S}\left(x - \frac{dx}{2}, y, z\right) = dydz(-\boldsymbol{e}_x)$$

である（図 1.7）．ここで，$d\boldsymbol{S}(x - \frac{dx}{2}, y, z)$ の面の向きは $-x$ 軸方向であることに注意しましょう．この二つの面について $\boldsymbol{A} \cdot d\boldsymbol{S}$ を計算して和をとると

$$\begin{aligned}
& \boldsymbol{A}(x + \tfrac{dx}{2}, y, z) \cdot d\boldsymbol{S}(x + \tfrac{dx}{2}, y, z) + \boldsymbol{A}(x - \tfrac{dx}{2}, y, z) \cdot d\boldsymbol{S}(x - \tfrac{dx}{2}, y, z) \\
&= A_x(x + \tfrac{dx}{2}, y, z)dydz + A_x(x - \tfrac{dx}{2}, y, z)(-dydz) \\
&= (A_x(x + \tfrac{dx}{2}, y, z) - A_x(x - \tfrac{dx}{2}, y, z))dydz \\
&= \left(\frac{A_x\left(x + \frac{dx}{2}, y, z\right) - A_x\left(x - \frac{dx}{2}, y, z\right)}{dx}\right) dxdydz \\
&= \frac{\partial A_x}{\partial x} dxdydz
\end{aligned}$$

となる．ここで dx が十分に小さいことを使って偏微分を使った．y 軸に垂直な面，z 軸に垂直な面についても同様な計算を行い，これらの面について $\boldsymbol{A} \cdot d\boldsymbol{S}$ の和をとると

$$\frac{\partial A_x}{\partial x} dxdydz + \frac{\partial A_x}{\partial x} dxdydz + \frac{\partial A_x}{\partial x} dxdydz = \nabla \cdot \boldsymbol{A}\, dxdydz = \nabla \cdot \boldsymbol{A}\, dV$$

ここで $dV = dxdydz$ を使った．

(2)　中心座標が (x, y, z) の微小直方体 1 と，その隣りの中心座標が $(x + dx, y, z)$ で同じ大きさの微小直方体 2 を考える．この二つの直方体は，$(x + \frac{dx}{2}, y, z)$ の面で接している（図 1.8）．この面は，x 軸に垂直で，(x, y, z) の直方体 1 から見ると面ベクトル $d\boldsymbol{S}_1$ の向きは $+x$ 軸方向，$(x + dx, y, z)$ の直方体 2 から見ると面ベクトル $d\boldsymbol{S}_2$ の向きは $-x$ 軸方向である．そのため，そ

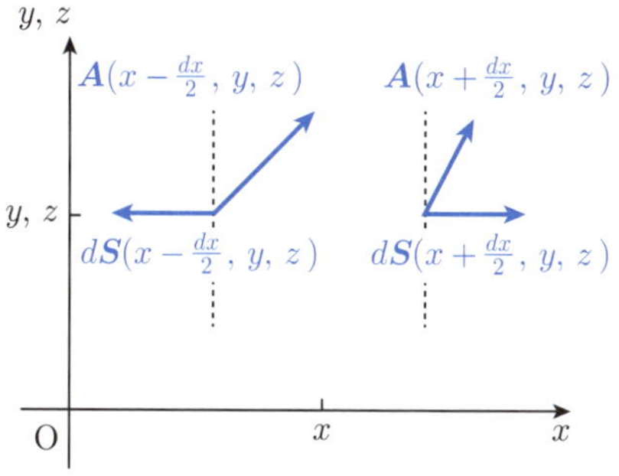

図 1.7　微小直方体の向かい合う二つの面（二つの点線）とその面ベクトル $d\boldsymbol{S}$ と物理量 $\boldsymbol{A}$ のベクトル．

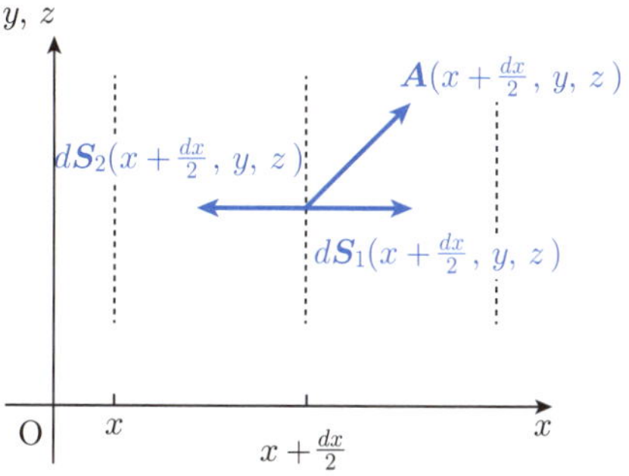

図 1.8　隣り合う微小直方体の面（真ん中の点線）における面ベクトル $d\boldsymbol{S}_1, d\boldsymbol{S}_2$ と物理量 $\boldsymbol{A}$ のベクトル．

れぞれの直方体のこの面での $\boldsymbol{A}\cdot d\boldsymbol{S}$ は，$\boldsymbol{A}$ は同じで $d\boldsymbol{S}$ だけが違うことになる．よって，この面について $\boldsymbol{A}\cdot d\boldsymbol{S}$ を計算して和をとると，

$$dydz\,\boldsymbol{e}_x + dydz(-\boldsymbol{e}_x) = 0$$

と 0 になる．これが隣り合う微小直方体の $\boldsymbol{A}\cdot d\boldsymbol{S}$ が接する面で満たす関係である．

(3)　任意の形の領域 V は多数の微小直方体の集まりに分割でききる（図 1.9）．

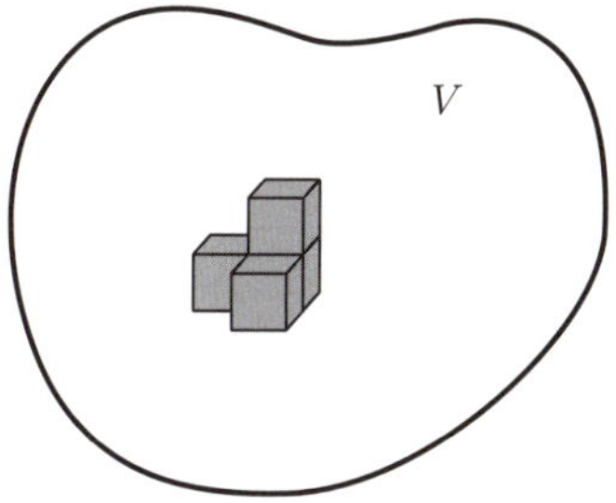

図 1.9　体積 V 中の微小体積

このとき直方体同士が接する面では (2) で示したように，それぞれの領域の $\boldsymbol{A}\cdot d\boldsymbol{S}$ がキャンセルする．従って領域 V 内のすべての微小直方体の表面について $\boldsymbol{A}\cdot d\boldsymbol{S}$ の和をとると，領域 V の表面についての $\boldsymbol{A}\cdot d\boldsymbol{S}$ の和となる．微小直方体を十分小さくすると，和は積分で置き換えられ，その結果は

$$\int_V \nabla\cdot\boldsymbol{A}\,dV = \int_S \boldsymbol{A}\cdot d\boldsymbol{S}$$

と書ける．以上で，ガウスの定理を示すことができた．■

ポイント　(1) と (2) の結果から，隣り合う二つの微小直方体の $\boldsymbol{A}\cdot d\boldsymbol{S}$ をすべての面についても和をとると，接する面での $\boldsymbol{A}\cdot d\boldsymbol{S}$ は互いに打ち消し合い，二つの直方体を足し合わせた領域全体の表面の $\boldsymbol{A}\cdot d\boldsymbol{S}$ の和に等しくなります．

基本問題 1.7 重要

以下の問に沿ってストークスの定理を導け.

(1) xy 平面上に各辺の長さがそれぞれ dx, dy で中心の座標が (x, y) の微小長方形を考える. この各辺について $\boldsymbol{A} \cdot d\boldsymbol{r}$ を計算し, その和が $(\nabla \times \boldsymbol{A}) \cdot (dS_z \boldsymbol{e}_z)$ と書けることを示せ. この微小長方形の面積 dS_z は $dS_z = dxdy$ でその向きは z 軸方向とする. 微小長方形の各辺の線素ベクトル $d\boldsymbol{r}$ の向きは,「z 軸を向いた右ネジ」を z 軸方向に進むように回す方向とする.

(2) この微小長方形に隣接する同じ大きさの微小長方形を考える. 接している辺上で $\boldsymbol{A} \cdot d\boldsymbol{r}$ はどうなるか.

(3) 以上から, 任意の閉曲線 C に対して, ストークスの定理

$$\oint_C \boldsymbol{A} \cdot d\boldsymbol{r} = \int_S \nabla \times \boldsymbol{A} \cdot d\boldsymbol{S}$$

が成り立つことを示せ.

方針 微小な長方形の面ベクトルの方向と各辺の線素ベクトルの方向に注意して計算します. 偏微分を使えるように変形します.

【答案】 (1) 微小長方形は図 1.10 のようになる. 微小長方形の周りの辺の $d\boldsymbol{r}$ は, それぞれ「z 軸を向いた右ネジ」を z 軸方向に進むように回す方向なので

$$\begin{aligned} d\boldsymbol{r}_1 &= dx\, \boldsymbol{e}_x, \\ d\boldsymbol{r}_2 &= dy\, \boldsymbol{e}_y, \\ d\boldsymbol{r}_3 &= -dx\, \boldsymbol{e}_x, \\ d\boldsymbol{r}_4 &= -dy\, \boldsymbol{e}_y \end{aligned}$$

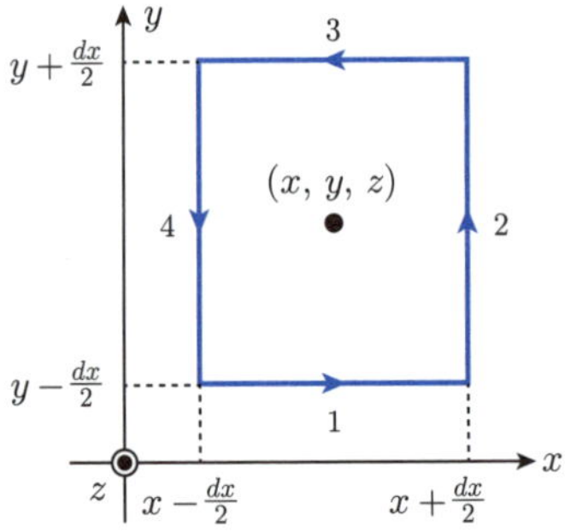

図 1.10 点 (x, y, z) の周りの微小長方形経路

この各辺で, $\boldsymbol{A} \cdot d\boldsymbol{r}$ は

$$\begin{aligned} \boldsymbol{A} \cdot d\boldsymbol{r}_1 &= \boldsymbol{A} \cdot dx\, \boldsymbol{e}_x = A_x\left(x, y - \frac{dy}{2}\right) dx, \\ \boldsymbol{A} \cdot d\boldsymbol{r}_2 &= \boldsymbol{A} \cdot dy\, \boldsymbol{e}_y = A_y\left(x + \frac{dx}{2}, y\right) dy, \\ \boldsymbol{A} \cdot d\boldsymbol{r}_3 &= -\boldsymbol{A} \cdot dx\, \boldsymbol{e}_x = -A_x\left(x, y + \frac{dy}{2}\right) dx, \\ \boldsymbol{A} \cdot d\boldsymbol{r}_4 &= -\boldsymbol{A} \cdot dy\, \boldsymbol{e}_y = -A_y\left(x - \frac{dx}{2}, y\right) dy \end{aligned}$$

と計算できる. ここで, 各辺で $\boldsymbol{A} \cdot d\boldsymbol{r}$ を計算するときに, $\boldsymbol{A}$ の値は各辺のちょうど真ん中での値とした. これらをすべて足すと

$$
\begin{aligned}
&\boldsymbol{A}\cdot d\boldsymbol{r}_1+\boldsymbol{A}\cdot d\boldsymbol{r}_2+\boldsymbol{A}\cdot d\boldsymbol{r}_3+\boldsymbol{A}\cdot d\boldsymbol{r}_4\\
&=A_x\left(x,y-\frac{dy}{2}\right)dx+A_y\left(x+\frac{dx}{2},y\right)dy\\
&\quad -A_x\left(x,y+\frac{dy}{2}\right)dx-A_y\left(x-\frac{dx}{2},y\right)dy\\
&=\left(A_x\left(x,y-\frac{dy}{2}\right)-A_x\left(x,y+\frac{dy}{2}\right)\right)dx\\
&\quad +\left(A_y\left(x+\frac{dx}{2},y\right)-A_y\left(x-\frac{dx}{2},y\right)\right)dy\\
&=\left(\frac{A_x(x,y-\frac{dy}{2})-A_x(x,y+\frac{dy}{2})}{dy}\right)dxdy\\
&\quad +\left(\frac{A_y\left(x+\frac{dx}{2},y\right)-A_y\left(x-\frac{dx}{2},y\right)}{dx}\right)dxdy\\
&=-\frac{\partial A_x}{\partial y}dxdy+\frac{\partial A_y}{\partial x}dxdy\\
&=(\nabla\times\boldsymbol{A})_z dxdy\\
&=(\nabla\times\boldsymbol{A})\cdot(dS_z\boldsymbol{e}_z)
\end{aligned}
$$

とまとめられる．ここで，十分小さい dx や dy に対して

$$
\frac{A_x(x,y-\frac{dy}{2})-A_x(x,y+\frac{dy}{2})}{dy}\rightarrow\frac{\partial A_x}{\partial y}
$$

のように偏微分に置き換えられるとした．

(2)　隣り合う長方形に対して，共通の辺上の線素の線素ベクトルが逆向きになる．一方，$\boldsymbol{A}$ は同じ点での値なので同じになる（図 1.11）．以上から $\boldsymbol{A}\cdot d\boldsymbol{r}$ は互いに打ち消し合う．

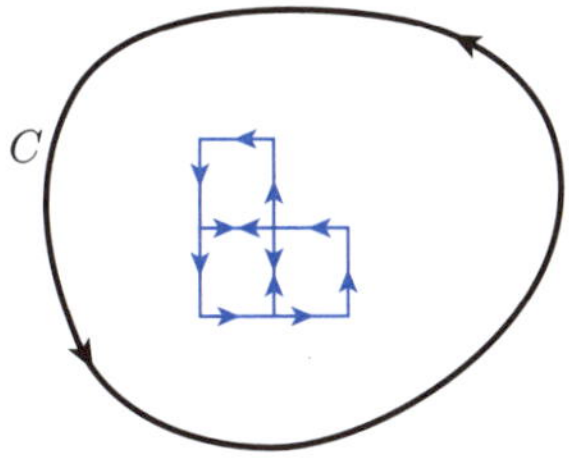

図 1.11

(3)　任意の方向の面ベクトルの微小長方形についても，(1) と同様に計算を行うことができる．多数の微小長方形の組合せで任意の曲面 S は表せるので，それらについて (2) のように考えると，曲面 S についての積分

$$
\int_S \nabla\times\boldsymbol{A}\cdot d\boldsymbol{S}
$$

は，これらの微小長方形の和で表される．隣り合う微小長方形の共通の辺での線積分は打ち消し合うので，S の周りの閉曲線 C についての積分

$$
\oint_C \boldsymbol{A}\cdot d\boldsymbol{r}
$$

と等しくなる．以上から

$$
\int_S \nabla\times\boldsymbol{A}\cdot d\boldsymbol{S}=\oint_C \boldsymbol{A}\cdot d\boldsymbol{r}
$$

が成り立つと考えられる．■

1.6 ディラックのデルタ関数$^{++}$

——物理量の不連続な分布を表すデルタ関数

Contents

キーポイント

デルタ関数は少しとっつきにくいし人工的な関数という感じがするが，電荷の分布を点電荷の集まりで記述するときに用いられる．量子力学などの他の分野でも広く用いられる．

❶点電荷とデルタ関数

電荷が空間的に連続的に分布しているときには，**電荷密度** $\rho(\boldsymbol{r})$（単位体積当たりの電気量）を定義できます．ある領域内の全電気量は，その領域内の電荷密度の体積積分で求めることができます．しかし，電荷は電子や陽子によるものですから，実際は電荷は空間的に不連続的に分布しています．こうした場合，電荷密度はどのように表現したら良いのでしょうか?

例として $x = a$ に置かれた**点電荷** q を考えましょう（簡単のため，1 次元を考えます）．このときの電荷密度は，どう考えたらいいでしょう．$x = a$ に点電荷 q があるとき，点電荷を含む体積はいくらでも小さなものがとれます．ですので，その小さな体積の電荷密度はいくらでも大きくできます．そこで次の**ディラックのデルタ関数**（**$\boldsymbol{\delta}$ 関数**）を使い

$$\rho(\boldsymbol{r}) = q\delta(x - a)$$

のように表します．この関数は

$$\int_b^c \delta(x - a)dx = \begin{cases} 1 & (b < a < c) \\ 0 & (\text{それ以外}) \end{cases}$$

という性質を持ちます．つまり，積分範囲に $x = a$ が含まれているとき，積分すると 1 になり，それ以外は 0 になります．これを使うと点電荷に対する電荷密度をうまく表すことができます．つまり

$$\rho(x) = q\delta(x - a)$$

と定義すると

$$\int_b^c \rho(x)dx = \begin{cases} q & (b < a < c) \\ 0 & (\text{それ以外}) \end{cases}$$

となり，積分領域が点電荷を含むときには，その中の電荷量は q になり，含まなければ 0 になります．これを 3 次元にも容易に拡張でき

$$\rho(\boldsymbol{r}) = q\delta(x)\delta(y)\delta(z)$$

と書くことができます．また多数の点電荷が分布している場合にも容易に拡張することができます．

また，電荷分布が点電荷以外の場合にも関数は応用することができます．**線電荷密度**（単位長さ当たりの電荷量）が λ の無限に長い直線電荷が z 軸上のみにあるときを考えます．このときの電荷密度は xy 軸方向では不連続であり，これを

$$\rho(\boldsymbol{r}) = \lambda(z)\delta(x)\delta(y)$$

と書けます．これを全空間で積分すると，

$$\begin{aligned}\int_{-\infty}^{\infty}\int_{-\infty}^{\infty}\int_{-\infty}^{\infty}\rho(\boldsymbol{r})dxdydz &= \int_{-\infty}^{\infty}\lambda(z)\delta(x)\delta(y)dxdydz \\ &= \int_{-\infty}^{\infty}\lambda(z)dz\end{aligned}$$

$\delta(x)\delta(y)\delta(z)$ をまとめて $\delta(\boldsymbol{r})$ と書き **3 次元デルタ関数**と言います．

基本問題 1.8

次の場合の電荷密度 $\rho(\boldsymbol{r})$ をディラックのデルタ関数を用いて表せ．

(1) 点電荷 q_1, q_2 が，それぞれ $(a_1, b_1, c_1), (a_2, b_2, c_2)$ の位置にある．

(2) xy 平面（$z = 0$）が**面電荷密度** $\sigma(x, y)$ で帯電している．

(3) 半径 R の球の表面に電荷 q が一様に分布している．

方針 デルタ関数の性質を良く考えて，どの場所で値が 0 にならないようにしたら良いかを考えます．

【答案】 (1) $\rho(\boldsymbol{r}) = q_1\delta(x - a_1)\delta(y - b_1)\delta(z - c_1) + q_2\delta(x - a_2)\delta(y - b_2)\delta(z - c_2)$

(2) $\rho(\boldsymbol{r}) = \sigma(x, y)\delta(z)$

(3) $\rho(\boldsymbol{r}) = \dfrac{q}{4\pi R^2}\delta(r - R)$ ■

ポイント 念のため (3) の体積積分を，この球と同じ中心を持つ半径 r の球の体積 V で実行してみましょう．

$$\int_V \rho(\boldsymbol{r})dV = \int_0^r \frac{q}{4\pi R^2}\delta(r - R)4\pi r^2 dr = \begin{cases} q & (R < r) \\ 0 & (r < R) \end{cases}$$

❷ポアソン方程式のグリーン関数とデルタ関数

デルタ関数を含む関係式で，電磁気学で重要な式として

$$\delta(\boldsymbol{r}-\boldsymbol{r}') = \frac{1}{4\pi}\nabla\cdot\left(\frac{\boldsymbol{r}-\boldsymbol{r}'}{|\boldsymbol{r}-\boldsymbol{r}'|^3}\right)$$

があります．これを $\boldsymbol{r}'=0$ の場合に計算で示しましょう．

原点が中心の半径 R の球の体積 V についての

$$\nabla\cdot\left(\frac{\boldsymbol{r}}{r^3}\right)$$

の体積積分は，ガウスの定理を使って

$$\int_V \nabla\cdot\left(\frac{\boldsymbol{r}}{r^3}\right)dV = \int_S \frac{\boldsymbol{r}}{r^3}\cdot d\boldsymbol{S}$$

のように球の表面 S の面積分に置き換えられます．球の表面では $d\boldsymbol{S}$ の方向と $\boldsymbol{r}$ の方向は平行なので

$$\begin{aligned}\int_V \nabla\cdot\left(\frac{\boldsymbol{r}}{r^3}\right)dV &= \int_S \frac{\boldsymbol{r}}{r^3}\cdot d\boldsymbol{S}\\ &= \int_S \frac{1}{r^2}dS\\ &= \int_S \frac{1}{r^2}r^2\sin\theta\, d\theta d\varphi\\ &= 4\pi\end{aligned}$$

ここで

$$dS = r^2\sin\theta\, d\theta d\varphi$$

を使いました．球の半径 R が 0 でなければ，この式は成り立ちますので

$$\nabla\cdot\left(\frac{\boldsymbol{r}}{r^3}\right) = 4\pi\delta(\boldsymbol{r})$$

が得られます．

以上は $\boldsymbol{r}'=0$ の場合でしたが，$\boldsymbol{r}'\neq 0$ であれば明らかに

$$\delta(\boldsymbol{r}-\boldsymbol{r}') = \frac{1}{4\pi}\nabla\cdot\left(\frac{\boldsymbol{r}-\boldsymbol{r}'}{|\boldsymbol{r}-\boldsymbol{r}'|^3}\right)$$

さらに

$$\nabla\left(\frac{1}{|\boldsymbol{r}-\boldsymbol{r}'|}\right) = -\frac{\boldsymbol{r}-\boldsymbol{r}'}{|\boldsymbol{r}-\boldsymbol{r}'|^3}$$

ですので

$$\delta(\boldsymbol{r}-\boldsymbol{r}') = -\frac{1}{4\pi}\nabla^2\left(\frac{1}{|\boldsymbol{r}-\boldsymbol{r}'|}\right)$$

となります．

$$\nabla^2 G(\boldsymbol{r},\boldsymbol{r}') = -\delta(\boldsymbol{r}-\boldsymbol{r}')$$

を満たす関数 $G(\boldsymbol{r}, \boldsymbol{r}')$ をポアソン方程式の**グリーン関数**と言います．上で示した

$$\delta(\boldsymbol{r}-\boldsymbol{r}') = -\frac{1}{4\pi}\nabla^2\left(\frac{1}{|\boldsymbol{r}-\boldsymbol{r}'|}\right)$$

と比較すると

$$G(\boldsymbol{r}, \boldsymbol{r}') = \frac{1}{4\pi}\frac{1}{|\boldsymbol{r}-\boldsymbol{r}'|}$$

であることがわかります．

ポアソン方程式は

$$\nabla^2\phi(\boldsymbol{r}) = -\frac{\rho}{\varepsilon_0}$$

です（第 2 章）．ポアソン方程式の解 ϕ は $G(\boldsymbol{r}, \boldsymbol{r}')$ を使って

$$\phi(\boldsymbol{r}) = \int \frac{\rho(\boldsymbol{r}')}{\varepsilon_0}G(\boldsymbol{r}, \boldsymbol{r}')d\boldsymbol{r}'$$

と表すことができます．このことは両辺に ∇^2 を作用させると

$$\begin{aligned}\nabla^2\phi(\boldsymbol{r}) &= \int \frac{\rho(\boldsymbol{r}')}{\varepsilon_0}\nabla^2 G(\boldsymbol{r}, \boldsymbol{r}')d\boldsymbol{r}' \\ &= -\int \frac{\rho(\boldsymbol{r}')}{\varepsilon_0}\delta(\boldsymbol{r}-\boldsymbol{r}')d\boldsymbol{r}' \\ &= -\frac{\rho(\boldsymbol{r})}{\varepsilon_0}\end{aligned}$$

となることから確かめられます．

第2章

静電場

この章では時間変化しない電場（**静電場**）について学びます．**クーロンの法則**は離れた電荷の間に働く力（**静電気力**）を**遠隔作用**の立場で記述したものです．クーロンの法則を使って電場を考えることができます．**ガウスの法則**は電場と電荷分布の関係を**近接作用**の立場で記述したものです．これらの違いを良く理解することは，電磁気学を場の物理学として理解する上で大変大切です．静電場に対して**静電ポテンシャル**を定義することができます．静電ポテンシャルとガウスの法則の微分形からポアソン方程式が得られます．いずれの事項も場の物理学としての電磁気学の最初ですので良く理解しましょう．

2.1 クーロンの法則
――二つの電荷の間に働く静電気力に関する法則

Contents

キーポイント

ベクトルを使ってクーロンの法則を表すことは電磁気学で最初に出てくるベクトルによる表現であり，これに慣れることが大切である．

❶クーロンの法則と電場

フランスの物理学者**クーロン**は，二つの**電荷**の間に働く**静電気力**の大きさ F が，互いの電荷に比例し，電荷間の距離の 2 乗に反比例していることを示しました．これを**クーロン力**と言います．電荷の空間サイズが十分小さいとき，これを**点電荷**と言います．電荷が点電荷の場合，クーロン力の方向は，二つの点電荷を結ぶ直線の方向を向き，二つの電荷の符号が同じときには互いに反発する方向の力（斥力），異なるときには互いに引き合う方向の力（引力）になります．以上のクーロン力の性質を**クーロンの法則**と言います．

クーロン力 F の大きさは，二つの点電荷の電気量を，それぞれ $Q\,\mathrm{C}$（C は電気量の単位**クーロン**），$q\,\mathrm{C}$，これらの点電荷の間の距離を $r\,\mathrm{m}$ とすると

$$F = \frac{1}{4\pi\varepsilon_0}\frac{Qq}{r^2}\,\mathrm{N}$$

の関係があります．ここで ε_0 は**真空の誘電率**と呼ばれ，

$$\varepsilon_0 = \frac{c^2}{8.85\times10^{-12}}\,\mathrm{C^2/N\,m^2}$$

ここで c は光の速度で 299,792.458 m/s です．

$q\,\mathrm{C}$ の電荷が受けるクーロン力をベクトル $\boldsymbol{F}$ で表すと，$Q\,\mathrm{C}$ の電荷の位置ベクトルを $\boldsymbol{r}'$，$q\,\mathrm{C}$ の電荷の位置ベクトルを $\boldsymbol{r}$ とすると，$\boldsymbol{F}$ は

$$\boldsymbol{F} = \frac{qQ}{4\pi\varepsilon_0}\frac{\boldsymbol{r}-\boldsymbol{r}'}{|\boldsymbol{r}-\boldsymbol{r}'|^3}$$

となる（図 2.1）．

電気量が 1 C のときの電荷を**単位電荷**と言います．$q=1$ のときに電荷が受けるクーロン力を $\boldsymbol{E}$ と書くと

$$\boldsymbol{E}(\boldsymbol{r}) = \frac{1}{4\pi\varepsilon_0}\frac{\boldsymbol{r}-\boldsymbol{r}'}{|\boldsymbol{r}-\boldsymbol{r}'|^3}$$

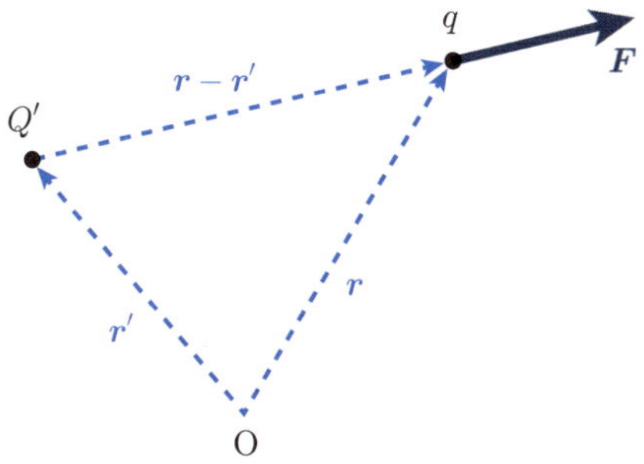

図 2.1

となる．この単位電荷が受けるクーロン力を**電場**と言います．q が 1 ではないときには

$$\boldsymbol{F} = q\boldsymbol{E}(\boldsymbol{r})$$

の関係があります．

静電気力の**近接作用**とは，電荷 Q が周りの空間に影響を及ぼし，その性質を変えるという見方です．電荷 Q が周りの空間に影響を及ぼして電場 $\boldsymbol{E}(\boldsymbol{r})$ が発生し，そこに別の電荷 q があると，$\boldsymbol{E}(\boldsymbol{r})$ によって静電気力を受けるという考えです．これに対して，二つの電荷間に力が直接働くという考えを**遠隔作用**と言います．**マクスウェル方程式**（6 章参照）は，近接作用の立場で電磁気学を記述しています．電磁波の伝播は，マクスウェル方程式から導かれますので，電磁気学の近接作用の理解は，電磁気学を学ぶ学生にとって大変重要であることがわかると思います．

基本問題 2.1

電気量 q_1, q_2 の点電荷 1, 2 を，それぞれ $\boldsymbol{r}_1, \boldsymbol{r}_2$ の位置に置いた．

(1) これらの点電荷の間に働く静電気力の大きさ F を求めよ．

さらに，電気量 q_3 の点電荷 3 を $\boldsymbol{r}_3$ の位置に置いた．

(2) 点電荷 3 に働く静電気力 $\boldsymbol{F}_3$ を求めよ．

(3)
$$q_1 = -q, \quad q_2 = q_3 = q,$$
$$\boldsymbol{r}_1 = (-a, 0, 0), \quad \boldsymbol{r}_2 = (a, 0, 0), \quad \boldsymbol{r}_3 = (0, a, 0)$$
の場合に，(2) で求めた静電気力のベクトルの成分を求め，その特徴を述べよ．

方針 各電荷からの静電気力をクーロンの法則で求めます．このとき静電気力のベクトルと位置ベクトルの関係に注意しましょう．

【答案】 (1) 点電荷間に働く力の大きさ F は，クーロンの法則より

$$F = \frac{q_1 q_2}{4\pi\varepsilon_0} \frac{1}{|\boldsymbol{r}_1 - \boldsymbol{r}_2|^2}$$

(2) 点電荷 3 に働く力 $\boldsymbol{F}_3$ はそれぞれの点電荷間に働く力の重ね合わせで表現できるので

$$\boldsymbol{F}_3 = \frac{q_1 q_3}{4\pi\varepsilon_0} \frac{\boldsymbol{r}_3 - \boldsymbol{r}_1}{|\boldsymbol{r}_3 - \boldsymbol{r}_1|^3} + \frac{q_2 q_3}{4\pi\varepsilon_0} \frac{\boldsymbol{r}_3 - \boldsymbol{r}_2}{|\boldsymbol{r}_3 - \boldsymbol{r}_2|^3}$$

(3) (2) で求めた結果に，問題で与えられている値を代入すると

$$\boldsymbol{r}_3 - \boldsymbol{r}_1 = (a, a, 0),$$
$$|\boldsymbol{r}_3 - \boldsymbol{r}_1| = \sqrt{2}\,a,$$
$$\boldsymbol{r}_3 - \boldsymbol{r}_2 = (-a, a, 0),$$
$$|\boldsymbol{r}_3 - \boldsymbol{r}_2| = \sqrt{2}\,a$$

なので，

$$\begin{aligned}\boldsymbol{F}_3 &= \frac{-q^2}{4\pi\varepsilon_0 2^{\frac{3}{2}} a^3}(a, a, 0) + \frac{q^2}{4\pi\varepsilon_0 2^{\frac{3}{2}} a^3}(-a, a, 0) \\ &= \frac{q^2}{4\pi\varepsilon_0 \sqrt{2}\,a^2}(-1, 0, 0)\end{aligned}$$

これから $q_1 = -q$ と $q_2 = q$ が原点から同じ距離で x 軸上にあるとき，q_3 が y 軸上にあると，q_3 が受ける力は x 軸と平行になることがわかる．■

ポイント 複数の電荷から受ける静電気力はそれぞれの電荷から受けるクーロン力の和になります．これを**重ね合わせの原理**と言います．重ね合わせの原理は電場にも成り立ちます．

❷静電ポテンシャル

電場は単位電荷が受ける静電気力ですから，時間変化しない電場に対して力学と同様にポテンシャル $\phi(\boldsymbol{r})$ を

$$\phi(\boldsymbol{r}) - \phi(\boldsymbol{r}_0) = -\int_{\boldsymbol{r}_0}^{\boldsymbol{r}} \boldsymbol{E}(\boldsymbol{r}) \cdot d\boldsymbol{r}$$

のように定義することができます．$\phi(\boldsymbol{r})$ を**静電ポテンシャル**と言います．ここで，$\phi(\boldsymbol{r}_0)$ は $\boldsymbol{r}_0$ における静電ポテンシャルの値です．$\phi(\boldsymbol{r}) - \phi(\boldsymbol{r}_0)$ を**電位差**，あるいは

$$V = \phi(\boldsymbol{r}) - \phi(\boldsymbol{r}_0)$$

で与える V を**電圧**と言います．電圧の単位には V（ボルト）を使います．

点電荷の場合，無限遠での $\phi(\boldsymbol{r})$ を 0 として

$$\phi(\boldsymbol{r}) = -\int_{\infty}^{\boldsymbol{r}} \boldsymbol{E}(\boldsymbol{r}) \cdot d\boldsymbol{r}$$

のようにしばしば定義します．これは以下のように説明できます．

$\boldsymbol{r}_0$ に点電荷 Q がある場合，電場 $\boldsymbol{E}$ は

$$\boldsymbol{E}(\boldsymbol{r}) = \frac{Q}{4\pi\varepsilon_0}\frac{\boldsymbol{r}-\boldsymbol{r}_0}{|\boldsymbol{r}-\boldsymbol{r}_0|^3}$$

なので電場 $\boldsymbol{E}$ の x 成分は

$$E_x = \left(\frac{Q}{4\pi\varepsilon_0}\frac{\boldsymbol{r}-\boldsymbol{r}_0}{|\boldsymbol{r}-\boldsymbol{r}_0|^3}\right)_x = -\frac{Q}{4\pi\varepsilon_0}\frac{\partial}{\partial x}\left(\frac{1}{|\boldsymbol{r}-\boldsymbol{r}_0|}\right)$$

となり，

$$\begin{aligned}\boldsymbol{E} \cdot d\boldsymbol{r} &= -\frac{Q}{4\pi\varepsilon_0}\left\{\frac{\partial}{\partial x}\left(\frac{1}{|\boldsymbol{r}-\boldsymbol{r}_0|}\right)dx + \frac{\partial}{\partial y}\left(\frac{1}{|\boldsymbol{r}-\boldsymbol{r}_0|}\right)dy \right.\\ &\qquad \left. + \frac{\partial}{\partial z}\left(\frac{1}{|\boldsymbol{r}-\boldsymbol{r}_0|}\right)dz\right\}\\ &= -d\left(\frac{Q}{4\pi\varepsilon_0}\frac{1}{|\boldsymbol{r}-\boldsymbol{r}_0|}\right)\end{aligned}$$

ここで，

$$\begin{aligned}d\left(\frac{Q}{4\pi\varepsilon_0}\frac{1}{|\boldsymbol{r}-\boldsymbol{r}_0|}\right) &= \frac{\partial}{\partial x}\left(\frac{Q}{4\pi\varepsilon_0}\frac{1}{|\boldsymbol{r}-\boldsymbol{r}_0|}\right)dx + \frac{\partial}{\partial y}\left(\frac{Q}{4\pi\varepsilon_0}\frac{1}{|\boldsymbol{r}-\boldsymbol{r}_0|}\right)dy\\ &\qquad + \frac{\partial}{\partial z}\left(\frac{Q}{4\pi\varepsilon_0}\frac{1}{|\boldsymbol{r}-\boldsymbol{r}_0|}\right)dz\end{aligned} \tag{2.1}$$

という全微分の関係を使いました．これを積分すると

$$\int d\left(\frac{Q}{4\pi\varepsilon_0}\frac{1}{|\boldsymbol{r}-\boldsymbol{r}_0|}\right) = \frac{Q}{4\pi\varepsilon_0}\frac{1}{|\boldsymbol{r}-\boldsymbol{r}_0|} + \text{定数}$$

無限遠 $\boldsymbol{r} \to \infty$ で

$$\frac{Q}{4\pi\varepsilon_0}\frac{1}{|\boldsymbol{r}-\boldsymbol{r}_0|} \to 0$$

ですから

$$\begin{aligned}\phi(\boldsymbol{r}) &= -\int_{\infty}^{r} \boldsymbol{E}(\boldsymbol{r}) \cdot d\boldsymbol{r} \\ &= \frac{Q}{4\pi\varepsilon_0}\frac{1}{|\boldsymbol{r}-\boldsymbol{r}_0|}\end{aligned}$$

また，この式と全微分の式 (2.1) との比較から

$$E_x = -\frac{\partial\phi}{\partial x}, \quad E_y = -\frac{\partial\phi}{\partial y}, \quad E_z = -\frac{\partial\phi}{\partial z}$$

まとめると

$$\boldsymbol{E}(\boldsymbol{r}) = -\nabla\phi(\boldsymbol{r})$$

これは電場が時間変化しないときに成り立ちます．静電ポテンシャルが定義できるということは，閉じた積分経路 C に対して，

$$\oint_C \boldsymbol{E}(\boldsymbol{r}) \cdot d\boldsymbol{r} = 0$$

ここで，第 1 章で紹介したストークスの定理を使うと

$$\begin{aligned}\oint_C \boldsymbol{E}(\boldsymbol{r}) \cdot d\boldsymbol{r} &= \int_S (\nabla \times \boldsymbol{E}(\boldsymbol{r})) \cdot d\boldsymbol{S} \\ &= 0\end{aligned}$$

となりますから

$$\nabla \times \boldsymbol{E}(\boldsymbol{r}) = 0$$

が得られます．第 1 章のベクトル解析のところで紹介したように，これが成り立つことから，$\boldsymbol{E}$ はある関数の勾配で表すことが可能です．このことからも

$$\boldsymbol{E}(\boldsymbol{r}) = -\nabla\phi(\boldsymbol{r})$$

が導けます．

電場には**重ね合わせの原理**が成り立つことが知られています．このことから，電荷が電荷密度 ρ で分布している場合，微小体積 dV 中の電荷 $\rho\,dV$ によって作られる電場の重ね合わせで，すべての電荷による電場が表されると考えられます．これから

$$\boldsymbol{E}(\boldsymbol{r}) = \int_V \frac{\rho(\boldsymbol{r}')dV'}{4\pi\varepsilon_0}\frac{\boldsymbol{r}-\boldsymbol{r}'}{|\boldsymbol{r}-\boldsymbol{r}'|^3}$$

ここで dV' の記号は体積積分が $\boldsymbol{r}'$ についてであることを示しています．これから，この電場による静電ポテンシャル ϕ は

$$\phi(\boldsymbol{r}) = -\int_V \frac{1}{4\pi\varepsilon_0}\frac{\rho(\boldsymbol{r}')dV'}{|\boldsymbol{r}-\boldsymbol{r}'|}$$

となり，ϕ にも重ね合わせの原理が成り立つことがわかります．

基本問題 2.2

電気量 q_1, q_2 の点電荷 1, 2 を，それぞれ $\boldsymbol{r}_1, \boldsymbol{r}_2$ の位置に置いた．

(1)　$\boldsymbol{r} = (x, y, z)$ における静電ポテンシャル $\phi(\boldsymbol{r})$ を求めよ．ただし $\boldsymbol{r} \neq \boldsymbol{r}_1, \boldsymbol{r} \neq \boldsymbol{r}_2$ とする．

(2)　$\boldsymbol{r}$ における電場を求めよ．

さらに，電気量 q_3 の点電荷 3 を $\boldsymbol{r}_3$ の位置に置いた．

(3)　点電荷 3 に働く静電気力を $\boldsymbol{F} = q\boldsymbol{E}$ から求め，基本問題 2.1(2) の結果に一致することを示せ．

方針　静電ポテンシャルと電場，静電気力の関係を確認する問題です．

【答案】　(1)　静電ポテンシャルには重ね合わせの原理が成り立つので，点電荷 1, 2 それぞれによる静電ポテンシャル ϕ_1 と ϕ_2 を求め，それを足せば ϕ が得られる．静電ポテンシャルの基準値を無限遠を 0 ととると，

$$\phi_1(\boldsymbol{r}) = \frac{1}{4\pi\varepsilon_0}\frac{q_1}{|\boldsymbol{r} - \boldsymbol{r}_1|},$$
$$\phi_2(\boldsymbol{r}) = \frac{1}{4\pi\varepsilon_0}\frac{q_2}{|\boldsymbol{r} - \boldsymbol{r}_2|}$$

よって

$$\begin{aligned}\phi(\boldsymbol{r}) &= \phi_1(\boldsymbol{r}) + \phi_2(\boldsymbol{r}) \\ &= \frac{1}{4\pi\varepsilon_0}\frac{q_1}{|\boldsymbol{r} - \boldsymbol{r}_1|} + \frac{1}{4\pi\varepsilon_0}\frac{q_2}{|\boldsymbol{r} - \boldsymbol{r}_2|}\end{aligned}$$

(2)　電場にも重ね合わせの原理が成り立つので，点電荷 1, 2 それぞれによる電場を足し合わせれば良い．結果は

$$\boldsymbol{E}(\boldsymbol{r}) = \frac{q_1}{4\pi\varepsilon_0}\frac{\boldsymbol{r} - \boldsymbol{r}_1}{|\boldsymbol{r} - \boldsymbol{r}_1|^3} + \frac{q_2}{4\pi\varepsilon_0}\frac{\boldsymbol{r} - \boldsymbol{r}_2}{|\boldsymbol{r} - \boldsymbol{r}_2|^3}$$

(3)　$\boldsymbol{r}_3$ における電場は，(2) の $\boldsymbol{E}(\boldsymbol{r})$ に $\boldsymbol{r} = \boldsymbol{r}_3$ を代入することで得られる．従って，点電荷 3 に働く力 $\boldsymbol{F}$ は，

$$\begin{aligned}\boldsymbol{F} &= q_3\boldsymbol{E}(\boldsymbol{r}) \\ &= q_3\left(\frac{q_1}{4\pi\varepsilon_0}\frac{\boldsymbol{r}_3 - \boldsymbol{r}_1}{|\boldsymbol{r}_3 - \boldsymbol{r}_1|^3} + \frac{q_2}{4\pi\varepsilon_0}\frac{\boldsymbol{r}_3 - \boldsymbol{r}_2}{|\boldsymbol{r}_3 - \boldsymbol{r}_2|^3}\right)\end{aligned}$$

となり基本問題 2.1(2) の結果に一致する．■

基本問題 2.3

$q_1 = +q$ C と $q_2 = -q$ C の電荷を持つ点電荷が，それぞれ

$$\boldsymbol{r}_1 = \left(0, 0, \frac{a}{2}\right),$$
$$\boldsymbol{r}_2 = \left(0, 0, -\frac{a}{2}\right)$$

に置かれている．ただし $q > 0$, $a > 0$ とする．

(1) これらの電荷による $\boldsymbol{r} = (x, y, z)$ における静電ポテンシャル $\phi(\boldsymbol{r})$ を求めよ．また，z 軸上における静電ポテンシャルのグラフを書け．

(2) $\boldsymbol{r} = (x, y, z)$ における電場を求めよ．また，xy 平面上の電場の特徴について説明せよ．

方針 基本問題 2.2 で，

$$q_1 = +q, \quad q_2 = -q,$$
$$\boldsymbol{r}_1 = \left(0, 0, \frac{a}{2}\right), \quad \boldsymbol{r}_2 = \left(0, 0, -\frac{a}{2}\right)$$

に対応しています．

【答案】 (1) 基本問題 2.2 から

$$\phi(\boldsymbol{r}) = \frac{1}{4\pi\varepsilon_0}\frac{q_1}{|\boldsymbol{r} - \boldsymbol{r}_1|} + \frac{1}{4\pi\varepsilon_0}\frac{q_2}{|\boldsymbol{r} - \boldsymbol{r}_2|}$$

ここで，

$$q_1 = +q, \quad q_2 = -q,$$
$$\boldsymbol{r}_1 = \left(0, 0, \frac{a}{2}\right), \quad \boldsymbol{r}_2 = \left(0, 0, -\frac{a}{2}\right)$$

から

$$|\boldsymbol{r} - \boldsymbol{r}_1| = \sqrt{x^2 + y^2 + \left(z - \frac{a}{2}\right)^2},$$
$$|\boldsymbol{r} - \boldsymbol{r}_2| = \sqrt{x^2 + y^2 + \left(z + \frac{a}{2}\right)^2}$$

これを使うと $\phi(\boldsymbol{r})$ は

$$\phi(\boldsymbol{r}) = \frac{1}{4\pi\varepsilon_0}\frac{q}{\sqrt{x^2 + y^2 + \left(z - \frac{a}{2}\right)^2}} + \frac{1}{4\pi\varepsilon_0}\frac{-q}{\sqrt{x^2 + y^2 + \left(z + \frac{a}{2}\right)^2}}$$

z 軸上では，

$$|\boldsymbol{r} - \boldsymbol{r}_1| = \left|z - \frac{a}{2}\right|,$$
$$|\boldsymbol{r} - \boldsymbol{r}_2| = \left|z + \frac{a}{2}\right|$$

であるので，グラフは図 2.2 のようになる．ここで $z = \pm\frac{a}{2}$ で，$\phi(\boldsymbol{r})$ は $\pm\infty$ に発散している．

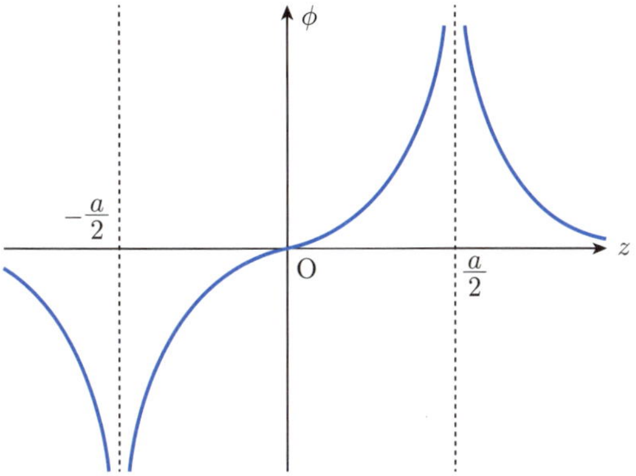

図 2.2

(2)　それぞれの電荷による $\boldsymbol{r} = (x, y, z)$ における電場 $\boldsymbol{E}(\boldsymbol{r})$ は,

$$\boldsymbol{E}(\boldsymbol{r}) = \frac{q_1}{4\pi\varepsilon_0}\frac{\boldsymbol{r}-\boldsymbol{r}_1}{|\boldsymbol{r}-\boldsymbol{r}_1|^3} + \frac{q_2}{4\pi\varepsilon_0}\frac{\boldsymbol{r}-\boldsymbol{r}_2}{|\boldsymbol{r}-\boldsymbol{r}_2|^3}$$

ここで, $|\boldsymbol{r}-\boldsymbol{r}_1|$ と $|\boldsymbol{r}-\boldsymbol{r}_2|$ は (1) で与えてあり,

$$\boldsymbol{r}-\boldsymbol{r}_1 = \left(x, y, z-\frac{a}{2}\right),$$
$$\boldsymbol{r}-\boldsymbol{r}_2 = \left(x, y, z+\frac{a}{2}\right)$$

xy 平面上では $z = 0$ であるので

$$\begin{aligned}\boldsymbol{E}(\boldsymbol{r}) &= \frac{q}{4\pi\varepsilon_0}\frac{\boldsymbol{r}-\boldsymbol{r}_1}{|\boldsymbol{r}-\boldsymbol{r}_1|^3} + \frac{-q}{4\pi\varepsilon_0}\frac{\boldsymbol{r}-\boldsymbol{r}_2}{|\boldsymbol{r}-\boldsymbol{r}_2|^3} \\ &= \left(0, 0, -\frac{q}{4\pi\varepsilon_0}\frac{a}{\{x^2+y^2+(\frac{a}{2})^2\}^{\frac{3}{2}}}\right)\end{aligned}$$

となり, xy 平面上の電場は, $-z$ 軸方向を向き, 原点で発散せず, 原点から遠ざかるにつれて $\{x^2+y^2+(\frac{a}{2})^2\}^{\frac{3}{2}}$ に反比例して減少する. ■

基本問題 2.4

基本問題 2.3 と同じ電荷の配置について次の問いに答えよ．ただし，以下では $r = |\boldsymbol{r}|$ は a より十分大きいとして，$\frac{a}{r}$ の 2 次以上の微少量を無視する．また $a > 0$ とする．

(1) $r \gg a$ における静電ポテンシャル $\phi(\boldsymbol{r})$ を求めよ．

(2) $r \gg a$ における電場 $\boldsymbol{E}(\boldsymbol{r})$ を求めよ．

方針 $\phi(\boldsymbol{r})$ や $\boldsymbol{E}(\boldsymbol{r})$ をテイラー展開します．ベクトルのテイラー展開は，ベクトルの各成分のテイラー展開です．

【答案】 (1) ポテンシャルの基準を無限遠にとる．$\boldsymbol{r} = (x, y, z)$ におけるポテンシャル $\phi(\boldsymbol{r})$ は，基本問題 2.3(1) から

$$\phi(\boldsymbol{r}) = \frac{1}{4\pi\varepsilon_0}\frac{q}{\sqrt{x^2+y^2+\left(z-\frac{a}{2}\right)^2}} + \frac{1}{4\pi\varepsilon_0}\frac{-q}{\sqrt{x^2+y^2+\left(z+\frac{a}{2}\right)^2}}$$

$r = \sqrt{x^2+y^2+z^2}$ であり，$r \gg a$ として右辺第 1 項をテイラー展開すると

$$\begin{aligned}\frac{1}{\sqrt{x^2+y^2+\left(z-\frac{a}{2}\right)^2}} &= \frac{1}{\sqrt{x^2+y^2+z^2-za+(\frac{a}{2})^2}} \\ &= \frac{1}{r\sqrt{1-\frac{za}{r^2}+(\frac{a}{2r})^2}} = \frac{1}{r}\left(1-\frac{1}{2}\frac{-za}{r^2}\right)\end{aligned}$$

ここで，最後のところで $\frac{a}{r}$ についてテイラー展開したのち，$\frac{a}{r}$ の 2 次以上の微小量を無視した．同様に，右辺第 2 項をテイラー展開すると

$$\begin{aligned}\frac{1}{\sqrt{x^2+y^2+\left(z+\frac{a}{2}\right)^2}} &= \frac{1}{\sqrt{x^2+y^2+z^2+za+(\frac{a}{2})^2}} \\ &= \frac{1}{r\sqrt{1+\frac{za}{r^2}+(\frac{a}{2r})^2}} = \frac{1}{r}\left(1-\frac{1}{2}\frac{za}{r^2}\right)\end{aligned}$$

以上から

$$\phi(\boldsymbol{r}) = \frac{1}{4\pi\varepsilon_0}\frac{q}{r}\left(1-\frac{1}{2}\frac{-za}{r^2}\right) + \frac{1}{4\pi\varepsilon_0}\frac{-q}{r}\left(1-\frac{1}{2}\frac{za}{r^2}\right) = \frac{q}{4\pi\varepsilon_0}\frac{za}{r^3}$$

(2) 電場 $\boldsymbol{E}(\boldsymbol{r})$ は，(1) で求めたポテンシャル $\phi(\boldsymbol{r})$ を用いて $\boldsymbol{E}(\boldsymbol{r}) = -\nabla\phi(\boldsymbol{r})$ を使って求めることができ

$$\boldsymbol{E}(\boldsymbol{r}) = \left(\frac{q}{4\pi\varepsilon_0}\frac{3xza}{r^5}, \frac{q}{4\pi\varepsilon_0}\frac{3yza}{r^5}, \frac{q}{4\pi\varepsilon_0}\left(\frac{3z^2a}{r^5}-\frac{a}{r^3}\right)\right) \quad ■$$

ポイント 以上の結果を，**電気双極子**モーメント $\boldsymbol{p} = q(\boldsymbol{r}_1 - \boldsymbol{r}_2) = (0, 0, qa)$ を使って

$$\phi(\boldsymbol{r}) = \frac{1}{4\pi\varepsilon_0}\frac{\boldsymbol{p}\cdot\boldsymbol{r}}{r^3}, \quad \boldsymbol{E}(\boldsymbol{r}) = \frac{1}{4\pi\varepsilon_0}\left\{\frac{3(\boldsymbol{p}\cdot\boldsymbol{r})\boldsymbol{r}}{r^5} - \frac{\boldsymbol{p}}{r^3}\right\}$$

のように表すこともできます．これは静電ポテンシャルの多重極展開（3.4 節）から求めることもできます．

基本問題 2.5　重要

長さが $2l$ で一様な電荷線密度 λ の直線電荷について次の問いに答えよ．

(1)　この直線電荷の中心から，直線電荷と垂直な方向に距離 r 離れた点での電場 $\boldsymbol{E}$ を求めよ．

(2)　(1) の結果で，$l \to \infty$ としたときの電場を求めよ．

方針　直線電荷を z 軸とすると，直線電荷上の微小間隔 dz（これを**微小線素**という）に含まれる電荷は λdz です．クーロンの法則を使ってこれによる電場を求め，各微小線素からの電場を足し合わせます．

【答案】　(1)　円筒座標系を考える．直線電荷を z 軸とする．直線電荷の中心を座標原点にとる．直線電荷と垂直な方向に距離 r 離れた点は，r 軸上にある．直線電荷の微小線素 dz による点 $(r, \theta, 0)$ における電場 $d\boldsymbol{E}(r, \theta, 0)$ は，微小線素 dz の z 座標（ただし $-l < z < l$）を使うと

$$d\boldsymbol{E}(r,\theta,0) = \frac{\lambda\,dz}{4\pi\varepsilon_0}\frac{r}{(r^2+z^2)^{\frac{3}{2}}}\boldsymbol{e}_r - \frac{\lambda\,dz}{4\pi\varepsilon_0}\frac{z}{(r^2+z^2)^{\frac{3}{2}}}\boldsymbol{e}_z$$

これから $\boldsymbol{E}(r, \theta, 0)$ の z 成分は，$z = 0$ に対して対称な位置にある $z = \pm a$（$-l < a < l$）の微小線素 dz 上の電荷によって，互いにキャンセルされる．これから直線電荷による r 軸上の電場は r 成分のみとなる．$z = r\tan\varphi$（ただし $0 < \varphi < \frac{\pi}{2}$）と置くと $dz = r\frac{1}{\cos^2\varphi}d\varphi$ であるので

$$\begin{aligned}
\boldsymbol{E}(r,\theta,0) &= \int_{-l}^{l}\frac{\lambda\,dz}{4\pi\varepsilon_0}\frac{r}{(r^2+z^2)^{\frac{3}{2}}}\boldsymbol{e}_r \\
&= 2\int_{0}^{l}\frac{\lambda\,dz}{4\pi\varepsilon_0}\frac{r}{(r^2+z^2)^{\frac{3}{2}}}\boldsymbol{e}_r \\
&= 2\int_{0}^{\varphi_{\max}}\frac{\lambda r\frac{1}{\cos^2\varphi}d\varphi}{4\pi\varepsilon_0}\frac{r}{\{r^2+(r\tan\varphi)^2\}^{\frac{3}{2}}}\boldsymbol{e}_r \\
&= \frac{2\lambda}{4\pi\varepsilon_0 r}\int_{0}^{\varphi_{\max}}\frac{d\varphi}{\cos^2\varphi(1+\tan^2\varphi)^{\frac{3}{2}}}\boldsymbol{e}_r \\
&= \frac{\lambda}{2\pi\varepsilon_0 r}\int_{0}^{\varphi_{\max}}\cos\varphi\,d\varphi\,\boldsymbol{e}_r \\
&= \frac{\lambda}{2\pi\varepsilon_0 r}\frac{l}{\sqrt{l^2+r^2}}\boldsymbol{e}_r
\end{aligned}$$

(2)　(1) の結果で $l \to \infty$ とすると

$$\boldsymbol{E} = \frac{\lambda}{2\pi\varepsilon_0 r}\frac{l}{\sqrt{l^2+r^2}}\boldsymbol{e}_r \to \frac{\lambda}{2\pi\varepsilon_0 r}\boldsymbol{e}_r$$

となり電場は軸対称となる．■

ポイント　(1) で式の途中で使った $\varphi_{\max}$ は $l = r\tan\varphi$ を満たす φ の値である．$l \to \infty$ の結果は r 軸上の電場 $\boldsymbol{E}$ は r に反比例し，θ に依存しない．

演習問題

A

2.1.1 距離 d 離れて電気量が q_1, q_2, q_3 の点電荷が直線上に並んでいる．
(1) それぞれの電荷に働く静電気力を求めよ．
(2) これら三つの電荷に働く静電気力が釣り合っているとき，q_1, q_2, q_3 の比を求めよ．ただし，どの電荷の電気量も 0 ではないとする．

2.1.2 電気量 q の点電荷が正 12 角形の頂点に一つずつ置いてある．各頂点から正 12 角形の中心までの距離を d とする．ただし，静電ポテンシャルは無限遠で 0 とする．
(1) 正 12 角形の中心における電場の大きさと静電ポテンシャルの値を求めよ．
(2) 任意の電荷を一つ取り除いたときの中心における電場と静電ポテンシャルの値を求めよ．

B

2.1.3 (1) 基本例題 2.1 の (2) と同じ状況を考え

$$q_1 = q_2 = q, \quad q_3 = -q,$$

$$\boldsymbol{r}_1 = (-a, 0, 0), \quad \boldsymbol{r}_2 = (a, 0, 0), \quad \boldsymbol{r}_3 = (0, y, 0)$$

のときに点電荷 3 に働く静電気力を求めよ．
(2) a に比べて y が十分に小さいとき，点電荷 1 と 2 の位置を固定しておくと点電荷 3 は y 軸方向に単振動することが可能となる．この単振動の角振動数を求めよ．ここで，点電荷 3 の質量は m とする．

2.1.4 半径 R の球の表面に電気量 Q の電荷が一様に分布している．このとき $\boldsymbol{r}$ の位置の電場を (1) $r > R$ の場合と，(2) $r < R$ の場合に分けてクーロンの法則を使って求めよ．

2.1.5 xy 平面の原点 O を中心とする半径 a の円周上に，一様な線密度で正電荷が分布している．この電荷の総量を Q としたとき，以下の問いに答えよ．
(1) 点 $\boldsymbol{r} = (0, 0, z)$ における電場の大きさとその向きを答えよ．
(2) 点 $\boldsymbol{r}$ に電気量が $-q$ の負の点電荷を置いた．その質量を m として，この点電荷の運動方程式を書け．さらに $z \ll a$ のとき，この点電荷は原点に対して単振動をすることを示し，その周期を求めよ．ただし，重力は考えない．

（奈良女子大学）

2.1.6 一定の電荷面密度 σ を持ち，半径が R で厚さが無視できる円盤を考える．円盤の中心から垂直方向に高さ z にある点における電場を求めよ．さらに $R \to \infty$ と $z \gg R$ の二つの場合の電場について考察せよ．ただし，$z > 0$ とする．

2.1.7 半径 a の球に一様な電荷密度 ρ で電荷が分布している．このとき球の外側と内側の電場をクーロンの法則を用いて求め，その特徴を述べよ．

2.1.8 xy 平面上に一辺の長さが a の正方形を考える（図 2.3）．各辺は一様な線電荷密度 λ の線電荷で作られている．この正方形の中心から xy 平面に垂直方向に z 離れた点における電場を求めよ．

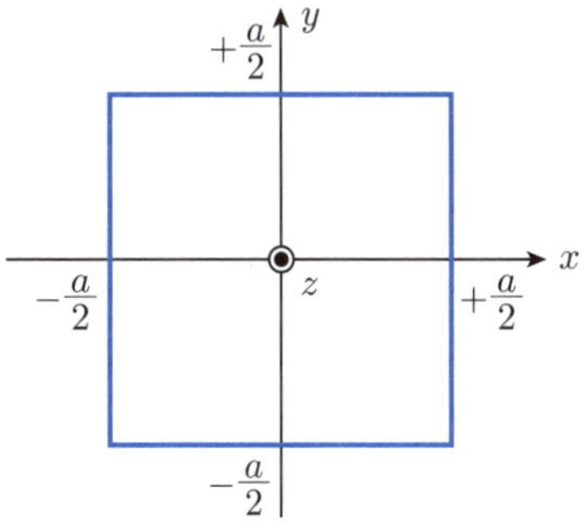

図 2.3

2.2 ガウスの法則
——近接作用の立場で電場と電荷分布の関係を与える法則

Contents

キーポイント

ガウスの法則の理解には点電荷の場合を良く理解することが大切である．

❶ガウスの法則とクーロンの法則

ガウスの法則は静電場に関する電磁気学の法則を近接作用の立場で記述しています．電場 $\boldsymbol{E}$ を閉曲面 S について次のような面積分を行うと

$$\int_S \boldsymbol{E}\cdot d\boldsymbol{S} = \frac{1}{\varepsilon_0}\int_V \rho dV$$

が成り立つことが知られています．これをガウスの法則と言います．$d\boldsymbol{S}$ については第1章で説明しました．右辺の積分は，S で囲まれた体積 V 内の全電荷を表しています．

以下では，基本問題 2.6 で点電荷の場合にガウスの法則が成り立つことを示します．この場合，V の中には点電荷が一つしかありませんからガウスの法則の式の右辺は $\frac{q}{\varepsilon_0}$ となります．S が点電荷を中心とする球の場合に，ガウスの法則が成り立つのは簡単に示すことができます．S が球ではない場合にガウスの法則を示してみましょう．

基本問題 2.6

点電荷 q を取り囲む閉曲面 S に対して，この点電荷による電場 $\boldsymbol{E}$ について

$$\int_S \boldsymbol{E}\cdot d\boldsymbol{S} = \frac{q}{\varepsilon_0}$$

が成り立つことを示せ．

方針 立体角が少し難しいですが，説明をゆっくりとたどれば理解できます．

【答案】 閉曲面 S は，図 2.4(a) のように点電荷 q を取り囲んでいる．この点電荷の位置ベクトルを $\boldsymbol{r}'$ とする．この閉曲面 S 上の点 $\boldsymbol{r}$ における電場は

$$\boldsymbol{E} = \frac{q}{4\pi\varepsilon_0}\frac{\boldsymbol{r}-\boldsymbol{r}'}{|\boldsymbol{r}-\boldsymbol{r}'|^3}$$

であり，閉曲面 S の微小面素ベクトル $d\boldsymbol{S}$ との内積は，$d\boldsymbol{S}$ 方向の単位ベクトル $\boldsymbol{n}$ を定義すると，

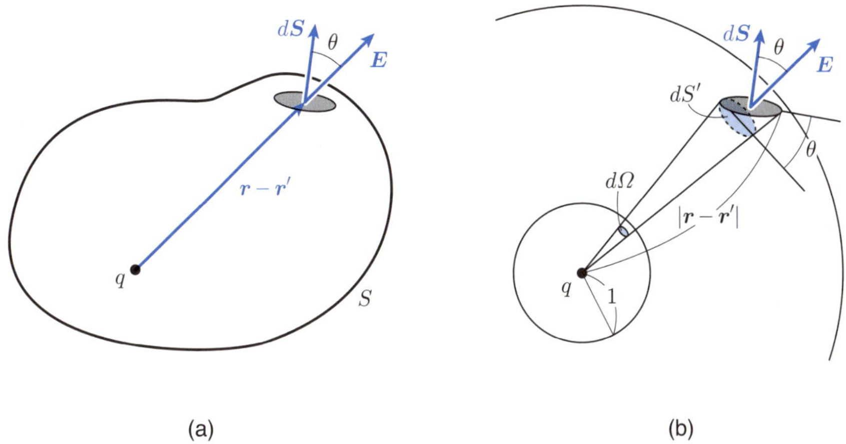

図 2.4 閉曲面 S 上の微小面積 $d\boldsymbol{S}$ と $\boldsymbol{E}$

$$
\begin{aligned}
\boldsymbol{E}\cdot d\boldsymbol{S} &= \boldsymbol{E}\cdot\boldsymbol{n}\, dS \\
&= E\cos\theta\, dS \\
&= E\, dS' \\
&= \frac{q}{4\pi\varepsilon_0}\frac{dS'}{|\boldsymbol{r}-\boldsymbol{r}'|^2}
\end{aligned}
$$

ここで，$\boldsymbol{E}$ と $\boldsymbol{n}$ のなす角を θ とし，$dS' = dS\cos\theta$ とした．dS' は，$d\boldsymbol{S}$ の $\boldsymbol{E}$ 方向への射影になっている．また，簡単のため，S が単純な形状の表面とし，$\cos\theta$ は正とする．最後の項の一部

$$
\frac{dS'}{|\boldsymbol{r}-\boldsymbol{r}'|^2}
$$

は，点電荷 q から $d\boldsymbol{S}$ までの距離の 2 乗 $|\boldsymbol{r}-\boldsymbol{r}'|^2$ で，dS' を割っており，これは点電荷 q から $d\boldsymbol{S}$ を見たときの $d\boldsymbol{S}$ の**立体角**[†]になる．この立体角を $d\Omega$ を使って

$$
d\Omega = \frac{dS'}{|\boldsymbol{r}-\boldsymbol{r}'|^2}
$$

と表すと

$$
\begin{aligned}
\boldsymbol{E}\cdot d\boldsymbol{S} &= \boldsymbol{E}\cdot\boldsymbol{n}\, dS \\
&= E\, dS' \\
&= \frac{q}{4\pi\varepsilon_0}d\Omega
\end{aligned}
$$

[†]立体角を理解するには，ラジアンとの比較が役に立ちます．ラジアンは角度の表し方で，角度を円の中心角としたときの弧の長さを半径で割ったものです．角度が同じであれば，この比は大きな円でも小さな円でも等しいです．ラジアンは平面上で定義されていますが，立体角はラジアンを立体的な角度の拡張したものと言えます．立体的な角度を球の表面の一部の面積を半径の 2 乗で割ったものです．球とその表面の一部の面積を相似的に変化させても，立体角は同じであることはすぐわかると思います．

図 2.4(b) のように点電荷 q を中心とする半径 1 の球を考えると，$d\Omega$ は $\boldsymbol{dS}$ の周囲と点電荷 q とを結ぶ線がこの球の表面を切り取る面積になる．S が複雑な形状をしていない限りは，S 上のすべての $\boldsymbol{dS}$ から作られる $d\Omega$ で，この半径 1 の球の表面を覆い尽くせるはずである．半径 1 の球の表面積は 4π だから

$$\int_S \frac{dS'}{|\boldsymbol{r}-\boldsymbol{r}'|^2} = \int_{\text{半径 1 の球の全表面}} d\Omega = 4\pi$$

以上から

$$\begin{aligned}\int_S \boldsymbol{E}\cdot d\boldsymbol{S} &= \frac{q}{4\pi\varepsilon_0}\int_{\text{半径 1 の球の全表面}} d\Omega \\ &= \frac{q}{\varepsilon_0}\end{aligned}$$

が得られ，点電荷が一個の場合について，ガウスの法則を示すことができた．

次に，点電荷が閉曲面 S の外にある場合を考える．この場合，図 2.5 のように，$\boldsymbol{S}$ を通り抜ける方向には必ず閉曲面と交差する点が二つある．点電荷から遠い方を $\boldsymbol{r}_1$，近い方を $\boldsymbol{r}_2$ とする．$\boldsymbol{r}_1$ での $\boldsymbol{dS}$ を $\boldsymbol{dS}_1$ とする．それに対応して立体角 $d\Omega$ を定義できる．もう一つの点 $\boldsymbol{r}_2$ で同じ立体角 $d\Omega$ となるように $\boldsymbol{dS}$ をとり，それを $\boldsymbol{dS}_2$ とする．この二つの $\boldsymbol{E}\cdot\boldsymbol{dS}$ を比較すると

$$\begin{aligned}\boldsymbol{E}(\boldsymbol{r}_1)\cdot d\boldsymbol{S}_1 &= E(\boldsymbol{r}_1)\cos\theta_1 dS_1 \\ &= \frac{q}{4\pi\varepsilon_0}\frac{\cos\theta_1 dS_1}{|\boldsymbol{r}_1-\boldsymbol{r}'|^2}, \\ \boldsymbol{E}(\boldsymbol{r}_2)\cdot d\boldsymbol{S}_2 &= E(\boldsymbol{r}_2)\cos\theta_2 dS_2 \\ &= \frac{q}{4\pi\varepsilon_0}\frac{\cos\theta_2 dS_2}{|\boldsymbol{r}_2-\boldsymbol{r}'|^2}\end{aligned}$$

$\boldsymbol{dS}_1$ と $\boldsymbol{dS}_2$ は同じ立体角となるようにしたが，$\boldsymbol{r}_2$ が近い側なので，$\theta_2 > \frac{\pi}{2}$ と考えられる．そのため

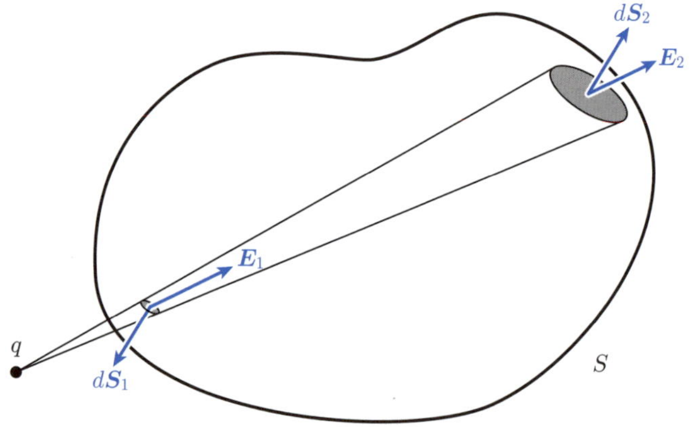

図 2.5

$$\begin{aligned} d\Omega &= \frac{\cos\theta_1 dS_1}{|\boldsymbol{r}_1 - \boldsymbol{r}'|^2} \\ &= -\frac{\cos\theta_2 dS_2}{|\boldsymbol{r}_2 - \boldsymbol{r}'|^2} \end{aligned}$$

よって

$$\begin{aligned} \boldsymbol{E}(\boldsymbol{r}_1)\cdot d\boldsymbol{S}_1 + \boldsymbol{E}(\boldsymbol{r}_2)\cdot d\boldsymbol{S}_2 &= \frac{q}{4\pi\varepsilon_0}d\Omega - \frac{q}{4\pi\varepsilon_0}d\Omega \\ &= 0 \ \blacksquare \end{aligned}$$

ポイント　この問題では球の面積分を計算しました．不慣れな人のために，それについて補足しておきましょう．原点が中心である半径 r の球の表面の微小面積は，3 次元極座標系では

$$dS = r^2 \sin\theta \ d\theta d\varphi$$

と書くことができることを第 1 章で説明しました．これをこの球の表面で積分すると

$$\begin{aligned} \int_S dS &= \int_0^{\pi}\int_0^{2\pi} r^2 \sin\theta \ d\theta d\varphi \\ &= 2\pi r^2 \int_0^{\pi} \sin\theta \ d\theta \\ &= 4\pi r^2 \end{aligned}$$

ここで積分される量は φ によりませんので，途中で φ に関する積分を先に行いました．立体角は半径が 1 の球の表面の微小面積に相当するので，微小立体角 $d\Omega$ を 3 次元極座標で表すと，

$$d\Omega = \sin\theta \ d\theta d\varphi$$

となり，全立体角 $\int d\Omega$ が 4π であることもすぐわかります．

❷ガウスの法則と複数の点電荷

点電荷が複数の場合について説明しましょう．各点電荷に番号をつけて i 番目の点電荷の電気量を q_i，位置を $\boldsymbol{r}_i$ とします．また，i 番目の電荷が $\boldsymbol{r}$ に作る電場を $\boldsymbol{E}_i(\boldsymbol{r})$ とします．電場には**重ね合わせの原理**が成り立つので，すべての電荷による電場 $\boldsymbol{E}(\boldsymbol{r})$ は

$$\boldsymbol{E}(\boldsymbol{r}) = \sum_i \boldsymbol{E}_i(\boldsymbol{r})$$

となり，

$$\begin{aligned}\int_S \boldsymbol{E}\cdot d\boldsymbol{S} &= \int_S \left(\sum_i \boldsymbol{E}_i\right)\cdot d\boldsymbol{S} \\ &= \int_S \boldsymbol{E}_1\cdot d\boldsymbol{S} + \int_S \boldsymbol{E}_2\cdot d\boldsymbol{S} + \int_S \boldsymbol{E}_3\cdot d\boldsymbol{S} + \cdots \\ &= \sum_i \left(\int_S \boldsymbol{E}_i\cdot d\boldsymbol{S}\right)\end{aligned}$$

ここで，$\int_S \boldsymbol{E}_i\cdot d\boldsymbol{S}$ は，

$$\int_S \boldsymbol{E}_i\cdot d\boldsymbol{S} = \begin{cases} \frac{q_i}{\varepsilon_0} & (q_i \text{ が } S \text{ 内にある}), \\ 0 & (q_i \text{ が } S \text{ 内にない}) \end{cases}$$

となるので，

$$\int_S \boldsymbol{E}\cdot d\boldsymbol{S} = \frac{1}{\varepsilon_0}\sum_{S\text{ 内の和}} q_i$$

これが点電荷が多数あるときのガウスの法則です．

電荷が連続的に分布している場合には，

$$\int_S \boldsymbol{E}\cdot d\boldsymbol{S} = \frac{1}{\varepsilon_0}\int_V \rho(\boldsymbol{r})dV$$

ここで，V は S で囲まれた体積である．これが電荷が連続的に分布している場合のガウスの法則である．ここでガウスの定理を使うと

$$\int_S \boldsymbol{E}\cdot d\boldsymbol{S} = \int_V \nabla\cdot\boldsymbol{E}\, dV$$

なので，電荷が連続的に分布している場合のガウスの法則から

$$\nabla\cdot\boldsymbol{E} = \frac{\rho}{\varepsilon_0}$$

この微分方程式を**ガウスの法則の微分形**と言います．これがマクスウェル方程式の第一式です（6 章参照）．電場の微分方程式が得られたということは各点における電場の性質を決める方程式が得られたことになります．

基本問題 2.7　重要

原点に電気量 q の点電荷を置いた．原点から距離 r 離れた点における電場 $\boldsymbol{E}(\boldsymbol{r})$ をガウスの法則を用いて求めよ．

方針　電場は球対称になるので，閉曲面として原点が中心で半径 r の球をとります．

【答案】　原点にある点電荷が作る電場は，原点に対して球対称である．このことから，3 次元極座標系 (r, θ, φ) における $\boldsymbol{e}_r$ を用いて，電場は

$$\boldsymbol{E} = E_r(r)\boldsymbol{e}_r$$

また，原点を中心とした半径 r の球の表面 S について考える（図 2.6）．そうすると S の面素ベクトル $d\boldsymbol{S}$ は $d\boldsymbol{S} = dS\,\boldsymbol{e}_r$ である．この球面に対して，点電荷に対するガウスの法則

$$\int_S \boldsymbol{E} \cdot d\boldsymbol{S} = \frac{q}{\varepsilon_0}$$

を適用すると

$$\begin{aligned}\int_S \boldsymbol{E} \cdot d\boldsymbol{S} &= \int_S E_r(r)\boldsymbol{e}_r \cdot dS\,\boldsymbol{e}_r \\ &= \int_S E_r(r) dS \\ &= E_r(r) \int_S dS \\ &= 4\pi r^2 E_r(r) = \frac{q}{\varepsilon_0}\end{aligned}$$

これから，

$$\boldsymbol{E} = \frac{q}{4\pi\varepsilon_0 r^2}\boldsymbol{e}_r$$

これは，クーロンの法則から得られたものと一致します．■

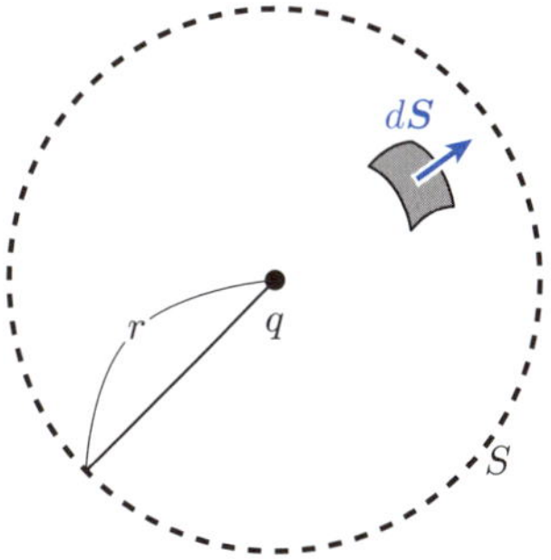

図 2.6

ポイント　途中で S 上では $E_r(r)$ は一定であることを使いました．

基本問題 2.8 重要

電気量 Q の電荷が，原点を中心とする半径 a の球内に一様に分布している．このときの電場 $\boldsymbol{E}$ と静電ポテンシャル ϕ を求めよ．

方針 電荷分布が球対称なので電場は球対称になります．ある半径の球内に含まれる電気量は，この半径に依存することに注意して解きましょう．

【答案】 電荷は半径 a の球内に一様に分布しているので，この球の中心を 3 次元極座標の原点にとると，電荷密度は球対称で

$$\rho(r) = \begin{cases} \frac{3Q}{4\pi a^3} & (r < a), \\ 0 & (r > a) \end{cases}$$

ここで，半径 a の球の体積が $V = \frac{4\pi a^3}{3}$ を使った．電荷分布の対称性から，電場 $\boldsymbol{E}$ は座標原点に対して球対称であり†，$\boldsymbol{E} = E_r(r)\boldsymbol{e}_r$ と書ける．原点を中心とする半径 r の球の表面を S，体積を V として，これにガウスの法則を適用する（図 2.7）．

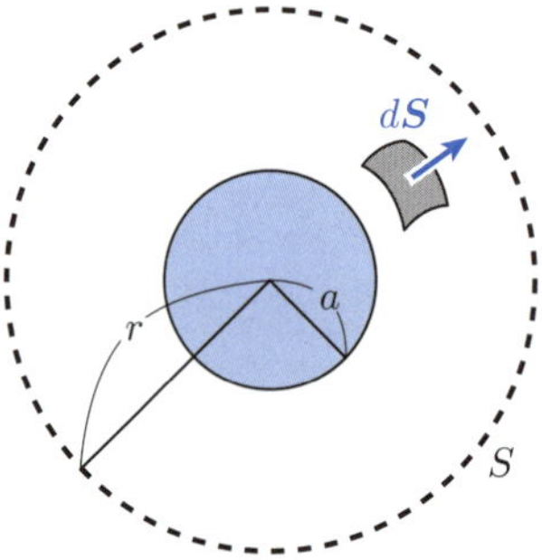

図 2.7

(i) $r > a$ のとき，ガウスの法則

$$\int_S \boldsymbol{E} \cdot d\boldsymbol{S} = \int_V \frac{\rho}{\varepsilon_0} dV$$

の左辺は，基本問題 2.7 と同様に

$$\int_S \boldsymbol{E} \cdot d\boldsymbol{S} = E_r(r) 4\pi r^2$$

同じく右辺は

$$\int_V \frac{\rho}{\varepsilon_0} dV = \frac{Q}{\varepsilon_0}$$

よってガウスの法則より

---

†演習問題 2.1.4 参照．

$$E_r(r)4\pi r^2 = \frac{Q}{\varepsilon_0}$$

となり

$$\boldsymbol{E} = \frac{Q}{4\pi\varepsilon_0 r^2}\boldsymbol{e}_r$$

これは半径 a 内のすべての電荷が原点に分布しているときの電場と同じである．

静電ポテンシャル ϕ を求める．

$$d\boldsymbol{r} = dr\ \boldsymbol{e}_r + r\ d\theta\ \boldsymbol{e}_\theta + r\sin\theta\ d\varphi\ \boldsymbol{e}_\varphi$$

なので

$$\phi(r) = -\int_\infty^r \boldsymbol{E}\cdot d\boldsymbol{r} = -\int_\infty^r \frac{Q}{4\pi\varepsilon_0 r^2}dr = \frac{Q}{4\pi\varepsilon_0 r}$$

(ii) $r < a$ では，ガウスの法則

$$\int_S \boldsymbol{E}\cdot d\boldsymbol{S} = \int_V \frac{\rho}{\varepsilon_0}dV$$

の左辺は (i) と同じだが，右辺は

$$\begin{aligned}\int_V \frac{\rho}{\varepsilon_0}dV &= \frac{3Q}{4\pi a^3\varepsilon_0}\frac{4\pi r^3}{3} \\ &= \frac{1}{\varepsilon_0}\frac{Qr^3}{a^3}\end{aligned}$$

となる．ガウスの法則から

$$E_r(r)4\pi r^2 = \frac{Q}{\varepsilon_0}\frac{r^3}{a^3}$$

が得られ，

$$\boldsymbol{E} = \frac{Q}{4\pi\varepsilon_0 a^3}r\,\boldsymbol{e}_r$$

この電場の特徴は電場の大きさが半径 r に比例していることであり，

$$\boldsymbol{E} = \frac{Q}{4\pi\varepsilon_0 a^3}r\,\boldsymbol{e}_r = Q\frac{r^3}{a^3}\frac{1}{4\pi\varepsilon_0 r^2}\boldsymbol{e}_r$$

と書き換えると電場の大きさは半径 r 内の電気量 $Q\frac{r^3}{a^3}$ が原点にあるときの電場と同じになるという点である．これらはクーロン力の特徴である．

静電ポテンシャル ϕ を求める．積分区間を半径 a の球の外と中の二つに分けて

$$\begin{aligned}\phi(r) &= -\int_\infty^r \boldsymbol{E}\cdot d\boldsymbol{r} \\ &= -\int_\infty^r E_r\,dr \\ &= -\int_\infty^a \frac{Q}{4\pi\varepsilon_0 r^2}dr - \int_a^r \frac{Q}{4\pi\varepsilon_0 a^3}r\,dr \\ &= \frac{Q}{4\pi\varepsilon_0 a} + \frac{Q}{4\pi\varepsilon_0 a^3}\frac{1}{2}(a^2 - r^2)\ \blacksquare\end{aligned}$$

基本問題 2.9 重要

電荷線密度が一定値 λ の無限に長い直線電荷がある．この直線電荷から距離 r の点における電場 $\boldsymbol{E}$ をガウスの法則を用いて求めよ．

方針 電荷分布が軸対称ですので，電場は直線電荷に対して軸対称になります．閉曲面として直線電荷を軸とする円柱をとります．

【答案】 無限に長い直線電荷による電場 $\boldsymbol{E}$ は，電場を求める位置 3 に対して対称な位置 1,2 にある微小電荷 $\lambda\,dl$ によって直線電荷に平行な成分は打ち消し合い，垂直な成分 E_r のみ残る（図 2.8）．ガウスの法則の S と V を考える領域として，図 2.9 のように，直線電荷を軸とし高さ l，半径 r の円柱を考える．この円柱内に含まれる電荷は λl なので，ガウスの法則から，

$$\int_S \boldsymbol{E}\cdot d\boldsymbol{S} = \frac{\lambda l}{\varepsilon_0}$$

ここで，円柱の表面 S に関する面積分を，

$$\int_S \boldsymbol{E}\cdot d\boldsymbol{S} = \int_{\text{上面}} \boldsymbol{E}\cdot d\boldsymbol{S} + \int_{\text{側面}} \boldsymbol{E}\cdot d\boldsymbol{S} + \int_{\text{下面}} \boldsymbol{E}\cdot d\boldsymbol{S}$$

のように円柱の上面，側面，下面に分けて考える．

電場は直線電荷に対して垂直だから，上面と下面では面素ベクトル $d\boldsymbol{S}$ と電場 $\boldsymbol{E}$ は直交し，$\int_S \boldsymbol{E}\cdot d\boldsymbol{S}$ への寄与はない．つまり

$$\begin{aligned}\int_{\text{上面}} \boldsymbol{E}\cdot d\boldsymbol{S} &= \int_{\text{下面}} \boldsymbol{E}\cdot d\boldsymbol{S}\\ &= 0\end{aligned}$$

側面の面積分は

$$\int_{\text{側面}} \boldsymbol{E}\cdot d\boldsymbol{S} = 2\pi r l E_r$$

結局，ガウスの法則から

$$2\pi r l E_r = \frac{\lambda l}{\varepsilon_0}$$

が得られ

$$E_r = \frac{\lambda}{2\pi\varepsilon_0 r}$$

となる．■

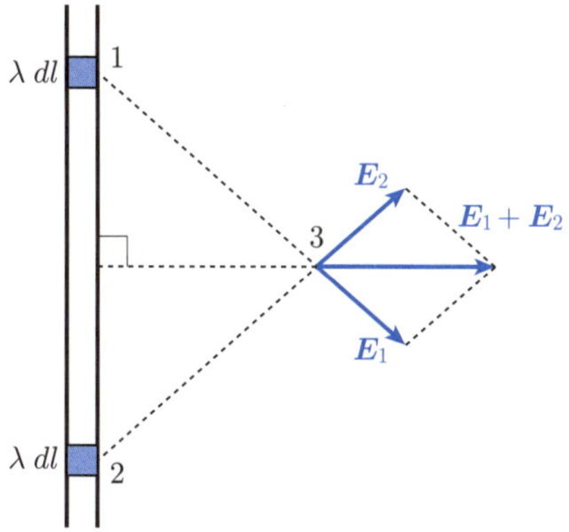

図 2.8

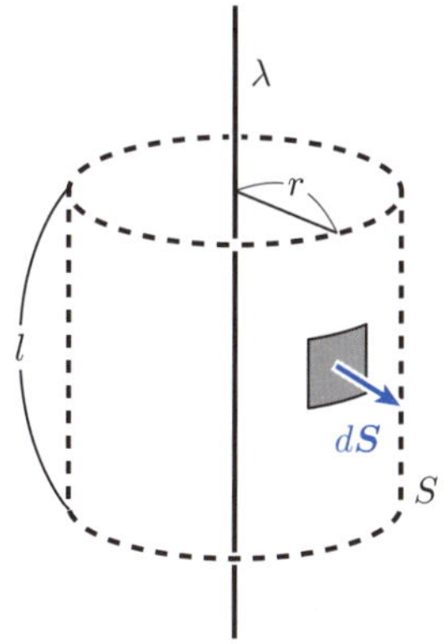

図 2.9

ポイント　この答えは，基本問題 2.5 で，直線電荷の長さを無限大にとったときの結果と一致しています．

基本問題 2.10

真空中の静電ポテンシャル ϕ が次の式で与えられているとき以下の問いに答えよ．

$$\phi(x,y,z)=\frac{A}{\sqrt{x^2+y^2+z^2}}$$

ただし，A は定数で，$(x,y,z)\neq(0,0,0)$ とする．また，真空の誘電率を ε_0 とする．

(1) 位置 (x,y,z) での電場を求めよ．

(2) 位置 (x,y,z) での電荷密度を求めよ． （北海道大学）

方針 ポテンシャルから電荷密度を求めるには，ガウスの法則の微分形を使います．

【答案】 (1) 電場は

$$\boldsymbol{E}=-\nabla\phi$$

なので，

$$\boldsymbol{E}=-\nabla\frac{A}{\sqrt{x^2+y^2+z^2}}$$

$(x,y,z)\neq(0,0,0)$ なので，$\boldsymbol{E}$ の x 成分は

$$\begin{aligned}\frac{\partial}{\partial x}\frac{A}{\sqrt{x^2+y^2+z^2}}&=-\frac{Ax}{(x^2+y^2+z^2)^{\frac{3}{2}}}\\&=-\frac{Ax}{r^3}\end{aligned}$$

となり，y,z 成分に関しても同様に計算でき，

$$\boldsymbol{E}=\left(\frac{Ax}{r^3},\frac{Ay}{r^3},\frac{Az}{r^3}\right)=A\frac{\boldsymbol{r}}{r^3}$$

ここで，$\boldsymbol{r}=(x,y,z)$ とし $r=|\boldsymbol{r}|$ とした．

(2) ガウスの法則の微分形

$$\nabla\cdot\boldsymbol{E}=\frac{\rho}{\varepsilon_0}$$

を使うと

$$\begin{aligned}\rho&=\varepsilon_0\nabla\cdot\boldsymbol{E}\\&=\varepsilon_0\left(\frac{\partial E_x}{\partial x}+\frac{\partial E_y}{\partial y}+\frac{\partial E_z}{\partial z}\right)\end{aligned}$$

xyz 座標系で計算すると

$$\begin{aligned}\frac{\partial E_x}{\partial x}&=\frac{\partial}{\partial x}\frac{Ax}{(x^2+y^2+z^2)^{\frac{3}{2}}}\\&=\frac{A}{(x^2+y^2+z^2)^{\frac{3}{2}}}-\frac{3Ax^2}{(x^2+y^2+z^2)^{\frac{5}{2}}}\\&=\frac{A}{r^3}-\frac{3Ax^2}{r^5}\end{aligned}$$

$\frac{\partial E_y}{\partial y}$ や $\frac{\partial E_z}{\partial z}$ についても同様に計算でき，

$$\begin{aligned}\rho &= \varepsilon_0\left(\frac{\partial E_x}{\partial x}+\frac{\partial E_y}{\partial y}+\frac{\partial E_z}{\partial z}\right)\\ &= \varepsilon_0\left(\frac{A}{r^3}-\frac{3Ax^2}{r^5}+\frac{A}{r^3}-\frac{3Ay^2}{r^5}+\frac{A}{r^3}-\frac{3Az^2}{r^5}\right)\\ &= \varepsilon_0\left\{\frac{3A}{r^3}-\frac{3A(x^2+y^2+z^2)}{r^5}\right\}\\ &= \varepsilon_0\left(\frac{3A}{r^3}-\frac{3Ar^2}{r^5}\right)\\ &= 0 \ \blacksquare\end{aligned}$$

ポイント　与えられている静電ポテンシャルは点電荷の場合と同じ r 依存性ですので，$r=0$ の原点を除いて $\rho=0$ となるのは当然です．

また，第 1 章 1.6 節で

$$\nabla\cdot\frac{\boldsymbol{r}}{r^3}=4\pi\delta(r)$$

を示しました．

$$\boldsymbol{E}=A\frac{\boldsymbol{r}}{r^3}$$

ですので

$$\begin{aligned}\rho(\boldsymbol{r}) &= \varepsilon_0\nabla\cdot\boldsymbol{E}\\ &= \varepsilon_0\nabla\cdot\left(A\frac{\boldsymbol{r}}{r^3}\right)\\ &= 4\pi\varepsilon_0 A\delta(\boldsymbol{r})\end{aligned}$$

これは $\boldsymbol{r}=0$ に電気量が $4\pi\varepsilon_0 A$ の点電荷があることを意味している．

基本問題 2.11 重要

静電場 $\boldsymbol{E}$ と静電ポテンシャル ϕ は

$$\boldsymbol{E} = -\nabla\phi$$

と関係していることから，ガウスの法則を使って

$$\nabla^2\phi = -\frac{\rho}{\varepsilon_0}$$

が得られることを示せ．この方程式は**ポアソン方程式**と呼ばれる．また，電場の方向と静電ポテンシャルの**等ポテンシャル面**とは垂直であることを示せ．

方針 ガウスの法則の微分形を $\boldsymbol{E} = -\nabla\phi$ に使うとポアソン方程式が得られます．等ポテンシャル面は $\phi =$ 一定であることを利用します．

【答案】 ガウスの法則の微分形は

$$\nabla \cdot \boldsymbol{E} = \frac{\rho}{\varepsilon_0}$$

これに電場と静電ポテンシャルの関係 $\boldsymbol{E} = -\nabla\phi$ を代入すると

$$\nabla \cdot (-\nabla\phi) = \frac{\rho}{\varepsilon_0}$$

左辺は

$$\nabla \cdot (-\nabla\phi) = -\nabla \cdot \nabla\phi = -\nabla^2\phi$$

であるので

$$\nabla^2\phi = -\frac{\rho}{\varepsilon_0}$$

が得られる（$\nabla \cdot \nabla = \nabla^2$ は第 1 章 1.2 節参照）．

二つの点 $\boldsymbol{r}$ と $\boldsymbol{r} + d\boldsymbol{r}$ を等ポテンシャル面内とすると

$$\phi(\boldsymbol{r}) = \phi(\boldsymbol{r} + d\boldsymbol{r})$$

であるから

$$\phi(\boldsymbol{r} + d\boldsymbol{r}) - \phi(\boldsymbol{r}) = d\boldsymbol{r} \cdot \nabla\phi(\boldsymbol{r}) = 0$$

となる（第 1 章 1.4 節参照）．この式は $d\boldsymbol{r}$ と $\nabla\phi(\boldsymbol{r})$ が直交していることを示している．ここで $\boldsymbol{E} = -\nabla\phi$ を代入すると

$$d\boldsymbol{r} \cdot \nabla\phi(\boldsymbol{r}) = -d\boldsymbol{r} \cdot \boldsymbol{E} = 0$$

$d\boldsymbol{r}$ は等ポテンシャル面内にあるから，この式は電場の方向は等ポテンシャル面に垂直であることを示している．■

演習問題

A

2.2.1 無限に広い平板上に電荷が一定の電荷面密度 σ で分布している．このときの電場をガウスの法則を用いて求めよ．

2.2.2 電荷 Q が半径 a の球面上に一様に分布している．このときの電場と静電ポテンシャルを求めよ．

2.2.3 半径 a の無限に長い円柱内に電荷が一定の電荷密度 ρ で分布している．この円柱の中心軸からの距離 r の点の電場を求めよ．

2.2.4 半径 a の無限に長い円柱があり，その円柱に電荷が一定の電荷密度 ρ_0 で分布している．この円柱の軸と同じ軸を持つ半径 b の無限の長さを持つ円筒（$a < b$）がある．円筒に単位長さ当たり λ_0 の電荷を与えたとき，円柱の中心軸から r の距離の点の電場の大きさを求めよ．

2.2.5 厚さが $2l$ の無限平板に電荷が一定の電荷密度 ρ_0 で分布している．このときの電場をガウスの法則の微分形を用いて求めよ．

B

2.2.6 ある電荷分布によって，$\boldsymbol{r}$ におけるポテンシャル $\phi(\boldsymbol{r})$ が，以下のようになった．

$$\phi(\boldsymbol{r}) = A\frac{e^{-\lambda r}}{r}$$

ただし，$r = |\boldsymbol{r}|$ であり，A, λ は定数である．

(1) $\phi(\boldsymbol{r})$ から $\boldsymbol{r}$ における電場 $\boldsymbol{E}(\boldsymbol{r})$ を求めよ．

(2) 電荷密度 $\rho(\boldsymbol{r})$ を求めよ．ただし，次を用いて良い．

$$\nabla^2\left(\frac{1}{r}\right) = \nabla\cdot\left(-\frac{\boldsymbol{r}}{r^3}\right) = -4\pi\delta(\boldsymbol{r})$$

(3) 電荷の総量を求めよ．

2.2.7 半径 a の球とみなせる原子核を考える．原子核の中心からの距離を r とすると，この原子核内部の電荷密度 ρ は

$$\rho(r) = \rho_0\left(1 - \frac{r^2}{a^2}\right)$$

とする．ここで ρ_0 は定数である．以下の問いに答えよ．

(1) 原子核の全電荷 Q を求めよ．

(2) 電場の大きさ E，静電ポテンシャルを ϕ とし，原子核の外部の E と ϕ を求めよ．

(3) 原子核の内部の E と ϕ を求めよ．（九州大学）

第3章

物質と静電場

導体や誘電体には静電場によって電荷が誘起されます．誘起された電荷によって静電場も変化します．それを理解するには，静電場中の導体や誘電体の性質を良く理解することが大切です．導体は静電場中では等電位になります．これから導体の表面の電荷分布がわかります．誘電体が静電場中にあると分極を起こし分極電荷が誘起されます．静電場を求めるにはこれらを考慮する必要があります．導体や誘電体があるときの静電場を求めるには，特殊な解法を使うことができます．この章では，これらについて学びます．

3.1 導体と静電場
——導体の性質と導体の静電場への影響

キーポイント

静電場中に導体があると静電場はその影響を受ける．それを理解するには静電場中の導体の性質を理解することが大切である．導体の基本的な性質を良く理解しよう．

導体とは，その内部に自由に移動できる**荷電粒子**（電子あるいは物質によってはイオン）がある物質のことを言います．荷電粒子の移動によって導体は電気を通すことができます．導体内に電場が存在すると，荷電粒子が電場によって移動し，十分時間が経つと**静電平衡**と呼ばれる平衡状態に至ります．静電平衡にある導体には以下のような性質があります．

1. 導体内部には電場が存在しない．
2. 導体内部では静電ポテンシャルの値は一定である．
3. 導体表面における電場の方向は導体表面に垂直である．
4. すべての電荷は導体表面に分布する．

以下で，四つの導体の性質について説明しましょう．

1 番目の性質について：導体内部に電場があると荷電粒子は電場によって移動し，その導体から荷電粒子が出て行かないようにすると，移動した荷電粒子によって導体内部の電場を打ち消すようになり，最終的に内部の電場が 0 となります．その結果，導体内部には静電場が存在しないことになります．電場が 0 になれば荷電粒子は移動しませんから，このような状態を静電平衡と言います．

2 番目の性質について：導体の性質 1 から，導体内部で静電場は 0 です．静電場は $\boldsymbol{E} = -\nabla\phi$ と静電ポテンシャル ϕ と関係しますから，導体内で静電場が 0 ということは，$\nabla\phi = 0$ ということになり，導体内部で静電ポテンシャルは一定となります．

3 番目の性質について：導体内部で静電ポテンシャルは一定です．静電場は $\boldsymbol{E} = -\nabla\phi$ と関係しますから，電場の方向は等ポテンシャル面と垂直になります（基本問題 2.11 参照）．導体表面は等ポテンシャル面ですから，導体表面において電場は導体表面に垂直になります．

4 番目の性質について：電荷が導体内部にあると，導体内に電場が生まれます．そのため，荷電粒子が移動して，電場を打ち消すように分布します．その結果，電荷は導体内には存在できなくなり，表面にのみ分布することになります．

2 と 4 の性質は 1 の性質から導かれます．静電平衡にある導体の問題では，多くの場合電場と静電ポテンシャルに関する上記の性質が大切な役割を果たします．

基本問題 3.1　重要

半径 a の導体球に電荷 Q を与えた．このとき，以下の問いに答えよ．ただし，導体球は静電平衡にあるとする．また静電ポテンシャルは無限遠で 0 とする．

(1)　電荷分布を求めよ．

(2)　任意の点における電場を求めよ．

(3)　任意の点における静電ポテンシャルを求めよ．

方針　導体の性質の 1, 2, 4 を使います．

【答案】　(1)　静電平衡なので導体球内に電場が存在しない．そのために電荷は導体表面に一様に分布する．このときの電荷の面密度 σ は，

$$\sigma = \frac{Q}{4\pi a^2}$$

(2)　導体球の中心を 3 次元極座標系 (r, θ, φ) の原点とする．電荷分布の対称性から，電場は動径方向になり r にのみに依存する．よって電場を $\boldsymbol{E} = E_r(r)\boldsymbol{e}_r$ と置く．半径 r の球に対して，ガウスの法則を適用すると

(i)　$r > a$ のとき，

$$\begin{aligned}\int_S \boldsymbol{E} \cdot d\boldsymbol{S} &= \int_S E_r \, dS = 4\pi r^2 E_r(r) \\ &= \frac{Q}{\varepsilon_0}\end{aligned}$$

ここで S は半径 r の球の表面である．これから電場は，

$$\boldsymbol{E} = \frac{Q}{4\pi\varepsilon_0 r^2}\boldsymbol{e}_r$$

(ii)　$r < a$ のとき，導体球内には静電場は存在しないので $\boldsymbol{E} = 0$．

(3)　静電ポテンシャルは，電場が球対称なので r のみに依存する関数となる．

(i)　$r > a$ のとき，

$$\begin{aligned}\phi(r) &= -\int_\infty^r \boldsymbol{E} \cdot d\boldsymbol{S} = -\int_\infty^r \frac{Q}{4\pi\varepsilon_0 r'^2} dr' \\ &= \frac{Q}{4\pi\varepsilon_0 r}\end{aligned}$$

(ii)　$r < a$ のとき，導体球内には静電場は存在しないことを考慮すると

$$\begin{aligned}\phi(r) &= -\int_\infty^r \boldsymbol{E} \cdot d\boldsymbol{S} = -\int_\infty^a \frac{Q}{4\pi\varepsilon_0 r'^2} dr' \\ &= \frac{Q}{4\pi\varepsilon_0 a}\end{aligned}$$ ■

基本問題 3.2 重要

半径 a 無限に長い円柱導体がある．この導体に単位長さ当たり λ の電荷を与えた．円柱の中心軸から r 離れた点の電場を求めよ．

方針 導体の性質の 1, 3, 4 を使います．

【答案】 円柱導体の中心軸を z 軸とする円柱座標系 (r, θ, ϕ) をとる．電荷は円柱導体内に電場が生じないように導体表面に一様に分布する．このとき，電荷分布の対称性から，電場は動径方向を向き，r のみに依存すると考えられる．よって電場を $\boldsymbol{E} = E_r(r)\boldsymbol{e}_r$ と置く．円柱導体と同じ中心軸を持つ半径 r，高さ l の円柱に対して，ガウスの法則を適用する．

(i) $r > a$ のとき，

$$\int_S \boldsymbol{E} \cdot d\boldsymbol{S} = \int_S E_r \, dS = E_r 2\pi r l = \frac{\lambda l}{\varepsilon_0}$$

従って，電場は，

$$\boldsymbol{E} = \frac{\lambda}{2\pi\varepsilon_0 r}\boldsymbol{e}_r$$

(ii) $r < a$，すなわち円柱導体内部では静電場は存在しない．従って，$\boldsymbol{E} = 0$ ■

基本問題 3.3

電荷 Q が半径 a の球内に一様に分布している．半径 a の球と同じ中心を持つ内径 b，外径 c の導体球殻が図 3.1 のように半径 a の球を囲んでいる（$a < b < c$ である）．このとき，(1) $r > c$，(2) $b < r \leq c$，(3) $a < r \leq b$，(4) $0 < r \leq a$ のそれぞれの領域について電場と静電ポテンシャルを求めよ．

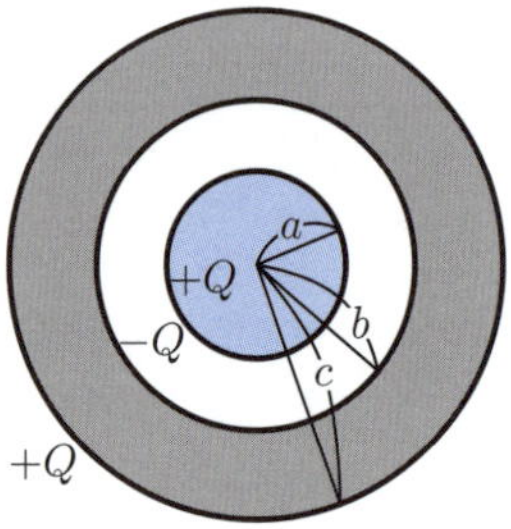

図 3.1　基本問題 3.4

方針 導体の性質の 1, 3, 4 を使います．

【答案】 球の中心を原点とする 3 次元極座標を考える．半径 a の球内の電荷密度 ρ は一様であるので $\rho = \frac{3Q}{4\pi a^3}$．これによって電場が発生しても，導体球殻内の電場が 0 であるためには，電荷の保存から導体球殻の内側の表面には一様に $-Q$ の電荷が誘起され外側の表面には一様に $+Q$ の電荷が誘起される．電荷分布の対称性から考えると電場は r 成分のみを持つ．

(1) $r > c$ のとき，ガウスの法則を半径 r の球に対して適用すると，球内の電荷 Q_{t} は

$$Q_{\mathrm{t}} = Q - Q + Q = Q$$

なので

$$\int_S \boldsymbol{E}\cdot d\boldsymbol{S} = 4\pi r^2 E_r(r) = \frac{Q}{\varepsilon_0}$$

これから電場 $\boldsymbol{E}$ は

$$\boldsymbol{E} = \frac{Q}{4\pi\varepsilon_0 r^2}\boldsymbol{e}_r$$

ここで $\boldsymbol{e}_r$ は r 軸方向の単位ベクトルである．静電ポテンシャル $\phi(r)$ は無限遠を基準点とすると

$$\phi(r) = -\int_\infty^r \frac{Q}{4\pi\varepsilon_0 r^2}dr = \frac{Q}{4\pi\varepsilon_0 r}$$

(2)　$b < r \leq c$ のとき，半径 r の球内に含まれ全電荷 Q_t は $Q_\mathrm{t} = Q - Q = 0$ となるので，ガウスの法則より，$\boldsymbol{E} = 0$．この領域では電場が 0 なので静電ポテンシャルは $r = c$ の値のまま一定である．静電ポテンシャルは (1) の結果から，

$$\phi(r) = \frac{Q}{4\pi\varepsilon_0 c}$$

(3)　$a < r \leq b$ のとき，電場は (1) と同様に計算でき，

$$\boldsymbol{E} = \frac{Q}{4\pi\varepsilon_0 r^2}\boldsymbol{e}_r$$

静電ポテンシャルは，

$$\phi(r) = -\int_\infty^r E_r\,dr = -\int_b^r E_r\,dr - \int_\infty^b E_r\,dr = \frac{Q}{4\pi\varepsilon_0}\left(\frac{1}{r} - \frac{1}{b} + \frac{1}{c}\right)$$

(4)　$0 < r \leq a$ のとき，半径 r の球に含まれる電荷 Q_t は，

$$Q_\mathrm{t} = \frac{r^3}{a^3}Q$$

半径 r の球に対してガウスの法則を適用すると

$$\int_S \boldsymbol{E}\cdot d\boldsymbol{S} = 4\pi r^2 E_r(r) = \frac{Qr^3}{\varepsilon_0 a^3}$$

となり，電場は

$$\boldsymbol{E}(r) = \frac{Qr}{4\pi\varepsilon_0 a^3}\boldsymbol{e}_r$$

静電ポテンシャルは，

$$\begin{aligned}
\phi(r) &= -\int_\infty^r E_r(r)\,dr = -\int_a^r E_r\,dr - \int_\infty^a E_r\,dr \\
&= -\int_a^r \frac{Qr}{4\pi\varepsilon_0 a^3}dr + \frac{Q}{4\pi\varepsilon_0}\left(\frac{1}{a} - \frac{1}{b} + \frac{1}{c}\right) \\
&= \frac{Q(a^2 - r^2)}{8\pi\varepsilon_0 a^3} + \frac{Q}{4\pi\varepsilon_0}\left(\frac{1}{a} - \frac{1}{b} + \frac{1}{c}\right) \\
&= \frac{Q}{4\pi\varepsilon_0}\left(\frac{3}{2a} - \frac{1}{b} + \frac{1}{c} - \frac{r^2}{2a^3}\right) \quad \blacksquare
\end{aligned}$$

演習問題

A

3.1.1 大きさの異なる二つの導体球がある．それぞれの半径を a, b とする（$a > b > 0$）．二つの球は半径に比べて十分離れている．はじめに半径 a の球に電荷 Q を与え，二つの球を導線でつないで十分時間がたった後，導線を切り離した．

(1) 各球の電荷を求めよ．

(2) 各球の表面近くの電場の大きさを求めよ．またどちらの球の電場の大きさが大きいか答えよ．

B

3.1.2 基本問題 3.3 と同様に，同じ中心を持つ半径 a の導体球と，半径 b（$a < b$）の導体球殻がある．導体球に Q_1（$Q_1 > 0$），導体球殻に Q_2 の電荷を与えた．

(1) 導体球と導体球殻間の電位差を求めよ．

(2) 導体球と導体球殻の間を非常に細い導体でつないだ．このときの導体球，導体球殻に蓄えられている電荷を求めよ．

(3) (1) の状態から，導体球殻を接地したとき導体球殻に蓄えられている電荷を求めよ．

C

3.1.3 $x < 0$ の領域に無限に広がる接地された導体平面があり，点 $(a, b, 0)$ と点 $(a, -b, 0)$ にそれぞれ電荷 $q, -q$ を置いた．

(1) $x > 0$ における電場 $\boldsymbol{E}(x, y, z)$ を求めよ．

(2) 導体表面に誘起される電荷の面密度 $\sigma(x, y, z)$ を求めよ．

(3) 導体表面に誘起された全電荷を求めよ．（北海道大学）

3.2　コンデンサー
——二つの導体による極板からなるコンデンサーの性質を調べる

キーポイント

二つの導体極板を互いに近づけると電荷を蓄えることができる．これがコンデンサーである．

もっとも簡単な**コンデンサー**は，二つの極板を向かい合わせたものです．これを電圧 V ボルトの電池につなぐと，電池の + の電極につないだ極板には $+Q$ の電荷が，− の電極につないだ極板には $-Q$ の電荷が蓄えられます（図 3.2）．この関係を

$$Q = CV$$

と表したとき，C を**静電容量** (**電気容量，キャパシタンス**) と言います．Q の単位を C（クーロン），V の単位を V（ボルト）で表したとき，静電容量の単位には F（ファラッド）が用いられます．1F は，1V の電圧をかけたときに，1C の電荷が蓄えられる静電容量です．静電容量は

「電圧 V を掛けたときに，どれくらい電荷を蓄えられるか」

という量になります．普通，静電容量は正の量であり，またコンデンサーに蓄えられている電荷は一般に正の電荷の値を言うことに注意しましょう．また，電圧は負の電荷が蓄えられた極板を基準にしていることにも注意しましょう．

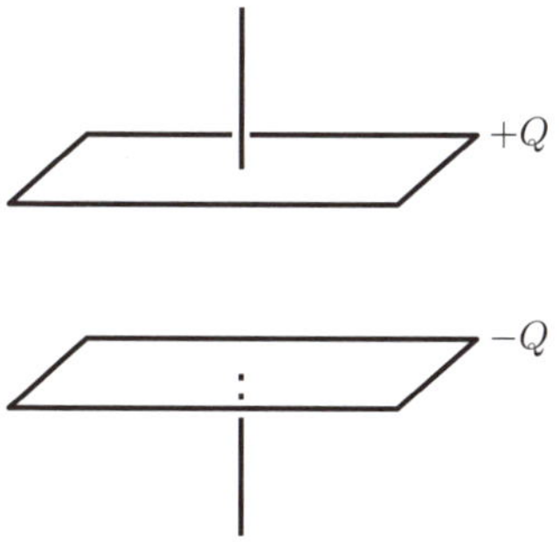

図 3.2　平行平板コンデンサー

基本問題 3.4

図 3.3 と図 3.4 のように静電容量が C_1, C_2 のコンデンサーをつないだとき，AB 間の静電容量を求めよ．

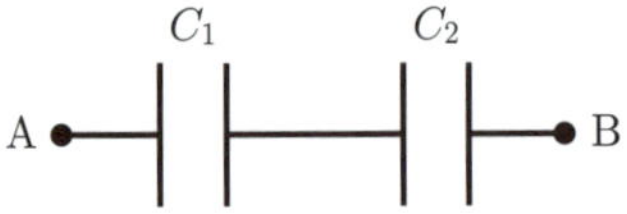

図 3.3　直列につないだコンデンサー

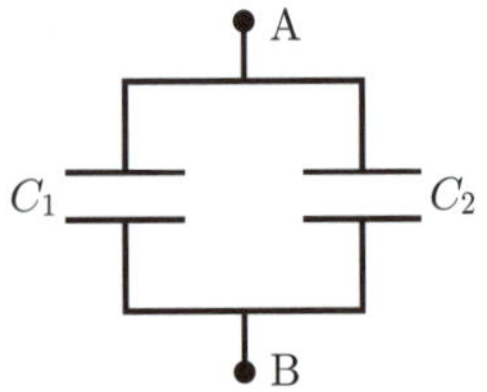

図 3.4　並列につないだコンデンサー

方針　各コンデンサーにかかる電圧と AB 間の電圧との関係を使い，$Q = CV$ の関係を使います．

【答案】　それぞれのコンデンサーに蓄えられている電荷を Q_1, Q_2，電圧を V_1, V_2 とすると

$$Q_1 = C_1V_1, \quad Q_2 = C_2V_2$$

の関係がある．図 3.3 の場合，AB 間の電圧 V は

$$V = V_1 + V_2$$

静電容量が C_1 と C_2 のコンデンサーの A や B とつながっていない方の極板は外部から孤立しているので，それぞれに蓄えられる電荷は逆符号を持ち足し合わせると 0 になる．このことから $Q_1 = Q_2$．これが AB 間に蓄えられる電荷 Q と等しい．つまり

$$Q = Q_1 = Q_2$$

AB 間の静電容量を C とすると，

$$V = V_1 + V_2 = \frac{Q_1}{C_1} + \frac{Q_2}{C_2} = Q\left(\frac{1}{C_1} + \frac{1}{C_2}\right)$$

$Q = CV$ と比較すると

$$C = \frac{1}{\frac{1}{C_1} + \frac{1}{C_2}}$$

図 3.4 の場合，AB 間の電圧 V は $V = V_1 = V_2$ となっている．A につながっている各コンデンサーの極板には同じ電圧がかかっているので，蓄えられる電荷も同じ符号を持つ．このことから，二つのコンデンサーに蓄えられる電荷の和が AB 間を一つのコンデンサーと見たときに蓄えられる電荷 Q になる．つまり，

$$Q = Q_1 + Q_2$$

$V = V_1 = V_2$ から $Q_1 = C_1V$, $Q_2 = C_2V$ なので $Q = CV$ は $Q = C_1V + C_2V = CV$ よって

$$C = C_1 + C_2 \ ■$$

基本問題 3.5 重要

二つの同じ大きさの平らな極板が平行に置かれ，それぞれに $+Q, -Q$ の電荷が一様に分布している．極板の間隔を l，面積を S として以下の問いに答えよ．ただし l は十分小さく，極板の端の影響は無視できるとする．

(1) 各極板に分布している電荷による電場から，極板間の電場を求めよ．

(2) 極板間の電位差を求めよ．

(3) コンデンサーの静電容量を求めよ．

方針 極板の端の影響を無視して良いので，極板間の電場は極板に対して垂直だと考え電場を求めます．

【答案】 (1) 極板に垂直な方向を z 軸にとり，極板と xy 平面は平行とする．$+Q$ の極板の位置を $z=\frac{l}{2}$，$-Q$ の極板の位置を $z=-\frac{l}{2}$ とする．極板の間隔は十分に狭いので，極板間の電場は無限に広い平板が作る電場の解を使える．演習問題 2.2.1 より，$z=\frac{l}{2}$ と $z=-\frac{l}{2}$ の極板が作る電場をそれぞれ $\boldsymbol{E}_{z=\frac{l}{2}}, \boldsymbol{E}_{z=-\frac{l}{2}}$ とすると

$$\boldsymbol{E}_{z=\frac{l}{2}}(z) = \begin{cases} \frac{Q}{2\varepsilon_0 S}\boldsymbol{e}_z & (z > \frac{l}{2}) \\ -\frac{Q}{2\varepsilon_0 S}\boldsymbol{e}_z & (z < \frac{l}{2}) \end{cases},$$

$$\boldsymbol{E}_{z=-\frac{l}{2}}(z) = \begin{cases} -\frac{Q}{2\varepsilon_0 S}\boldsymbol{e}_z & (z > -\frac{l}{2}) \\ \frac{Q}{2\varepsilon_0 S}\boldsymbol{e}_z & (z < -\frac{l}{2}) \end{cases}$$

これらの結果を足し合わせると，

$$\boldsymbol{E}(z) = \begin{cases} -\frac{Q}{\varepsilon_0 S}\boldsymbol{e}_z & (-\frac{l}{2} < z < \frac{l}{2}) \\ 0 & (\text{それ以外の領域}) \end{cases}$$

(2) 極板間にのみ電場があり，電場は z 成分のみを持つので

$$V = -\int_{-\frac{l}{2}}^{\frac{l}{2}} E_z\,dz = \int_{-\frac{l}{2}}^{\frac{l}{2}} \frac{Q}{\varepsilon_0 S}dz = \frac{Ql}{\varepsilon_0 S}$$

電位差は負の電荷を持った極板を基準にとっている．

(3) 静電容量 C は $Q=CV$ より，(2) の結果 $V=\frac{Ql}{\varepsilon_0 S}$ と比較して

$$C = \frac{\varepsilon_0 S}{l} \quad \blacksquare$$

ポイント この問題では，各極板に分布している電荷による電場を求めて，その重ね合わせからコンデンサーの極板間の電場を求めました．この結果をもとに，間隔が十分小さな平板コンデンサーの電場は極板間の外では0，極板間では一様で極板に垂直になるとして，ガウスの法則を用いて極板間の電場を求める場合もあります．

基本問題 3.6

基本問題 3.5 の平行平板コンデンサーに蓄えられたエネルギーを次の 2 通りの方法で求めよ．

(1)　それぞれの極板の電荷が 0 の状態から，極板間の電場中を電荷が少しずつ移動したと考える．それぞれの極板の電荷が 0 の状態から $+Q, -Q$ となるまで変化したときに，電荷を移動させるのに必要な仕事を求めよ．

(2)　単位体積当たりの電場のエネルギー（第 6 章参照）は $\frac{1}{2}\varepsilon_0 \boldsymbol{E}^2$ と与えられる．これを用いてコンデンサーに蓄えられている電場のエネルギーを求めよ．

方針　ある瞬間における極板の電荷から電場を求め，その電場による微小電荷への力を計算します．

【答案】　(1)　基本問題 3.5 の結果から極板間の電場は一様で，極板の電荷が Q' のとき

$$\boldsymbol{E}' = -\frac{Q'}{\varepsilon_0 S}\boldsymbol{e}_z$$

これに逆らって下の極板から微小電荷 dQ' を上の極板に移動させるのに必要な仕事 dW は，極板間が l なので

$$dW = -dQ' E'_z l = \frac{Q'}{\varepsilon_0 S} l\, dQ'$$

Q' についてこの式を 0 から Q まで積分すると，

$$\begin{aligned} W &= \int_0^Q \frac{Q'}{\varepsilon_0 S} l\, dQ' = \frac{1}{2}\frac{Q^2}{\varepsilon_0 S} l \\ &= \frac{1}{2}\frac{Q^2}{C} \end{aligned}$$

が得られる．ここで，$C = \frac{\varepsilon_0 S}{l}$ を使った．

(2)　基本問題 3.5 の結果から極板間の電場は一様で，極板の電荷が Q のとき

$$\boldsymbol{E} = -\frac{Q}{\varepsilon_0 S}\boldsymbol{e}_z$$

であるので，コンデンサーに蓄えられている電場のエネルギーは，

$$\begin{aligned} \int_V \frac{1}{2}\varepsilon_0 \boldsymbol{E}^2\, dV &= \frac{1}{2}\varepsilon_0 \left(\frac{Q}{\varepsilon_0 S}\right)^2 \times lS \\ &= \frac{1}{2}\frac{Q^2 l}{\varepsilon_0 S} \\ &= \frac{1}{2}\frac{Q^2}{C} \end{aligned}$$

これは (1) の結果と一致する．■

基本問題 3.7

真空中に，同じ中心を持つ半径 a の導体球と，半径 b $(a < b)$ の薄い導体球殻がある．導体球に $+Q$，導体球殻に $-Q$ の電荷を与えた．以下の問いに答えよ．

(1)　導体球の中心から r の距離の点の電場を求めよ．

(2)　導体球と導体球殻の間の電位差を求めよ．

(3)　この球と球殻で構成されるコンデンサーの静電容量を求めよ．

方針　ガウスの法則を使います．電荷と電場と電位差の関係から静電容量を求めます．

【答案】　(1)　球の中心を原点とする 3 次元極座標系をとる．半径 a の球は導体球なので，電荷は導体球の表面に一様に分布する．半径 b の球殻も導体なので電荷は導体球の電荷に引かれて球殻の内側に一様に分布する．電荷分布の対称性から電場は動径方向を向いている．電場を

$$\boldsymbol{E} = E_r \boldsymbol{e}_r$$

と置く．導体球と同じ中心の半径 r の球について，ガウスの法則を適用する．

(i)　$a < r < b$ のとき，半径 r の球内に含まれる電荷は $+Q$ である．ガウスの法則より，

$$\int_S \boldsymbol{E} \cdot d\boldsymbol{S} = \int E_r \, dS = 4\pi r^2 E_r = \frac{Q}{\varepsilon_0}$$

これから

$$\boldsymbol{E} = \frac{Q}{4\pi\varepsilon_0 r^2} \boldsymbol{e}_r$$

(ii)　$0 < r < a$ のとき，導体球の表面より r は小さいので，半径 r の球内に含まれる電荷は 0．よってガウスの法則から

$$\boldsymbol{E} = 0$$

(iii)　$b < r$ のときも，閉曲面内に含まれる電荷は，導体球の $+Q$ と導体球殻の $-Q$ の和なので 0 である．よってガウスの法則から

$$\boldsymbol{E} = 0$$

(i)(ii)(iii) の結果をまとめて，

$$\boldsymbol{E} = \begin{cases} \frac{Q}{4\pi\varepsilon_0 r^2} \boldsymbol{e}_r & (a < r < b), \\ 0 & (\text{それ以外}) \end{cases}$$

(2)　導体球と導体球殻の電位差 V は，

$$V = -\int_b^a \frac{Q}{4\pi\varepsilon_0 r^2} dr = \frac{Q}{4\pi\varepsilon_0} \left(\frac{1}{a} - \frac{1}{b} \right)$$

(3)　(2) より，静電容量 C は $Q = CV$ の関係から

$$C = \frac{Q}{V} = \frac{Q}{\frac{Q}{4\pi\varepsilon_0}\left(\frac{1}{a} - \frac{1}{b}\right)} = 4\pi\varepsilon_0 \frac{ab}{b-a} \quad \blacksquare$$

演習問題

A

3.2.1 真空中に半径 a の無限に長い導体円筒と内半径 b の無限に長い導体円筒（$a < b$）を同軸上に配置した．それぞれに単位長さ当たり電荷 $\lambda, -\lambda$ を与えたとき，このコンデンサーの単位長さ当たりの静電容量を求めよ．

3.2.2 基本問題 3.5 と同じ平行平板コンデンサーを考える．

(1) 電荷 Q が蓄えられている状態のまま，極板間隔を dx だけ増やした．このときに必要な仕事を求めよ．

(2) 起電力 V_0 の電池を接続した状態で極板間隔を dx だけ縮めた．このときに必要な仕事を求めよ．

B

3.2.3 基本問題 3.7 で扱った球形コンデンサーに蓄えられているエネルギーを，(1) 導体球から導体球殻に $0 \to Q$ の電荷を持ってくるのに必要な仕事，(2) 電場のエネルギー密度 $\frac{1}{2}\varepsilon_0 E^2$ を用いて求めよ．

C

3.2.4 真空中に置かれた平行平板コンデンサーについて考える．このコンデンサーでは下の極板が固定されており，もう一方の上の極板にはばね（ばね定数 k）をつないだ（図 3.5）．また，極板間の間隔は，電荷が蓄えられていないとき d_0 であったが，正の電荷 Q を与えたところ d に変化した．極板の面積を S とし，電場は極板に垂直でコンデンサー内部にのみ存在するものとして以下の問いに答えよ．

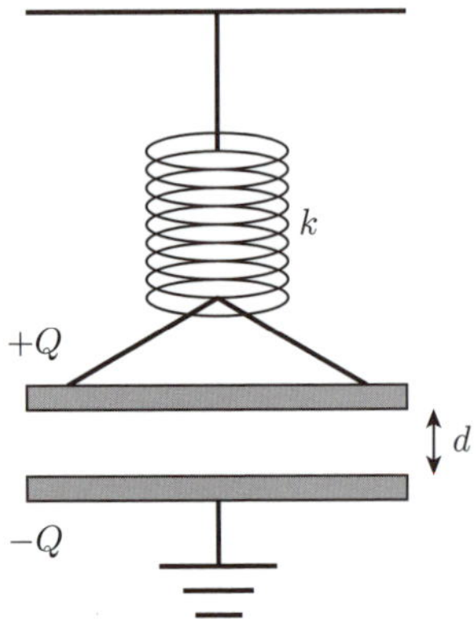

図 3.5

(1) コンデンサー内部の電場を求めよ．

(2) コンデンサーの静電エネルギーを計算し，極板間に働く力の大きさと向きを求めよ．

(3) このコンデンサーでは d が Q に依存するので，極板間の電位差 V は Q に比例しない．上の極板に働く力の釣り合いを考えることにより d の Q 依存性を求め，それを用いて V と Q の関係を導け．

（北海道大学）

3.3 誘 電 体
——電場によって電荷が誘起される絶縁体，誘電体

Contents

キーポイント

静電場中に誘電体があると分極が起こる．静電場はその影響を受ける．それを理解するには電束密度と誘電体の関係の理解も大切である．

❶誘電体の性質

自由に移動できる電荷がない物質は電気を伝えません．電気を伝えない物質を**絶縁体**と言います．このような物質の場合，外部から電場をかけると物質の内の電気的に中性な分子の中に電荷分布の偏りが起こり，結果として電荷が現れることがあります．このような電荷分布が現れることを**分極**と言います．分極する性質を持つ物質を**誘電体**と言います．分子の中の電荷分布の偏りは電気双極子とみなせますから，その集まりである誘電体は多数の電気双極子の集まりと見ることができます．分極によって誘電体内に誘起された電荷を**分極電荷**と言います．分極電荷は誘電体全体で和をとると 0 になります．今まで扱ってきたような分子に束縛されてない荷電による電荷を**真電荷**と言う場合があります．真電荷は物質全体で様々な値にすることができます．また，真電荷は外部に取り出すことができるのに対し，分極電荷は外部に取り出すことができません．

誘電体の分極の様子を記述するのに，**分極ベクトル** $\boldsymbol{P}$ を使います．分極ベクトルと電気双極子モーメント $\boldsymbol{p}$ の関係について説明しましょう．電気双極子モーメント $\boldsymbol{p}$ の電気双極子が数多く分布している物体を考えましょう．単位体積当たりの電気双極子の個数を n とすると単位体積当たりの電気双極子モーメントの和は $n\boldsymbol{p}$ となり，この

$$\boldsymbol{P} = n\boldsymbol{p}$$

を**分極ベクトル**と言います．

2.1 節（クーロンの法則）の基本問題 2.4 のポイントで，原点に置かれた電気双極子による点 $\boldsymbol{r}$ における静電ポテンシャル ϕ を示しました．これから，$\boldsymbol{r}' = (x', y', z')$ に置かれた電気双極子による点 $\boldsymbol{r}$ における静電ポテンシャルポテンシャルは，この電気双極子

の電気双極子モーメントを $\boldsymbol{p}$ とすると

$$\begin{aligned}\phi(\boldsymbol{r}) &= \frac{1}{4\pi\varepsilon_0}\frac{\boldsymbol{p}\cdot(\boldsymbol{r}-\boldsymbol{r}')}{|\boldsymbol{r}-\boldsymbol{r}'|^{\frac{3}{2}}} \\ &= \frac{1}{4\pi\varepsilon_0}\boldsymbol{p}\cdot\nabla'\left(\frac{1}{|\boldsymbol{r}-\boldsymbol{r}'|}\right)\end{aligned}$$

となります．ここで

$$\begin{aligned}\nabla' &= \frac{\partial}{\partial \boldsymbol{r}'} \\ &= \left(\frac{\partial}{\partial x'}, \frac{\partial}{\partial y'}, \frac{\partial}{\partial z'}\right)\end{aligned}$$

です．右辺は $\boldsymbol{r}'$ で偏微分することを示しています．次に，電気双極子モーメント $\boldsymbol{p}$ を持つ多数の電気双極子が分布している物体を考えましょう．単位体積当たりの電気双極子の個数を n とすると単位体積当たりの電気双極子モーメントの和は $n\boldsymbol{p}$ となり，分極ベクトル $\boldsymbol{P}$ と $\boldsymbol{P} = n\boldsymbol{p}$ から物体中の電気双極子による静電ポテンシャルは，

$$\phi(\boldsymbol{r}) = \frac{1}{4\pi\varepsilon_0}\int_{V'}\boldsymbol{P}(\boldsymbol{r}')\cdot\nabla'\left(\frac{1}{|\boldsymbol{r}-\boldsymbol{r}'|}\right)dV'$$

となります．

基本問題 3.8 重要

ある誘電体の単位体積当たりの電気双極子モーメントが $\boldsymbol{P}$ である．この誘電体の静電ポテンシャルは

$$\phi(\boldsymbol{r}) = \frac{1}{4\pi\varepsilon_0}\int_{V'}\boldsymbol{P}(\boldsymbol{r}')\cdot\nabla'\left(\frac{1}{|\boldsymbol{r}-\boldsymbol{r}'|}\right)dV' \tag{3.1}$$

である．

(1) 以下を示せ．

$$\phi(\boldsymbol{r}) = -\frac{1}{4\pi\varepsilon_0}\int_{V'}\left(\frac{\nabla'\cdot\boldsymbol{P}(\boldsymbol{r}')}{|\boldsymbol{r}-\boldsymbol{r}'|}\right)dV' \tag{3.2}$$

(2) 分極電荷密度を ρ_{d} とすると，

$$\rho_{\mathrm{d}} = -\nabla\cdot\boldsymbol{P}$$

が成り立つことを示せ．

(3) 分極電荷面密度を σ_{d} とすると，

$$\sigma_{\mathrm{d}} = -\boldsymbol{P}\cdot\boldsymbol{n}$$

を示せ（$\boldsymbol{n}$ は物体表面上の微小面の法線ベクトル）．

方針 ベクトル解析の関係式 $\nabla\cdot(f\boldsymbol{A}) = \boldsymbol{A}\cdot\nabla f + f\nabla\cdot\boldsymbol{A}$ を使います．

【答案】 (1) (3.1) 式は

$$\begin{aligned}\phi(\boldsymbol{r}) &= \frac{1}{4\pi\varepsilon_0}\int_{V'} \boldsymbol{P}(\boldsymbol{r}')\cdot\nabla'\left(\frac{1}{|\boldsymbol{r}-\boldsymbol{r}'|}\right)dV' \\ &= \frac{1}{4\pi\varepsilon_0}\int_{V'}\left\{\nabla'\cdot\left(\frac{\boldsymbol{P}(\boldsymbol{r}')}{|\boldsymbol{r}-\boldsymbol{r}'|}\right)-\frac{\nabla'\cdot\boldsymbol{P}(\boldsymbol{r}')}{|\boldsymbol{r}-\boldsymbol{r}'|}\right\}dV'\end{aligned}$$

右辺の中カッコの中の第 1 項はガウスの定理より表面積分に直すことができる．V' を十分大きくとると，その表面には分極電荷が存在しないので表面積分は 0 となる．従って，(3.2) 式が得られる．

(2) 分極電荷密度 ρ_d とは分極によって発生した電荷の密度分布であるので，これによる静電ポテンシャルは

$$\phi(\boldsymbol{r}) = \frac{1}{4\pi\varepsilon_0}\int_{V'}\frac{\rho_\mathrm{d}(\boldsymbol{r}')}{|\boldsymbol{r}-\boldsymbol{r}'|}dV'$$

これを (3.2) 式と比較すると

$$\rho_\mathrm{d} = -\nabla\cdot\boldsymbol{P}$$

(3) (2) で得られた式を体積積分すると，

$$\begin{aligned}Q_\mathrm{d} &= \int_V \rho_\mathrm{d}\,dV \\ &= -\int_V \nabla\cdot\boldsymbol{P}\,dV \\ &= -\int_S \boldsymbol{P}\cdot d\boldsymbol{S}\end{aligned}$$

と全分極電荷 Q_d は $\boldsymbol{P}$ の表面積分によって与えられる．ここで $\boldsymbol{n}$ を使うと

$$d\boldsymbol{S} = \boldsymbol{n}\,dS$$

なので

$$\boldsymbol{P}\cdot d\boldsymbol{S} = \boldsymbol{P}\cdot\boldsymbol{n}\,dS$$

である．

$$Q_\mathrm{d} = -\int_S \boldsymbol{P}\cdot\boldsymbol{n}\,dS$$

であるので $-\boldsymbol{P}\cdot\boldsymbol{n}$ は分極電荷の表面密度 σ_d になっている．■

❷分極電荷による電場

分極電荷 ρ_{d} と真電荷 ρ_{r} を含めてガウスの法則を考えてみましょう．電荷分布を $\rho_{\mathrm{t}} = \rho_{\mathrm{r}} + \rho_{\mathrm{d}}$ と置きます．ガウスの法則は

$$\int_S \boldsymbol{E} \cdot d\boldsymbol{S} = \int_V \frac{\rho_{\mathrm{t}}}{\varepsilon_0} dV = \int_V \frac{\rho_{\mathrm{r}} + \rho_{\mathrm{d}}}{\varepsilon_0} dV$$

となります．ここで $\rho_{\mathrm{d}} = -\nabla \cdot \boldsymbol{P}$ を代入し

$$\int_S \boldsymbol{E} \cdot d\boldsymbol{S} = \int_V \frac{\rho_{\mathrm{r}} + \rho_{\mathrm{d}}}{\varepsilon_0} dV = \int_V \frac{\rho_{\mathrm{r}}}{\varepsilon_0} dV - \int_V \frac{\nabla \cdot \boldsymbol{P}}{\varepsilon_0} dV$$

ガウスの定理を使うと，

$$\int_S \boldsymbol{E} \cdot d\boldsymbol{S} = \int_V \frac{\rho_{\mathrm{r}}}{\varepsilon_0} dV - \int_S \frac{\boldsymbol{P} \cdot d\boldsymbol{S}}{\varepsilon_0}$$

整理すると

$$\int_S \left(\boldsymbol{E} + \frac{\boldsymbol{P}}{\varepsilon_0} \right) \cdot d\boldsymbol{S} = \int_V \frac{\rho_{\mathrm{r}}}{\varepsilon_0} dV$$

ここで，$\boldsymbol{D} = \varepsilon_0 \boldsymbol{E} + \boldsymbol{P}$ を導入すると，ガウスの法則は

$$\int_S \boldsymbol{D} \cdot d\boldsymbol{S} = \int_V \rho_{\mathrm{r}}\, dV$$

と書くことができ，その微分形は

$$\nabla \cdot \boldsymbol{D} = \rho_{\mathrm{r}}$$

となり，ガウスの法則を $\boldsymbol{D}$ と真電荷で表すことができます．$\boldsymbol{D}$ を**電束密度**と言います．$\boldsymbol{D} = \varepsilon_0 \boldsymbol{E} + \boldsymbol{P}$ をまとめて $\boldsymbol{D} = \varepsilon \boldsymbol{E}$ と書き，ε をこの物質の**誘電率**と言います．ガウスの法則は $\boldsymbol{D}$ を使ったものが良く用いられます．

❸誘電体の境界条件

誘電率の異なる誘電体 1 と 2 の境界面で，電束密度と電場は次の境界条件に従います．

$$E_{1t} - E_{2t} = 0, \quad D_{1n} - D_{2n} = \sigma$$

ここで，σ は誘電体 1 と 2 の境界面の真電荷の電荷密度です．添え字の 1 は誘電体 1 の量を表し，添え字 2 は誘電体 2 の量を表しています．添え字の t は各ベクトルの境界面に沿った方向の成分を表し，n は境界面に垂直な成分を表しています．以下にこの関係を示しましょう．

❹電場の境界条件

静電場は次の式に従うことを第 2 章 2.1 節で示しました.

$$\oint_C \boldsymbol{E} \cdot d\boldsymbol{r} = 0$$

ここで C は閉曲線です. 今, 閉曲線 C として図 3.6 のように境界面をまたぐ長方形をとります. この長方形の幅は dr で, 高さは l です. l を微小にとることで, 電場の境界面に対して垂直な経路部分の線積分は無視できます. これから

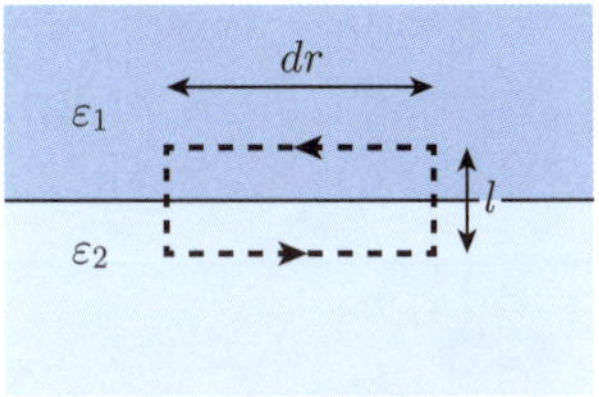

図 3.6 電場の境界条件

$$\oint_C \boldsymbol{E} \cdot d\boldsymbol{r} = E_{1t}(-dr) + E_{2t}\,dr = 0$$

となります (誘電体 2 の中を通る経路の方向を t の正の方向としました). 従って

$$E_{1t} - E_{2t} = 0$$

つまり電場の接線方向成分が連続になります.

❺電束密度の境界条件

図 3.7 のような境界面を挟んで置かれた円柱に対して, ガウスの法則を適用します.

$$\int_S \boldsymbol{D} \cdot d\boldsymbol{S} = \int_V \rho\,dV$$

S は円柱の表面積, V は円柱の体積です. 円柱の高さは l, 上面と下面の面積を dS とします. l を微小にすることで, 面積分における円柱の側面の寄与を無視でき,

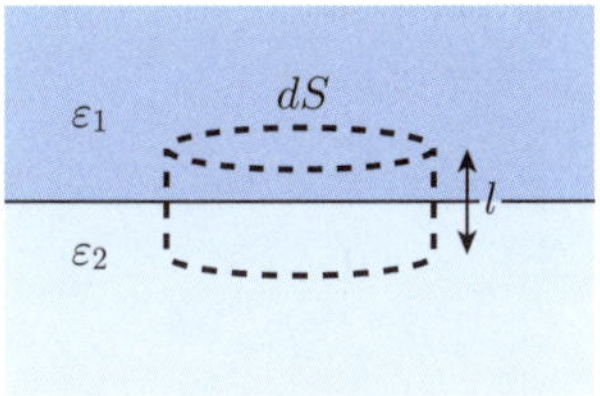

図 3.7 電束密度の境界条件

$$\int_S \boldsymbol{D} \cdot d\boldsymbol{S} = (D_{1n} - D_{2n})dS$$

また体積積分の方は境界面に真電荷が面密度 σ で分布しているとすると

$$\int_V \rho\,dV = \sigma\,dS$$

と書けることから, ガウスの法則は

$$(D_{1n} - D_{2n})dS = \sigma\,dS$$

従って,

$$D_{1n} - D_{2n} = \sigma$$

$\sigma = 0$ のときは

$$D_{1n} = D_{2n}$$

となり, 電束密度の法線方向成分が連続となります.

基本問題 3.9 重要

電気量 q の点電荷を中心として内半径 a，外半径 b の誘電体球殻を置く．点電荷から距離 r 離れた点における電束密度，電場，静電ポテンシャルを求めよ．ただし，誘電体球殻の誘電率を ε とする．

方針 ガウスの法則から電束密度を求め，順に電場，静電ポテンシャルを求めます．

【答案】 点電荷を中心とした 3 次元極座標系を考える．半径 r の球の体積を V，表面を S とすると，この球に対してガウスの法則

$$\int_S \boldsymbol{D} \cdot d\boldsymbol{S} = \int_V \rho\, dV$$

を適用する．電束密度は媒質の誘電率には依存せず，閉曲面内に含まれる真電荷 ρ に依存する．電荷分布の対称性から電束密度 $\boldsymbol{D}$ は r 成分のみを持つ．座標原点に点電荷があるので $r > 0$ の球について，ガウスの法則の

$$\text{右辺は} \int_V \rho\, dV = q. \qquad \text{左辺は} \int_S \boldsymbol{D} \cdot d\boldsymbol{S} = 4\pi r^2 D_{\mathrm{r}}.$$

従って，これらから $4\pi r^2 D_{\mathrm{r}} = q$.

電束密度 $\boldsymbol{D}$ は

$$\boldsymbol{D} = \frac{q}{4\pi}\frac{\boldsymbol{r}}{r^3}$$

次に電場 $\boldsymbol{E}$ を求める．r の範囲によって誘電率が異なるため，電場も異なる．

(i) r が $0 < r < a$ と $b < r$ の場合は，真空の誘電率を使えるので，$\boldsymbol{D} = \varepsilon_0 \boldsymbol{E}$ から，

$$\boldsymbol{E} = \frac{q}{4\pi\varepsilon_0}\frac{\boldsymbol{r}}{r^3}$$

(ii) r が $a < r < b$ のとき，誘電体の中なので，誘電体の誘電率 ε を用いて，

$$\boldsymbol{E} = \frac{q}{4\pi\varepsilon}\frac{\boldsymbol{r}}{r^3}$$

静電ポテンシャル $\phi(\boldsymbol{r})$ は，

(i) $b < r$ のとき，電場を動径方向に沿って積分して，

$$\phi(\boldsymbol{r}) = -\int_\infty^r \frac{q}{4\pi\varepsilon_0}\frac{1}{r'^2}dr' = \frac{q}{4\pi\varepsilon_0}\frac{1}{r}$$

(ii) $a < r < b$ のときも同様に積分をして，

$$\phi(\boldsymbol{r}) = -\int_\infty^b \frac{q}{4\pi\varepsilon_0}\frac{1}{r'^2}dr' - \int_b^r \frac{q}{4\pi\varepsilon}\frac{1}{r'^2}dr' = \frac{q}{4\pi}\left\{\frac{1}{\varepsilon_0}\frac{1}{b} + \frac{1}{\varepsilon}\left(\frac{1}{r} - \frac{1}{b}\right)\right\}$$

(iii) $0 < r < a$ の場合には

$$\begin{aligned}\phi(\boldsymbol{r}) &= -\int_\infty^b \frac{q}{4\pi\varepsilon_0}\frac{1}{r'^2}dr' - \int_b^a \frac{q}{4\pi\varepsilon}\frac{1}{r'^2}dr' - \int_a^r \frac{q}{4\pi\varepsilon_0}\frac{1}{r'^2}dr' \\ &= \frac{q}{4\pi}\left\{\frac{1}{\varepsilon_0}\frac{1}{b} + \frac{1}{\varepsilon}\left(\frac{1}{a} - \frac{1}{b}\right) + \frac{1}{\varepsilon_0}\left(\frac{1}{r} - \frac{1}{a}\right)\right\}\end{aligned}$$ ■

演習問題

A

3.3.1 起電力 V_0 の電池に，平行平板コンデンサーを接続した．その後，図 3.8 のように誘電率 ε の誘電体を長さ x だけ挿入した．

(1) このときの平行平板コンデンサーの静電容量を求めよ．

(2) 誘電体を挿入するのに必要な仕事を求めよ．

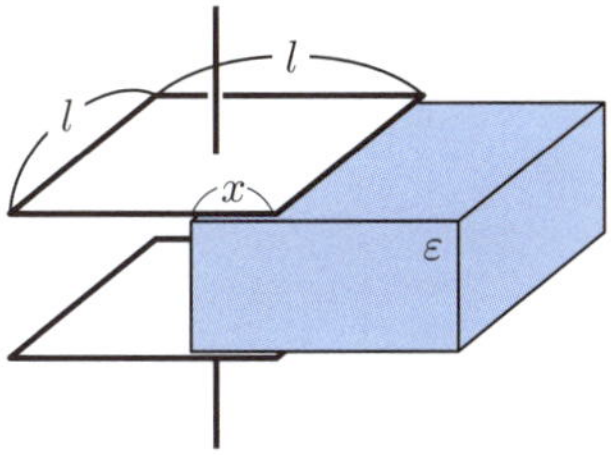

図 3.8

B

3.3.2 (1) 図 3.9 のように，面積 S，極板間隔 d のコンデンサーに誘電率 $\varepsilon_1, \varepsilon_2$ の誘電体を挿入した．電池に接続して極板に $+Q, -Q$ の電荷を与えたとき，それぞれの誘電体における電場の大きさ E_1, E_2 およびコンデンサーの静電容量 C_1, C_2 を求めよ．

(2) 図 3.10 のように，面積 S_1 の部分に誘電率 ε_1 の誘電体を，面積 S_2 の部分に誘電率 ε_2 の誘電体を，並列に挿入した．電池に接続して極板に $+Q, -Q$ の電荷を与えたとき，それぞれの誘電体における電場の大きさ E_1, E_2 およびコンデンサーの静電容量 C_1, C_2 を求めよ．

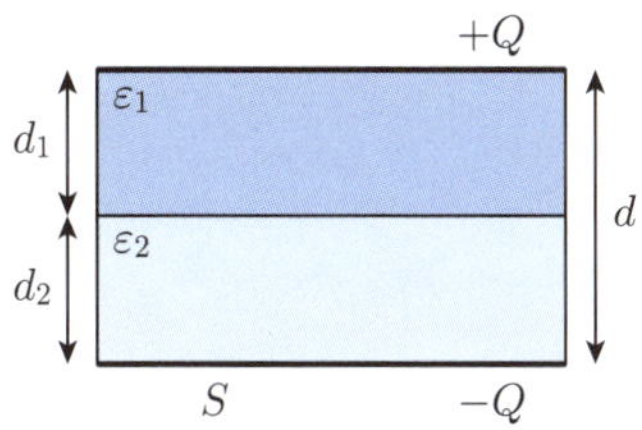

図 3.9

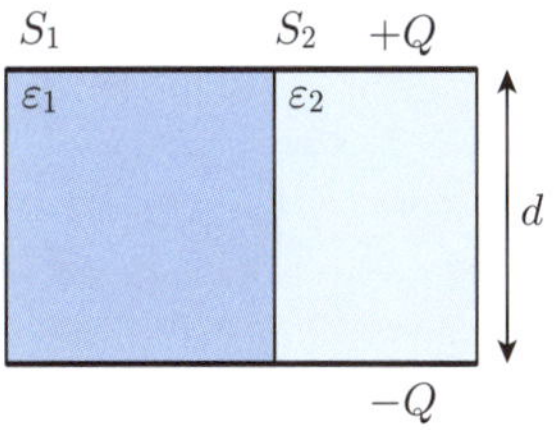

図 3.10

3.3.3 半径 a の導体球殻内を誘電率 ε_1 の誘電体で満たした．さらに同じ中心を持つ半径 b（$b > a$）の導体球殻で先ほどの球殻を囲み，二つの球殻間を誘電率 ε_2 の誘電体で満たした．二つの導体球殻にそれぞれ Q_a, Q_b を帯電させたとき，球殻の中心から r の点における電束密度，電場を求めよ．

C

3.3.4 図 3.11 のような誘電率が一方の極板 A のところで ε_1 で，それから距離に比例して増加し一方の極板 B のところで ε_2 になるように誘電体をつめた，間隔が d で極板面積が S の平行平板コンデンサーを考える．ただし電極の端での電場の乱れは無視できるとする．

(1) 正の電気量 Q の真電荷を極板 A に与え，$-Q$ の真電荷を極板 B に与えたとき極板 A から距離 x における電場を求めよ．

(2) このときの極板間の電位差 V_{AB} を求め，この平行平板コンデンサーの静電容量 C を求めよ．

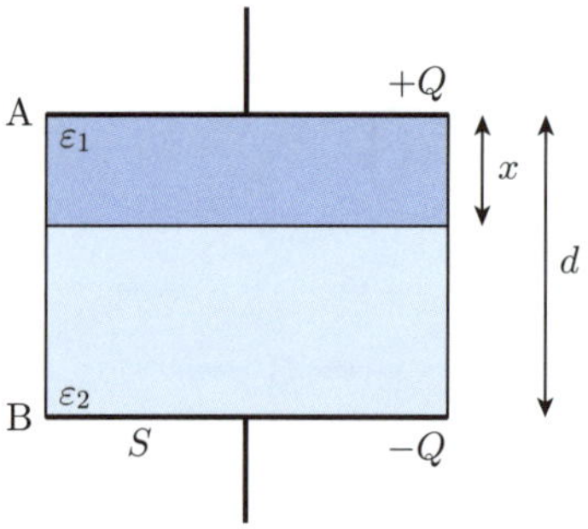

図 3.11

3.4 特殊な解法
——導体があるときや電荷分布が複雑なときの静電場を求める解法

Contents

キーポイント

静電場中に導体があるときや電荷分布が複雑なときに静電場を求める様々な方法をまとめてある.

静電場の問題を解く際の様々な方法をここでは紹介します.

❶鏡像法

導体の存在によって電場は複雑になることがあります. 導体の影響を調べる方法に**鏡像法**（電気映像法）があります. 鏡像法は, 導体が存在することによって生まれる境界条件を, 導体の代わりに仮想的な電荷（**鏡像電荷**と呼ぶ）を考えることで実現し, 導体外の領域の電場を求める方法です. 導体が存在することによる境界条件は「導体内の静電ポテンシャルは一定」なので, 導体の代わりに鏡像電荷を分布させて, 導体の表面の位置が等電位面になるようにし, 電場を求めます.

❷ポアソン方程式

真空の静電場は静電ポテンシャルと

$$\boldsymbol{E} = -\nabla\phi$$

の関係にあり, これをガウスの法則

$$\nabla \cdot \boldsymbol{E} = \frac{\rho}{\varepsilon_0}$$

に代入すると, **ポアソン方程式**

$$\nabla^2\phi = -\frac{\rho}{\varepsilon_0}$$

が得られます. 電荷密度 ρ が $\rho = 0$ の場合

$$\nabla^2\phi = 0$$

を**ラプラス方程式**といい, その一般解は境界条件を満たすようにポアソン方程式を解くときに大変重要になります.

ポアソン方程式の解を求めるために変数分離法を使う場合があります．それを説明します．3 次元極座標系では，ラプラス方程式は 1.4 節❹から

$$\frac{\partial}{r^2\partial r}\left(r^2\frac{\partial\phi}{\partial r}\right)+\frac{1}{r^2\sin\theta}\frac{\partial}{\partial\theta}\left(\sin\theta\frac{\partial\phi}{\partial\theta}\right)+\frac{1}{r^2\sin^2\theta}\frac{\partial^2\phi}{\partial\varphi^2}=0$$

簡単のため ϕ は φ によらないとすると

$$\frac{\partial}{r^2\partial r}\left(r^2\frac{\partial\phi}{\partial r}\right)+\frac{1}{r^2\sin\theta}\frac{\partial}{\partial\theta}\left(\sin\theta\frac{\partial\phi}{\partial\theta}\right)=0$$

ここで

$$\phi=R(r)\Theta(\theta)$$

を仮定します．これを代入して両辺を $\phi=R(r)\Theta(\theta)$ で割ると

$$\frac{1}{R}\frac{\partial}{r^2\partial r}\left(r^2\frac{\partial R}{\partial r}\right)+\frac{1}{\Theta}\frac{1}{r^2\sin\theta}\frac{\partial}{\partial\theta}\left(\sin\theta\frac{\partial\Theta}{\partial\theta}\right)=0$$

これから

$$\frac{1}{R}\frac{\partial}{\partial r}\left(r^2\frac{\partial R}{\partial r}\right)=-\frac{1}{\Theta}\frac{1}{\sin\theta}\frac{\partial}{\partial\theta}\left(\sin\theta\frac{\partial\Theta}{\partial\theta}\right)$$

左辺は r のみに依存し，右辺は θ のみに依存します．このことから，それぞれ定数と等しいと置いて解を求めることができます．つまり

$$\frac{1}{R}\frac{\partial}{\partial r}\left(r^2\frac{\partial R}{\partial r}\right)=l(l+1)$$

と

$$\frac{1}{\Theta}\frac{1}{\sin\theta}\frac{\partial}{\partial\theta}\left(\sin\theta\frac{\partial\Theta}{\partial\theta}\right)=-l(l+1)$$

R の独立な解は r^l と $r^{-(l+1)}$ です．Θ の解はルジャンドル多項式 $P_l(\cos\theta)$ になることが知られています．ϕ が軸対称（φ 依存性がない）の場合，ラプラス方程式の一般解はルジャンドル多項式 $P_l(\cos\theta)$ を用いて次のようになります．

$$\phi(r,\theta)=\sum_{l=0}^{\infty}\left(A_l r^l+\frac{B_l}{r^{l+1}}\right)P_l(\cos\theta)$$

ルジャンドル多項式は次の式で与えられます．

$$P_l(x)=\frac{1}{2^l l!}\left(\frac{d}{dx}\right)^l(x^2-1)$$

具体的には

$$P_0(x)=1,\ P_1(x)=x,\ P_2(x)=\frac{3x^2-1}{2},\ P_3(x)=\frac{5x^3-3x}{2},\ \cdots$$

❸多重極展開

第 2 章 2.2 節で説明したガウスの法則を使って，電荷分布が球対称や軸対称のように対称性が良い場合に電場を求めることができました．より複雑な電荷分布の場合には，ガウスの法則やクーロンの法則を使う方法以外に，**多重極展開**という手法が用いられます．多重極展開は，電荷分布がある範囲に限られている場合，十分遠方では電荷分布の非対称性の影響は小さいことを利用するものです．電荷が体積 V' 内に分布しているとき，静電ポテンシャルは

$$\phi(\boldsymbol{r}) = \frac{1}{4\pi\varepsilon_0}\int_{V'}\frac{\rho(\boldsymbol{r}')}{|\boldsymbol{r}-\boldsymbol{r}'|}dV'$$

と与えられます．この

$$\frac{1}{|\boldsymbol{r}-\boldsymbol{r}'|}$$

が $\boldsymbol{r} > \boldsymbol{r}'$ の場合に

$$\frac{1}{|\boldsymbol{r}-\boldsymbol{r}'|} = \frac{1}{r} - \boldsymbol{r}'\cdot\nabla\frac{1}{r} + \frac{1}{2}(\boldsymbol{r}'\cdot\nabla)^2\frac{1}{r} + \cdots$$

と展開できることを使うと

$$\begin{aligned}\phi(\boldsymbol{r}) &= \frac{1}{4\pi\varepsilon_0}\int_{V'}\frac{\rho(\boldsymbol{r}')}{|\boldsymbol{r}-\boldsymbol{r}'|}dV' \\ &= \frac{1}{4\pi\varepsilon_0}\frac{1}{r}\int_{V'}\rho(\boldsymbol{r}')dV' + \frac{1}{4\pi\varepsilon_0}\frac{\boldsymbol{r}}{r^3}\cdot\left(\int_{V'}\boldsymbol{r}'\rho(\boldsymbol{r}')dV'\right) + \cdots \\ &= \frac{1}{4\pi\varepsilon_0}\frac{Q}{r} + \frac{1}{4\pi\varepsilon_0}\frac{\boldsymbol{r}\cdot\boldsymbol{p}}{r^3} + \frac{1}{4\pi\varepsilon_0}\int_{V'}\frac{1}{2r^3}\{3(\boldsymbol{r}'\cdot\boldsymbol{r})^2 - \boldsymbol{r}'\cdot\boldsymbol{r}'\}\rho(\boldsymbol{r}')dV' + \cdots\end{aligned}$$

となり，第 1 項は点電荷，第 2 項は電気双極子による静電ポテンシャルに対応しています．第 3 項は**四重極子**による静電ポテンシャルに対応しています．ここで Q は全電荷，$\boldsymbol{p}$ は

$$\boldsymbol{p} = \int_{V'}\boldsymbol{r}'\rho(\boldsymbol{r}')dV'$$

で与えられる**電気双極子モーメント**です．この式の導出は基本問題 3.14 で行います．

基本問題 3.10 重要

xyz 座標系の $x=0$ が平面の導体が $x<0$ にある．点 $(a,0,0)$ に電荷 q を置いた．以下の問いに答えよ．

(1) この導体の代わりに仮想的に電荷 $-q$ を，点 $(-a,0,0)$ に置く．このとき点 $\mathrm{P}(x,y,z)$（ただし $x>0$）における静電ポテンシャル $\phi(x,y,z)$ を求めよ．

(2) (1) の場合の点 P における電場 $\boldsymbol{E}(x,y,z)$ を求めよ．

(3) $x=0$ の面の静電ポテンシャルが一定であることと，$x>0$ の電場がこの面に垂直であるという導体の境界条件を満たしていることを示せ．

(4) (3) の結果を使い，仮想電荷ではなく導体の場合について，導体表面に誘起される電荷の面密度分布を求めよ．

(5) 導体表面に誘起された全電荷 Q を求めよ．

方針 導体の性質の 1, 3, 4 を使います．

【答案】 (1) 点電荷 q と仮想的に置いた電荷（鏡像電荷）$-q$ による点 $\mathrm{P}(x,y,z)$（ただし $x>0$）における静電ポテンシャル $\phi(x,y,z)$ は

$$
\begin{aligned}
\phi(x,y,z) &= \frac{q}{4\pi\varepsilon_0}\frac{1}{\sqrt{(x-a)^2+y^2+z^2}} + \frac{-q}{4\pi\varepsilon_0}\frac{1}{\sqrt{(x+a)^2+y^2+z^2}} \\
&= \frac{q}{4\pi\varepsilon_0}\left\{\frac{1}{\sqrt{(x-a)^2+y^2+z^2}} - \frac{1}{\sqrt{(x+a)^2+y^2+z^2}}\right\}
\end{aligned}
$$

(2) 同じく電場は

$$
\begin{aligned}
\boldsymbol{E}(x,y,z) = \frac{q}{4\pi\varepsilon_0}\Bigg[&\frac{1}{\{(x-a)^2+y^2+z^2\}^{\frac{3}{2}}}(x-a,y,z) \\
&- \frac{1}{\{(x+a)^2+y^2+z^2\}^{\frac{3}{2}}}(x+a,y,z)\Bigg]
\end{aligned}
$$

(3) (1)(2) の結果に $x=0$ を代入すると，それぞれ

$$
\begin{aligned}
\phi(0,y,z) &= \frac{q}{4\pi\varepsilon_0}\left\{\frac{1}{\sqrt{(-a)^2+y^2+z^2}} - \frac{1}{\sqrt{a^2+y^2+z^2}}\right\} \\
&= 0,
\end{aligned}
$$

$$
\begin{aligned}
\boldsymbol{E}(0,y,z) &= \frac{q}{4\pi\varepsilon_0}\left[\frac{1}{\{(-a)^2+y^2+z^2\}^{\frac{3}{2}}}(-a,y,z) - \frac{1}{(a^2+y^2+z^2)^{\frac{3}{2}}}(a,y,z)\right] \\
&= \frac{q}{4\pi\varepsilon_0}\frac{1}{(a^2+y^2+z^2)^{\frac{3}{2}}}(-2a,0,0)
\end{aligned}
$$

となり，静電ポテンシャルは $x=0$ で一定であることと，電場は $x=0$ の面に垂直であるという $x=0$ に導体表面がある境界条件を満たすことを示した．

(4)　導体表面（$x = 0$）を挟むような円柱（上面は $x > 0$ にありその面積を dS_1，下面は $x < 0$ にありその面積を dS_2 とし，これらは $x = 0$ の面に平行，円柱の高さは十分に小さいとする）を考え，その表面を S，体積を V とする．導体表面の電場は垂直であること，導体内部には電場がないことを使って，ガウスの法則は

$$\begin{aligned}\int_S \boldsymbol{E} \cdot d\boldsymbol{S} &= E_x\, dS_1 \\ &= \frac{q}{4\pi\varepsilon_0}\frac{1}{(a^2+y^2+z^2)^{\frac{3}{2}}}(-2a)dS_1 \\ &= \int_V \frac{\rho}{\varepsilon_0} \\ &= \frac{1}{\varepsilon_0}\sigma\, dS_1\end{aligned}$$

となり，

$$\sigma(y,z) = -\frac{q}{2\pi}\frac{a}{(a^2+y^2+z^2)^{\frac{3}{2}}}$$

(5)　(4) の σ を導体表面について積分する．このとき，導体表面上の 2 次元極座標系 (r, θ) を使う．

$$\begin{aligned}Q &= \int_{-\infty}^{\infty}\int_{-\infty}^{\infty}\sigma(y,z)dydz \\ &= \int_{-\infty}^{\infty}\int_{-\infty}^{\infty}\left\{-\frac{q}{2\pi}\frac{a}{(a^2+y^2+z^2)^{\frac{3}{2}}}\right\}dydz \\ &= \int_0^{\infty}\int_0^{2\pi}\left\{-\frac{q}{2\pi}\frac{a}{(a^2+r^2)^{\frac{3}{2}}}\right\}r\,drd\theta \\ &= \left[qa\frac{1}{\sqrt{a^2+r^2}}\right]_0^{\infty} \\ &= -q\end{aligned}$$

となり，鏡像電荷と同じ電気量が誘起されることがわかる．■

ポイント　さて，この問題では導体表面に誘起した電荷をたった一つの鏡像電荷で置き換えました．みなさんは，これだけで十分なのかと疑問を持ちませんか？ 境界条件だけは満たしていますが，境界以外の点で本当に電場や静電ポテンシャルは一致するのでしょうか？ 実は，静電場における電場や静電ポテンシャルには解の一意性という性質があります．静電場において，境界条件を満たす電場や静電ポテンシャルの解は一つしかないのです．この性質があるおかげで鏡像法を使うことができます．

基本問題 3.11　重要

静電ポテンシャルが球対称のとき，すなわち，$\phi = \phi(r)$ のとき

$$\nabla^2 \phi(r) = \frac{1}{r^2}\frac{d}{dr}\left(r^2 \frac{d\phi}{dr}\right)$$

と書ける．以下の問いに答えよ．

(1)　このときのラプラス方程式

$$\nabla^2 \phi = 0$$

の一般解を求めよ．

(2)　原点を中心とする半径 R の球内に電荷 Q が全体に一様に分布しているとき，ポアソン方程式

$$\nabla^2 \phi = -\frac{\rho}{\varepsilon_0}$$

を解き，球内外の静電ポテンシャルを求めよ．

［ヒント：$r = R$ では ϕ とその微分は連続である.］

方針　境界条件を使って 2 階微分方程式の解を求めます．

【答案】 (1)　ラプラス方程式は

$$\frac{1}{r^2}\frac{d}{dr}\left(r^2 \frac{d\phi}{dr}\right) = 0$$

これを積分すると

$$r^2 \frac{d\phi}{dr} = C_1$$

これをもう一度積分すると

$$\phi(r) = \frac{-C_1}{r} + C_2$$

ここで C_1, C_2 は定数である．

(2)　電荷密度 $\rho(r)$ は

$$\rho(r) = \begin{cases} \dfrac{3Q}{4\pi R^3} & (r < R), \\ 0 & (r > R) \end{cases}$$

(i)　$r > R$ では $\rho = 0$ なのでポアソン方程式はラプラス方程式になる．(1) より

$$\phi(r) = \frac{-C_1}{r} + C_2$$

であり，C_1, C_2 は境界条件で決まる．

(ii)　$0 < r < R$ ではポアソン方程式は

$$\frac{1}{r^2}\frac{d}{dr}\left(r^2 \frac{d\phi}{dr}\right) = -\frac{3Q}{4\pi\varepsilon_0 R^3}$$

これから

$$\frac{d}{dr}\left(r^2\frac{d\phi}{dr}\right) = -\frac{3Q}{4\pi\varepsilon_0 R^3}r^2$$

積分して

$$r^2\frac{d\phi}{dr} = -\frac{Q}{4\pi\varepsilon_0 R^3}r^3 + C_3$$

さらに積分して

$$\phi = -\frac{Q}{8\pi\varepsilon_0 R^3}r^2 - \frac{C_3}{r} + C_4$$

ここで C_3, C_4 は定数である．(i), (ii) よりまとめると

$$\phi(r) = \begin{cases} -\dfrac{Q}{8\pi\varepsilon_0 R^3}r^2 - \dfrac{C_3}{r} + C_4 & (0 < r < R), \\ \dfrac{-C_1}{r} + C_2 & (R < r) \end{cases}$$

電荷は半径 R の球内に分布しているので無限遠で静電ポテンシャルが 0 とすると

$$C_2 = 0$$

である．また $r = 0$ で静電ポテンシャルは発散しないとすると

$$C_3 = 0$$

である．$r = R$ で静電ポテンシャルの値とその r 微分が連続という条件から

$$\begin{cases} -\dfrac{Q}{8\pi\varepsilon_0 R} + C_4 = \dfrac{-C_1}{R}, \\ -\dfrac{Q}{4\pi\varepsilon_0 R^2} = \dfrac{C_1}{R^2} \end{cases}$$

これから

$$C_1 = -\frac{Q}{4\pi\varepsilon_0},$$

$$C_4 = \frac{3Q}{8\pi\varepsilon_0 R}$$

よって静電ポテンシャルは,

$$\phi(r) = \begin{cases} -\dfrac{Q}{8\pi\varepsilon_0 R^3}r^2 + \dfrac{3Q}{8\pi\varepsilon_0 R} & (0 < r < R), \\ \dfrac{Q}{4\pi\varepsilon_0 r} & (R < r) \end{cases}$$ ■

ポイント これは第 2 章の基本問題 2.8 の答えと一致します．各自確認してください．

基本問題 3.12　重要

原点から a だけ離れた z 軸上の点に電荷 q があるときの静電ポテンシャル ϕ を考える．この系は z 軸に対して対称性を持っているので，3 次元極座標系を使い

$$\phi = \phi(r, \theta)$$

とする．クーロンの法則から $\phi(r, \theta)$ を導き，これをルジャンドル多項式で表すと，ラプラス方程式の一般解

$$\phi(r, \theta) = \sum_{l=0}^{\infty} \left(A_l r^l + \frac{B_l}{r^{l+1}} \right) P_l(\cos\theta)$$

に対応することを示せ．ここで，必要ならルジャンドル多項式の母関数

$$\frac{1}{\sqrt{1 - 2xt + t^2}} = \sum_{i=0}^{\infty} P_l(x) t^l$$

を用いよ．

方針　点電荷による静電ポテンシャルとルジャンドル多項式の母関数を比較します．

【答案】　点電荷が z 軸上の $(0, 0, a)$ にあるので点 (r, θ, φ) における静電ポテンシャルは，

$$\phi(r, \theta) = \frac{q}{4\pi\varepsilon_0} \frac{1}{\sqrt{r^2 + a^2 - 2ra\cos\theta}}$$

(i)　$a < r$ のときは

$$\frac{1}{\sqrt{r^2 + a^2 - 2ra\cos\theta}} = \frac{1}{r} \frac{1}{\sqrt{1 + (\frac{a}{r})^2 - 2(\frac{a}{r})\cos\theta}}$$

となり，ルジャンドル多項式の母関数

$$\frac{1}{\sqrt{1 - 2xt + t^2}} = \sum_{i=0}^{\infty} P_l(x) t^l$$

と比較すると，$x = \cos\theta, t = \frac{a}{r}$ のように対応し

$$\frac{1}{\sqrt{r^2 + a^2 - 2ra\cos\theta}} = \frac{1}{r} \sum_{l=0}^{\infty} \left(\frac{a}{r}\right)^l P_l(\cos\theta)$$

よって

$$\phi(r, \theta) = \frac{q}{4\pi\varepsilon_0} \frac{1}{r} \sum_{l=0}^{\infty} \left(\frac{a}{r}\right)^l P_l(\cos\theta)$$

これはラプラス方程式の一般解で

$$A_l = 0,$$

$$B_l = \frac{qa^l}{4\pi\varepsilon_0}$$

に対応している．

(ii) $r < a$ のときは

$$\frac{1}{\sqrt{r^2 + a^2 - 2ra\cos\theta}} = \frac{1}{a}\frac{1}{\sqrt{1 + (\frac{r}{a})^2 - 2(\frac{r}{a})\cos\theta}}$$

となり，ルジャンドル多項式の母関数

$$\frac{1}{\sqrt{1 - 2xt + t^2}} = \sum_{i=0}^{\infty} P_l(x) t^l$$

と比較すると，$x = \cos\theta, t = \frac{r}{a}$ のように対応し

$$\frac{1}{\sqrt{r^2 + a^2 - 2ra\cos\theta}} = \frac{1}{a}\sum_{l=0}^{\infty}\left(\frac{r}{a}\right)^l P_l(\cos\theta)$$

のように展開される．よって

$$\phi(r,\theta) = \frac{q}{4\pi\varepsilon_0}\frac{1}{a}\sum_{l=0}^{\infty}\left(\frac{r}{a}\right)^l P_l(\cos\theta)$$

これはラプラス方程式の一般解で

$$A_l = \frac{q}{4\pi\varepsilon_0 a^{l+1}},$$
$$B_l = 0$$

に対応している．■

ポイント ルジャンドル多項式の母関数のテイラー展開によって，ルジャンドル多項式が得られます．これを確かめることをぜひやってください．例えば $Z = 2xt - t^2$ とおくとルジャンドル多項式の母関数は

$$\frac{1}{\sqrt{1 - 2xt + t^2}} = \frac{1}{\sqrt{1 - Z}}$$

これを Z が十分小さいとして展開すると

$$\frac{1}{\sqrt{1 - Z}} = 1 + \frac{1}{2}Z + \frac{1}{2!}\frac{1}{2}\frac{3}{2}Z^2 + \frac{1}{3!}\frac{1}{2}\frac{3}{2}\frac{5}{2}Z^3 + \cdots$$

これに $Z = 2xt - t^2$ を代入して t のべきについて整理すると，t^l の係数がルジャンドル多項式 $P_l(x)$ となっていることを確かめることができます．

基本問題 3.13 重要

z 軸方向を向いた一様な電場 $\boldsymbol{E}$ の中に電荷を持たない半径 R の導体球を置いた．球の外部の静電ポテンシャル $\phi(r,\theta)$ を求めよ．ここで，この導体球の静電ポテンシャルは0とし，r,θ は3次元極座標系の r,θ である．

方針 ラプラス方程式の一般解に境界条件を適用します．

【答案】 z 軸方向を向いた一様な電場の xyz 成分を $\boldsymbol{E}=(0,0,E_0)$ とする．その静電ポテンシャルは，原点を基準点とすると電場は z 軸方向のみなので

$$\phi(z) = -\int_0^z E_z\,dz = -E_0 z$$

$z=r\cos\theta$ であり，ルジャンドル多項式で ϕ を書き換えると

$$\phi(r,\theta) = -E_0 r\cos\theta = -E_0 r P_1(\cos\theta)$$

これが十分遠方での静電ポテンシャルとなる．ラプラス方程式の一般解

$$\phi(r,\theta) = \sum_{l=0}^{\infty}\left(A_l r^l + \frac{B_l}{r^{l+1}}\right)P_l(\cos\theta)$$

と比較すると

$$A_1 = -E_0$$

でそれ以外の l に対して $A_l=0$ が言える．導体内の静電ポテンシャルは一定であり，原点を基準としたので0となる．導体表面 $r=R$ では静電ポテンシャルが0となるので

$$\begin{aligned}\phi(R,\theta) &= -E_0 R P_1(\cos\theta) + \sum_{l=0}^{\infty}\left(\frac{B_l}{R^{l+1}}\right)P_l(\cos\theta)\\ &= \frac{B_0}{R}P_0(\cos\theta) + \left(-E_0 R + \frac{B_1}{R^2}\right)P_1(\cos\theta) + \sum_{l=2}^{\infty}\left(\frac{B_l}{R^{l+1}}\right)P_l(\cos\theta)\\ &= 0\end{aligned}$$

これがあらゆる θ で成り立つには，

$$B_0 = 0, \quad B_1 = E_0 R^3, \quad B_l = 0 \quad (l \geq 2)$$

である．従って静電ポテンシャルは，

$$\phi(r,\theta) = -\left(1-\frac{R^3}{r^3}\right)E_0 r\cos\theta \ \blacksquare$$

基本問題 3.14 重要

半径 a の球内に電気量 Q の電荷が非一様に $\rho(\boldsymbol{r}')$ で分布をしている．この球の中心を原点とし，球から十分遠方における静電ポテンシャルを $\frac{r'}{r}$ の 1 次まで展開して求めよ．ここで r は球の中心と静電ポテンシャルを求める点までの距離である．必要なら次のルジャンドル多項式の母関数を用いよ．ここで，$P_0(x)=1, P_1(x)=x$ である．

$$\frac{1}{\sqrt{1-2xt+t^2}}=\sum_{i=0}^{\infty}P_l(x)t^l$$

方針 ルジャンドル多項式の母関数と静電ポテンシャルとの関係を使います．

【答案】 体積 V' 内に $\rho(\boldsymbol{r}')$ で電荷が分布しているとき，点 $\boldsymbol{r}$ における静電ポテンシャル $\phi(\boldsymbol{r})$ は $\phi(\boldsymbol{r})=\int_{V'}\frac{1}{4\pi\varepsilon_0}\frac{\rho(\boldsymbol{r}')dV'}{|\boldsymbol{r}-\boldsymbol{r}'|}$ である．$r>a>r'$ から

$$\frac{1}{|\boldsymbol{r}-\boldsymbol{r}'|}=\frac{1}{\sqrt{r^2+r'^2-2rr'\cos\theta}}=\frac{1}{r\sqrt{1+(\frac{r'}{r})^2-2\frac{r'}{r}\cos\theta}}$$

ここで θ は $\boldsymbol{r}$ と $\boldsymbol{r}'$ のなす角である．ルジャンドル多項式の母関数と比較すると

$$\frac{1}{r\sqrt{1+(\frac{r'}{r})^2-2\frac{r'}{r}\cos\theta}}=\frac{1}{r}\sum_{i=0}^{\infty}P_l(\cos\theta)\left(\frac{r'}{r}\right)^l$$

と置けるので，

$$\phi(\boldsymbol{r})=\int_{V'}\frac{\rho(\boldsymbol{r}')}{4\pi\varepsilon_0}\left\{\frac{1}{r}\sum_{i=0}^{\infty}P_l(\cos\theta)\left(\frac{r'}{r}\right)^l\right\}dV'$$

これは $\frac{r'}{r}$ についての展開になっている．

$\frac{r'}{r}$ についての展開の 0 次の項 ϕ_0 は

$$\phi_0(\boldsymbol{r})=\int_{V'}\frac{\rho(\boldsymbol{r}')}{4\pi\varepsilon_0}\frac{1}{r}P_0(\cos\theta)dV'=\frac{Q}{4\pi\varepsilon_0 r}$$

$P_0(x)=1$ を使った．これは点電荷が作る静電ポテンシャルと一致する．

$\frac{r'}{r}$ についての展開の 1 次の項 ϕ_1 は

$$\phi_1(\boldsymbol{r})=\int_{V'}\frac{\rho(\boldsymbol{r}')}{4\pi\varepsilon_0}\frac{1}{r}\frac{r'}{r}P_1(\cos\theta)dV'=\int_{V'}\frac{\rho(\boldsymbol{r}')}{4\pi\varepsilon_0}\frac{rr'\cos\theta}{r^3}dV'$$

ここで，この球の電荷の電気双極子モーメント $\boldsymbol{p}$ が

$$\boldsymbol{p}=\int_{V'}\boldsymbol{r}'\rho(\boldsymbol{r}')\,dV'$$

なので，これを使うと

$$\phi_1(\boldsymbol{r})=\frac{\boldsymbol{p}\cdot\boldsymbol{r}}{4\pi\varepsilon_0 r^3}$$

これは電気双極子の静電ポテンシャルと一致する．■

演習問題

A

3.4.1 $x=0$ の面（ただし $y>0$）と $y=0$ の面（ただし $x>0$）を表面とする二つの半無限平面導体が互いに直角に接している．これらの導体は接地され電位が 0 である．

(1) 点 $P(x_q, y_q, 0)$ に正の電荷 q を置いたときの鏡像電荷を求め，点 P の電荷が受ける静電気力を求めよ．ただし $x_q>0, y_q>0$ である．

(2) 導体の表面に誘起される電荷面密度分布を求めよ．

B

3.4.2 半径 a の球の表面に電荷が面密度 $\sigma(\theta)$ が $\sigma(\theta)=\sigma_0\cos\theta$ で分布しているときの静電ポテンシャル ϕ を球の内外で求めよ．ここで θ は球の中心を原点としたときの 3 次元極座標系の θ である．必要なら ϕ が軸対称のときラプラス方程式の一般解はルジャンドル 多項式 $P_l(\cos\theta)$ を用いて

$$\phi(r,\theta)=\sum_{l=0}^{\infty}\left(A_l r^l+\frac{B_l}{r^{l+1}}\right)P_l(\cos\theta)$$

と表されること，ルジャンドル多項式は

$$P_l(x)=\frac{1}{2^l l!}\left(\frac{d}{dx}\right)^l (x^2-1)^l$$

で表されることを用いよ．ここで，$P_0(x)=1, P_1(x)=x$ である．

C

3.4.3 半径 R の導体球が接地されている．その中心を原点とし，原点から a 離れた点 $A(a,0,0)$ に電荷 q を置いた．ただし，$a>R$ である．

(1) 導体球の代わりに点 $B(b,0,0)$ に鏡像電荷 $-q'$ を置いたとする．球外の点 $\boldsymbol{r}$ における静電ポテンシャルを $b, -q'$ を用いて求めよ．

(2) 導体球は接地されているため，表面における静電ポテンシャルは 0 になる．これを実現する $b, -q'$ を求めよ．

(3) 電場が導体球の表面で垂直になっていることを示せ．

3.4.4 誘電率が ε_2 の誘電体の中に一様な電場 $\boldsymbol{E}=E_0\boldsymbol{e}_z$ がある．この誘電体の中に誘電率が ε_1 で半径が R の誘電体球を置く．誘電体球内外での静電ポテンシャルを求めよ．誘電体球の中心の静電ポテンシャルを 0 とする．必要であれば，ラプラス方程式の一般解

$$\phi(r,\theta)=\sum_{n=0}^{\infty}\left(A_n r^n+\frac{B_n}{r^{n+1}}\right)P_n(\cos\theta)$$

を用いよ．

第4章

定常電流と磁場

この章からは電磁気学の「磁」の部分に入ります．電流によって磁場が発生します．磁場に関する方程式は電場のときと比べて，少し複雑になります．物理量のベクトル積やナブラ ∇ のベクトル積が出てきます．そのため苦手意識を持つ人は少なくないでしょう．ナブラのベクトル積を使って磁場の回転の様子を調べることができます．第1章を参考にしながら基本問題をやって理解を深めましょう．

この章では，磁場と密接な関係にある電流について説明し，電流によって発生する磁場についての法則であるビオ-サヴァールの法則，磁気単極子が存在しないことから得られる磁場に関するガウスの法則，磁場と電流の関係であるアンペールの法則，磁場中の物質の性質と磁束密度との関係について学んでいきます．

4.1 電　流
──電荷の流れである電流の法則

Contents

キーポイント

電荷保存の法則から得られる電荷保存の式を良く理解する．この方程式は物理量の保存を表す方程式の形である．

電流とは「単位時間当たりにある面を通る電気量」です．導体中では，電子が移動することによって電流が流れます．この移動できる電子のことを**伝導電子**と言います．ある領域から流出する電流を I，その領域の電気量を Q と置くと，

$$I = -\frac{dQ}{dt}$$

の関係があります．電流の単位は C/s（クーロン毎秒）で，これを**アンペア**（単位は A）と言います．電流は大きさと方向を持っていますのでベクトルとして扱う場合があります．また「単位時間当たりに単位面積を通る電気量」を**電流密度** $\boldsymbol{j}$ と言います．向きは電流の流れる向きにとります．断面積 S が一定の導線に電流 $\boldsymbol{I}$ が一様に流れているとき，電流密度は，

$$\boldsymbol{j} = \frac{\boldsymbol{I}}{S}$$

電流密度は伝導電子の電荷密度 ρ を用いると，

$$\boldsymbol{j} = \rho \boldsymbol{v}$$

また，断面積 S を通り抜ける電流の大きさと電流密度との間には

$$I = \int_S \boldsymbol{j} \cdot d\boldsymbol{S}$$

の関係があります．

❶電荷保存の法則

電荷は消えたり，何もないところから生まれたりしません．これを**電荷保存の法則**と言います．このことから電荷の総量は保存されます．そのことを次のように定式化します．

閉曲面 S で囲まれた領域 V を考えます．電荷密度を ρ と置くと領域内に含まれる電荷は，

$$\int_V \rho\, dV$$

と書けます．この領域が時間によって変化しないとき，この領域内の電気量の時間変化は，

$$\frac{d}{dt}\int_V \rho\, dV = \int_V \frac{\partial \rho}{\partial t} dV$$

この領域内の電気量の時間変化を電流密度 $\boldsymbol{j}$ を用いて書き直してみましょう．この領域から単位時間に流出する電気量は，

$$\int_S \boldsymbol{j} \cdot d\boldsymbol{S} = \int_V \nabla \cdot \boldsymbol{j}\, dV$$

ここでガウスの定理を使いました．面素ベクトル $d\boldsymbol{S}$ はこの領域から外向きを正と定義します．よって，この領域から電気量が正味として流出するときにはこの積分は正となります．電気量の流出によって領域内の電気量は減少するので

$$\int_V \frac{\partial \rho}{\partial t} dV = -\int_V \nabla \cdot \boldsymbol{j}\, dV$$

これから

$$\int_V \left(\frac{\partial \rho}{\partial t} + \nabla \cdot \boldsymbol{j} \right) dV = 0$$

これが任意の領域 V に対して成り立つことから，

$$\frac{\partial \rho}{\partial t} + \nabla \cdot \boldsymbol{j} = 0$$

これを**電荷保存の式**と言います．

この保存則を表す式は電荷に関する保存則に限らず，様々な保存則を表すときに使われます．量子力学にも確率保存の式が出てきます．この場合，ρ は確率密度で $\boldsymbol{j}$ は確率流束密度になります．流体力学では質量保存の式が出てきます．この場合は，ρ は流体の質量密度で，$\boldsymbol{j}$ は質量流束密度になります．

❷定常電流

時間的に変化しない電流を**定常電流**と言います．定常電流は

$$\nabla \cdot \boldsymbol{j} = 0$$

を満たします．これは $\nabla \cdot \boldsymbol{j} \neq 0$ であれば，電荷保存の式 $\frac{\partial \rho}{\partial t} + \nabla \cdot \boldsymbol{j} = 0$ から電荷密度が必ず時間変化し，その結果電流が必ず時間変化するからです．

基本問題 4.1

次の電流密度 $\boldsymbol{j}$ から xy 平面を通過する電流 I を求めよ．

(1)

$$\boldsymbol{j} = I_0\delta(x)\delta(y)\boldsymbol{e}_z$$

ただし，I_0 は定数．

(2)　半径が a の無限に長い導体円柱（中心軸は z 軸と一致）中の

$$\boldsymbol{j} = \frac{I_0}{\pi a^2}\boldsymbol{e}_z$$

の一様な電流密度．ただし，I_0 は定数．

(3)　半径 a の無限に長い導体円柱（中心軸は z 軸と一致）内に，中心軸からの距離 r に比例した電流密度 $\boldsymbol{j}$ でその比例係数は k．

方針　面積分の面素ベクトルの取り方に注意します．

【答案】　(1)　$\boldsymbol{j}$ を xy 平面で積分する．

$$\begin{aligned} I &= \int_S \boldsymbol{j}\cdot d\boldsymbol{S} \\ &= \int_{-\infty}^{\infty}\int_{-\infty}^{\infty} I_0\delta(x)\delta(y)\boldsymbol{e}_z\cdot\boldsymbol{e}_z\,dxdy \\ &= I_0 \end{aligned}$$

(2)　xy 平面上の半径 a 中心が原点の円で面積分する．この円は xy 平面内なので面ベクトルの方向は z 方向であるから

$$\begin{aligned} I &= \int_0^a\int_0^{2\pi} \frac{I_0}{\pi a^2} r\,drd\theta \\ &= I_0 \end{aligned}$$

(3)　円柱内の電流密度は，

$$\boldsymbol{j} = kr\,\boldsymbol{e}_z$$

で与えられる．これを (2) と同様の範囲で積分する．

$$\begin{aligned} I &= \int_0^a\int_0^{2\pi} kr\times r\,drd\theta \\ &= \frac{2}{3}\pi ka^3 \quad \blacksquare \end{aligned}$$

❸オームの法則

オームの法則は，**抵抗**に流れる電流が抵抗の両端の電位差に比例し抵抗の値に反比例する関係のことを言います．これは抵抗の両端の電位差 V は抵抗値 $R\,\Omega$（オーム）と抵抗に流れる電流 I を使って

$$I = \frac{V}{R}$$

と書くことができます．抵抗について少し詳しく考えましょう．

均一な物質からなる抵抗を考えます．この場合，抵抗の抵抗値 R は抵抗の長さ L に比例し，抵抗の断面積 S に反比例します．この関係は

$$R = \rho_{\mathrm{r}} \frac{L}{S} = \frac{1}{\sigma_{\mathrm{c}}} \frac{L}{S}$$

と書くことができます．ここで ρ_{r} をこの物質の**抵抗率**，電気抵抗率の逆数 σ_{c} を**電気伝導率**と言います．これを使ってオームの法則 $I = \frac{V}{R}$ の微分形を考えることにします．

均一な物質からなる抵抗の中の微小間隔

$$d\boldsymbol{r} = (\boldsymbol{r} + d\boldsymbol{r}) - \boldsymbol{r}$$

間の電位差は静電ポテンシャル ϕ を使って

$$d\phi = \phi(\boldsymbol{r} + d\boldsymbol{r}) - \phi(\boldsymbol{r})$$

となります．dr の間の物質による抵抗 dR は

$$dR = \frac{1}{\sigma_{\mathrm{c}}} \frac{dr}{S}$$

電流は電位の高いところから低いところへ流れるのでこの区間におけるオームの法則は

$$I = -\frac{d\phi}{dR} = -\frac{d\phi}{\frac{1}{\sigma_{\mathrm{c}}}\frac{dr}{S}} = -\sigma_{\mathrm{c}} S \frac{d\phi}{dr}$$

これから

$$j = \frac{I}{S} = -\sigma_{\mathrm{c}} \frac{d\phi}{dr}$$

$-\frac{d\phi}{dr}$ は電場の $d\boldsymbol{r}$ 方向の成分であり，電流の方向と電場の方向は同じなので

$$\boldsymbol{j} = \sigma_{\mathrm{c}} \boldsymbol{E}$$

となります．これが**オームの法則の微分形**です．

演習問題

A

4.1.1 重要　ある物体の電荷 Q とそれから流出する電流 I との間には

$$I = -\frac{dQ}{dt}$$

の関係があることから電荷保存の式を導け．

4.1.2 重要　定常電流は

$$\nabla \cdot \boldsymbol{j} = 0$$

を満たす．電気伝導率 σ_{c} が一様な物質中を定常電流が流れているとき静電ポテンシャル ϕ が満たす方程式を求めよ．

4.1.3 重要　中心が同じ半径 a の導体球と半径 b の導体球殻がある．その間を電気伝導率 σ_{c} が一定の物質で満たした．半径 a の導体球から半径 b の導体球殻に向かって定常電流 I が流れているとき，この物質内の電流密度 $\boldsymbol{j}$ と電場 $\boldsymbol{E}$ の分布を求めよ．

4.2 ビオ-サヴァールの法則
——電流による磁場の関係

Contents

キーポイント

電流素片の向きと磁場の向きがベクトル積で関係付けられることを良く理解する．

❶アンペール力

以下では，電流は定常電流とします．図 4.1 のような平行電流 I_1, I_2 を考えます．この平行電流の間には**アンペール力**と呼ばれる力が働きます．電流 I_2 の長さ dl の部分に働くアンペール力の大きさは，実験より，

$$dF = \frac{\mu_0 I_1 I_2}{2\pi a}\, dl$$

となり，向きは図 4.1 のように I_1 に近づく方向であることが知られています．ここで μ_0 は**真空の透磁率**で，$\mu_0 = 4\pi \times 10^{-7}\ \mathrm{N/A^2}$，$a$ は平行電流の間隔です．この関係は

$$B = \frac{\mu_0 I_1}{2\pi a}$$

と置くと

$$dF = BI_2\, dl$$

B は I_1 による**磁束密度**です．$\boldsymbol{I}_1, \boldsymbol{I}_2, d\boldsymbol{F}, \boldsymbol{B}$ の方向が図 4.1 のようになっていますので

$$d\boldsymbol{F} = \boldsymbol{I}_2 \times \boldsymbol{B}\, dl$$

のように書くことができます（$\boldsymbol{B}$ の方向は磁石の N 極に働く力の方向で決めました）．

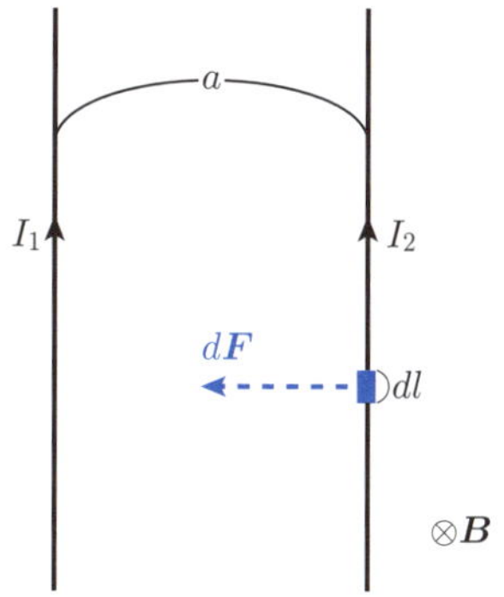

図 4.1　アンペール力

❷ビオ-サヴァールの法則

フランスの物理学者ビオとサヴァールは，直線電流からの距離と磁束密度との関係からヒントを得て，**ビオ-サヴァールの法則**

$$d\boldsymbol{B}(\boldsymbol{r}) = \frac{\mu_0}{4\pi} \frac{I\, d\boldsymbol{r}' \times (\boldsymbol{r} - \boldsymbol{r}')}{|\boldsymbol{r} - \boldsymbol{r}'|^3}$$

を見出しました．これは**電流素片** $I\, d\boldsymbol{r}'$ とそれによる $\boldsymbol{r}$ における磁束密度 $d\boldsymbol{B}$ の関係で

す．$d\boldsymbol{r}'$ は電流に沿った変位ベクトルです．この電流全体が作る磁束密度 $\boldsymbol{B}(\boldsymbol{r})$ はこの式を電流全体にわたって $\boldsymbol{r}'$ で積分することで得られます．

$$\boldsymbol{B}(\boldsymbol{r}) = \frac{\mu_0}{4\pi}\int_{C'} \frac{I\,d\boldsymbol{r}' \times (\boldsymbol{r}-\boldsymbol{r}')}{|\boldsymbol{r}-\boldsymbol{r}'|^3}$$

ここで C' は電流に沿った経路を表しています．電流の代わりに電流に対応した電流密度 $\boldsymbol{j}(\boldsymbol{r})$ を使うと，

$$\boldsymbol{B}(\boldsymbol{r}) = \frac{\mu_0}{4\pi}\int_{V'} \frac{\boldsymbol{j}(\boldsymbol{r}') \times (\boldsymbol{r}-\boldsymbol{r}')}{|\boldsymbol{r}-\boldsymbol{r}'|^3}dV'$$

のように書くことができます．これは，この式では，$\boldsymbol{j}$ を面積積分して電流 $\boldsymbol{I}$ が得られ，さらにそれを電流に沿って線積分することでビオ-サヴァールの法則の式が得られるとみることができます．

電場 $\boldsymbol{E}$ と電束密度 $\boldsymbol{D}$ の間に $\boldsymbol{D} = \varepsilon\boldsymbol{E}$ の関係があるように，磁束密度 $\boldsymbol{B}$ と**磁場** $\boldsymbol{H}$ の間にも $\boldsymbol{B} = \mu\boldsymbol{H}$ の関係があります．μ は**透磁率**です．磁場と磁束密度の違いは磁性体（4.5 節参照）を考えるときに大切になります．

磁束密度 $\boldsymbol{B}$ の面積積分したものを**磁束** Φ と言います．

$$\Phi = \int_S \boldsymbol{B}\cdot d\boldsymbol{S}$$

は，面 S を通り抜ける磁束を表しています．

基本問題 4.2　重要

図 4.2 のように，xz 平面内に直線電流 I_1 とそれに平行に置いた正方形回路 ABCD がある．I_1 は z 軸方向である．

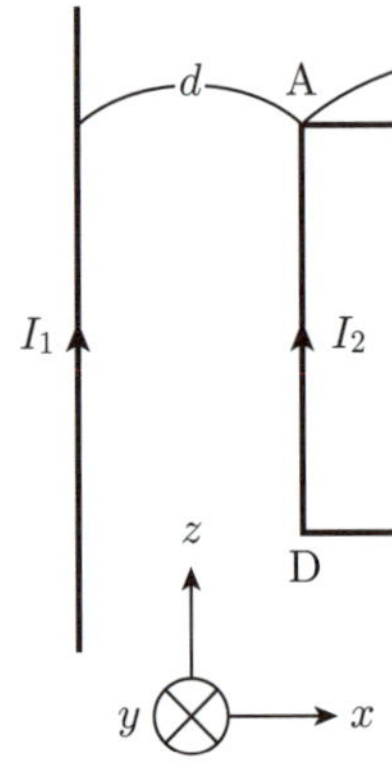

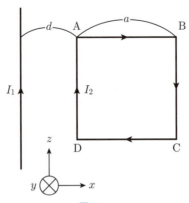

図 4.2

(1)　直線電流 I_1 による磁束密度 $\boldsymbol{B}$ をビオ-サヴァールの法則を使って求めよ．

(2)　正方形回路に電流 I_2 を流したとき I_1 による磁場によって正方形回路全体が受ける力 $\boldsymbol{F}$ を求めよ．

方針 電流間に作用する力を正方形のそれぞれの辺に適用します．

【答案】 (1)　図 4.2 から，点 A の座標を $(d, 0, a)$，点 B の座標を $(d+a, 0, a)$，点 C の座標を $(d+a, 0, 0)$，点 D の座標を $(d, 0, 0)$ とする．xz 平面内での直線電流 I_1 による磁束密度 $\boldsymbol{B}$ は，ビオ-サヴァールの法則より

$$\boldsymbol{B}(\boldsymbol{r}) = \frac{\mu_0}{4\pi}\int_{C'} \frac{I\,d\boldsymbol{r}' \times (\boldsymbol{r} - \boldsymbol{r}')}{|\boldsymbol{r} - \boldsymbol{r}'|^3}$$

で，I_1 が z 軸方向なので $\boldsymbol{r}'$ は z 軸上にとり，$\boldsymbol{r}$ は xz 平面上にとると $\boldsymbol{r} = (x, 0, z), \boldsymbol{r}' = (0, 0, z')$ であるので，$\boldsymbol{B}$ は y 軸方向で

$$\boldsymbol{B}(\boldsymbol{r}) = \frac{\mu_0}{4\pi}\int_{-\infty}^{\infty} \frac{I_1\,dz' x}{\{x^2 + (z - z')^2\}^{\frac{3}{2}}}\boldsymbol{e}_y$$

ここで，$z' - z = x\tan\theta$ と置くと $dz' = x\cos^{-2}\theta\,d\theta$ であるので

$$\begin{aligned}\boldsymbol{B}(\boldsymbol{r}) &= \frac{\mu_0}{2\pi}\int_0^{\frac{\pi}{2}} \frac{I_1 x^2\cos^{-2}\theta\,d\theta}{x^3(\cos^{-2}\theta)^{\frac{3}{2}}}\boldsymbol{e}_y \\ &= \frac{\mu_0}{2\pi x}\int_0^{\frac{\pi}{2}} I_1\cos\theta\,d\theta\,\boldsymbol{e}_y \\ &= \frac{\mu_0 I_1}{2\pi x}\boldsymbol{e}_y\end{aligned}$$

(2)　正方形回路の AB を流れる電流 I_2 に加わる力 $\boldsymbol{F}_{\mathrm{AB}}$ は z 成分のみで

$$F_{\mathrm{AB}} = \int_d^{d+a} I_2\,dx\frac{\mu_0 I_1}{2\pi x} = \frac{\mu_0 I_1 I_2}{2\pi}\ln\frac{d+a}{d}$$

CD を流れる電流 I_2 に加わる力 $\boldsymbol{F}_{\mathrm{CD}}$ も z 成分のみで

$$F_{\mathrm{CD}} = \int_{d+a}^{d} I_2\,dx\frac{\mu_0 I_1}{2\pi x} = \frac{\mu_0 I_1 I_2}{2\pi}\ln\frac{d}{d+a}$$

で互いに打ち消し合う．

正方形回路の BC を流れる電流 I_2 に加わる力 $\boldsymbol{F}_{\mathrm{BC}}$ は x 成分のみで

$$F_{\mathrm{BC}} = \int_a^0 I_2\,dz\frac{-\mu_0 I_1}{2\pi(d+a)} = \frac{\mu_0 I_1 I_2}{2\pi(d+a)} - a$$

DA を流れる電流 I_2 に加わる力 $\boldsymbol{F}_{\mathrm{CD}}$ も x 成分のみで

$$F_{\mathrm{DA}} = \int_0^a I_2\,dz\frac{-\mu_0 I_1}{2\pi d} = \frac{\mu_0 I_1 I_2}{2\pi d}a$$

よって，$\boldsymbol{F}$ は x 成分のみを持ち，

$$\begin{aligned}F &= F_{\mathrm{BC}} + F_{\mathrm{DA}} \\ &= \frac{\mu_0 I_1 I_2}{2\pi(d+a)} - a - \frac{\mu_0 I_1 I_2}{2\pi d}a \\ &= \frac{\mu_0 a I_1 I_2}{2\pi}\left(\frac{1}{d+a} - \frac{1}{d}\right)\end{aligned}$$ ■

基本問題 4.3　重要

(1)　原点を中心として xy 平面内の半径 a の円形導線に電流 I が流れている．z 軸上の点の磁場を求めよ．

(2)　半径 a の円柱に z 軸方向の単位長さ当たりの巻き数 n で導線を巻いた無限に長いソレノイドがある．電流 I が流れているときこの中心軸上の磁場を求めよ．

方針　(1) の結果を使うと (2) は容易です．

【答案】　(1)　図 4.3 のように円電流上の点 $\boldsymbol{r}'$ の xyz 成分を $\boldsymbol{r}' = (a\cos\theta, a\sin\theta, 0)$ とすると，その点の電流素片を $I\,d\boldsymbol{r}'$ とすると位置 $\boldsymbol{r} = (0,0,z)$ の磁場は，ビオ-サヴァールの法則から

$$d\boldsymbol{H}(\boldsymbol{r}) = \frac{1}{4\pi}\frac{I\,d\boldsymbol{r}' \times (\boldsymbol{r}-\boldsymbol{r}')}{|\boldsymbol{r}-\boldsymbol{r}'|^3}$$

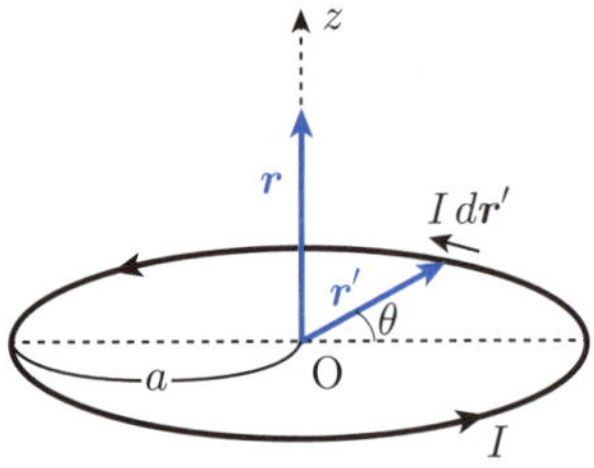

図 4.3

ここで，各ベクトルの xyz 成分は

$$I\,d\boldsymbol{r}' = (-Ia\sin\theta\,d\theta, Ia\cos\theta\,d\theta, 0),$$

$$\boldsymbol{r}-\boldsymbol{r}' = (-a\cos\theta, -a\sin\theta, z), \quad |\boldsymbol{r}-\boldsymbol{r}'| = \sqrt{a^2+z^2},$$

$$I\,d\boldsymbol{r}' \times (\boldsymbol{r}-\boldsymbol{r}') = (Iaz\cos\theta\,d\theta, Iaz\sin\theta\,d\theta, Ia^2\,d\theta)$$

であるので，$d\boldsymbol{H}(\boldsymbol{r}) = \dfrac{Ia}{4\pi|a^2+z^2|^{\frac{3}{2}}}(z\cos\theta\,d\theta, z\sin\theta\,d\theta, a\,d\theta)$.

これを θ について $\theta=0$ から $\theta=2\pi$ まで積分すると，

$$H_x(\boldsymbol{r}) = \int_0^{2\pi}\frac{Iaz\cos\theta\,d\theta}{4\pi|a^2+z^2|^{\frac{3}{2}}} = 0, \quad H_y(\boldsymbol{r}) = \int_0^{2\pi}\frac{Iaz\sin\theta\,d\theta}{4\pi|a^2+z^2|^{\frac{3}{2}}} = 0,$$

$$H_z(\boldsymbol{r}) = \int_0^{2\pi}\frac{Ia^2 d\theta}{4\pi|a^2+z^2|^{\frac{3}{2}}} = \frac{Ia^2}{2|a^2+z^2|^{\frac{3}{2}}}$$

のようになり $\boldsymbol{H}(\boldsymbol{r})$ の xyz 成分は

$$\boldsymbol{H}(\boldsymbol{r}) = \left(0, 0, \frac{Ia^2}{2|a^2+z^2|^{\frac{3}{2}}}\right)$$

(2)　ソレノイドの中心が z 軸上にあるとして，(1) の結果を使う．dz の間には巻き数 $n\,dz$ の円電流がある．これによる $\boldsymbol{r} = (0,0,z)$ の磁場は (1) の結果を使うと

$$d\boldsymbol{H}(\boldsymbol{r}) = \left(0, 0, \frac{Ia^2 n\,dz}{2|a^2+z^2|^{\frac{3}{2}}}\right)$$

これを $z=-\infty$ から $z=\infty$ まで積分すると $H_z(\boldsymbol{r}) = \displaystyle\int_{-\infty}^{\infty}\frac{Ia^2 n\,dz}{2|a^2+z^2|^{\frac{3}{2}}}$. ここで $z = a\tan\phi$ と置くと $dz = a\cos^{-2}\phi\,d\phi$ より $H_z(\boldsymbol{r}) = 2\displaystyle\int_0^{\frac{\pi}{2}}\frac{nIa^3\cos^{-2}\phi\,d\phi}{2a^3(\cos^{-2}\phi)^{\frac{3}{2}}} = \int_0^{\frac{\pi}{2}} nI\cos\phi\,d\phi = nI$.

よって $\boldsymbol{H}(\boldsymbol{r}) = (0, 0, nI)$. ■

演習問題

A

4.2.1 大きさ I の定常電流が流れている直線状の導線がある．この導線から距離 R の点 P を見込む角が図 4.4 のように θ_1, θ_2 である 2 点 AB 間の電流による磁場はビオ-サヴァールの法則を使って

$$H_{\mathrm{AB}} = \frac{I}{4\pi R}(\cos\theta_1 - \cos\theta_2)$$

となることを示せ．

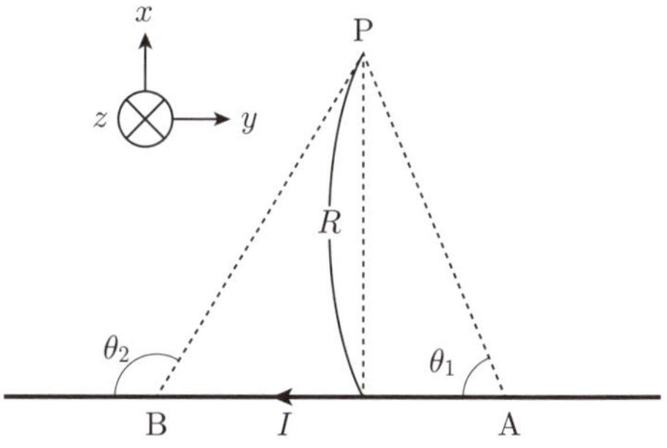

図 4.4

B

4.2.2 重要　半径 R の中空の球の表面上に電荷 Q が一様に分布している．電荷は球とともに球の中心を通る軸の周りを角速度 ω で回転するとき，この球の中心の磁束密度を求めよ．ただし，電荷分布は球が回転しても変わらないものとする．

4.2.3 図 4.5 のように，xy 平面上の 1 辺の長さが a の正方形の導線回路 ABCD に大きさ I の定常電流を流したとき，中心軸上の距離 z の点 P の磁場を求めよ．演習問題 4.2.1 の結果を用いて良い．

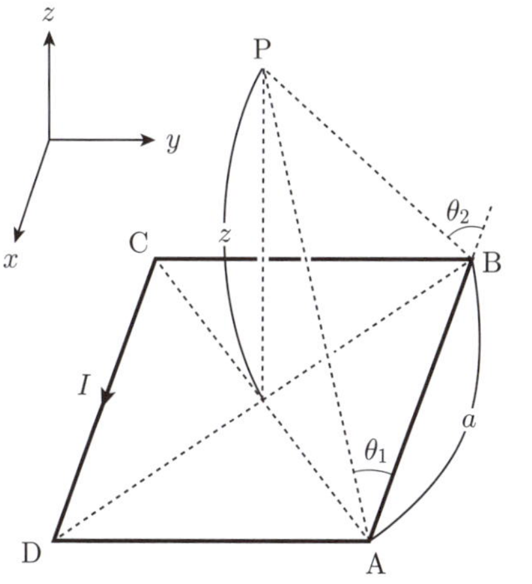

図 4.5

4.2.4 図 4.6 のように無限に長い直線電流と半径 a の円電流が xy 平面内に置かれている．直線電流は y 軸上に置かれており，円電流の中心は導線までの距離が d とする（$d > a$）．直線電流には y 軸方向に I_1，円電流には図 4.6 の反時計回りに I_2 の定常電流が流れている．円電流に働く力を以下のようにして求めよ．

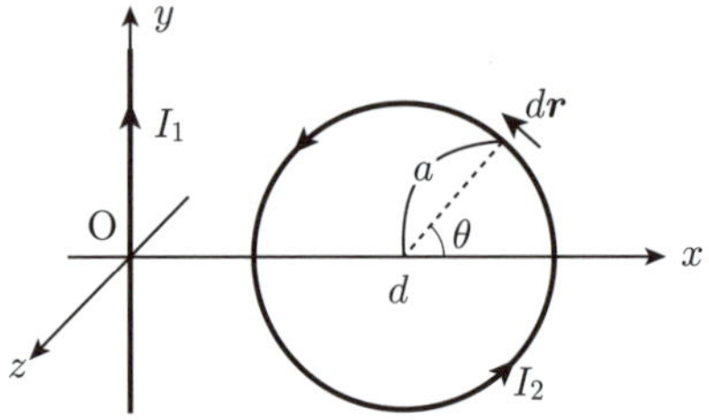

図 4.6

(1) 直線電流が円電流上の点に作る磁場を求めよ．

(2) 円電流上の電流素片 $I_2\,d\boldsymbol{r}$ に働く力の x 成分と y 成分を求めよ．

(3) 円形回路全体に働く力の x 成分と y 成分を求めると，

$$F_x = -\frac{\mu_0 I_1 I_2}{\pi}\int_0^{\pi}\left(1 - \frac{d}{d + a\cos\theta}\right)d\theta, \quad F_y = 0$$

になることを示せ．

(4) F_x の積分を実行せよ．

4.2.5 (1) 図 4.7 のように，中心軸が z 軸で半径 a，巻き数が n の厚みが無視できる二つのコイルが，d だけ離れて xy 平面に平行に置かれている．それぞれのコイルに電流 I が図の方向に流れているとき，点 $(0, 0, z)$ における磁場の z 成分を求めよ．

(2) (1) で求めた H_z を $z = 0$ の周りでテイラー展開し，z および z^2 の項の係数を求めよ．この結果から $d = a$ のとき原点付近の磁場がほぼ一定になることを示せ．

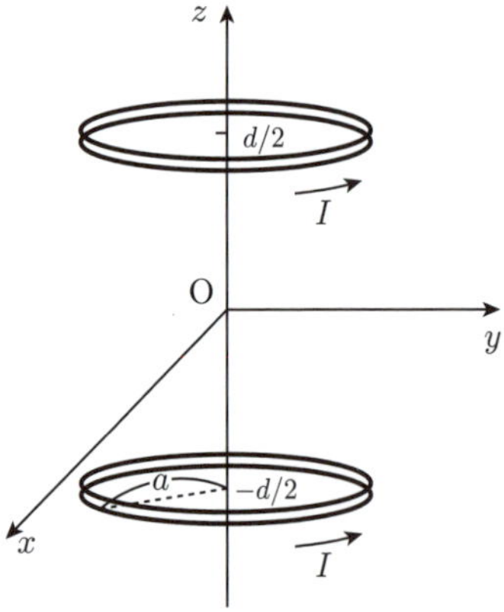

図 4.7

4.3　磁場に関するガウスの法則
──磁気単極子が存在しないことから得られる法則

キーポイント

磁気単極子が存在しないことから磁場に関するガウスの法則が得られ，それからベクトルポテンシャルが導入されることを良く理解する．

磁石をいくら分割してもN極またはS極のみを分離できないことが知られています．これから**磁気単極子**が存在しないと考えられます．このことを以下の式で表すことができます．

$$\int_S \boldsymbol{B} \cdot d\boldsymbol{S} = 0$$

この式を**磁場に関するガウスの法則**と言います．ここでSは閉曲面です．左辺は閉曲面Sで囲まれた領域に入る磁束と，出て行く磁束の収支を表しています．今Sで囲まれた領域内に1個の磁気単極子のみが存在すれば，そこから放射状に磁束密度が分布しますので左辺の積分は0になりません（図4.8）．それが0になることはN極とS極がいつも組になっていることに対応しています．

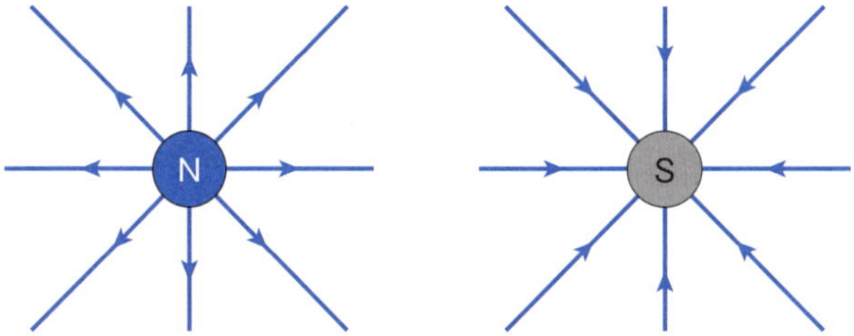

図4.8　磁気単極子と磁束密度

磁場に関するガウスの法則はガウスの定理を用いて以下のように書き換えられます．

$$\int_S \boldsymbol{B} \cdot d\boldsymbol{S} = \int_V \nabla \cdot \boldsymbol{B}\, dV = 0$$

この式から

$$\nabla \cdot \boldsymbol{B} = 0$$

が得られます．この式は磁束密度$\boldsymbol{B}$は湧き出したりしないことを表しています．磁性体の中では4.5節で示すように磁場$\boldsymbol{H}$は磁束密度$\boldsymbol{B}$と

$$\boldsymbol{B} = \mu \boldsymbol{H}$$

の関係にあります．一般に

$$\nabla \cdot \boldsymbol{H} = 0$$

が成り立つわけではないことに注意しましょう．これについては 4.5 節で説明します．

第 1 章のベクトル解析の基本問題 1.3 で示したように

$$\boldsymbol{B} = \nabla \times \boldsymbol{A}$$

であれば,

$$\nabla \cdot \boldsymbol{B} = 0$$

を満たします．この $\boldsymbol{A}$ を**ベクトルポテンシャル**と言います．

ベクトルポテンシャル $\boldsymbol{A}$ は次のように電流密度と関係することをビオ-サヴァールの法則を使って示すことができます（基本問題 4.4 参照）．

$$\boldsymbol{A} = \frac{\mu_0}{4\pi} \int_{V'} \frac{\boldsymbol{j}(\boldsymbol{r}')}{|\boldsymbol{r} - \boldsymbol{r}'|} dV'$$

線電流 I の場合は,

$$\boldsymbol{A} = \frac{\mu_0}{4\pi} \int_{C'} \frac{I\, d\boldsymbol{r}'}{|\boldsymbol{r} - \boldsymbol{r}'|}$$

ここで $\boldsymbol{r}'$ に関する線積分は電流に沿っています．

磁気単極子が存在しないため，**磁気双極子**が重要になります．磁気双極子は半径が十分に小さい円電流で近似することができます（図 4.9）．

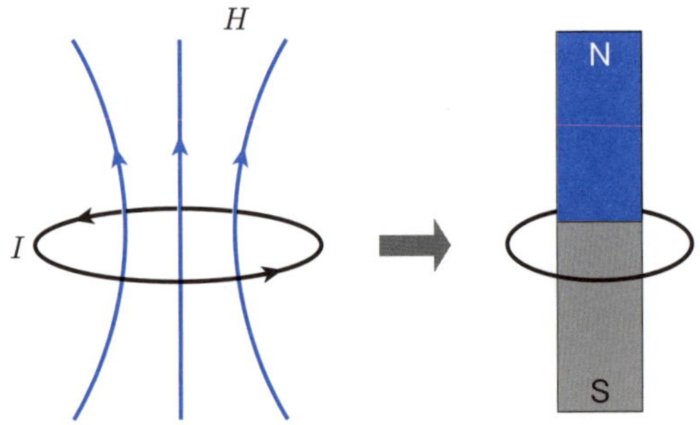

図 4.9　円電流と磁気双極子

基本問題 4.4 重要

(1) ビオ-サヴァールの法則から求めた磁束密度 $\boldsymbol{B}$ が磁場に関するガウスの法則 $\nabla\cdot\boldsymbol{B}=0$ を満たすことを示せ.

(2) ベクトルポテンシャル $\boldsymbol{A}$ が

$$\boldsymbol{A}=\frac{\mu_0}{4\pi}\int_{V'}\frac{\boldsymbol{j}(\boldsymbol{r}')}{|\boldsymbol{r}-\boldsymbol{r}'|}dV'$$

で与えられるとき，ビオ-サヴァールの法則を満たすことを示せ.

方針 (1) $\nabla\cdot(\boldsymbol{A}\times\boldsymbol{B})=(\nabla\times\boldsymbol{A})\cdot\boldsymbol{B}-\boldsymbol{A}\cdot(\nabla\times\boldsymbol{B})$ を用います.
(2) $\nabla\times\boldsymbol{A}$ に代入し，ビオ-サヴァールの法則を満たすかを調べます.

【答案】 (1) ビオ-サヴァールの法則

$$\boldsymbol{B}(\boldsymbol{r})=\frac{\mu_0}{4\pi}\int_{V'}\frac{\boldsymbol{j}(\boldsymbol{r}')\times(\boldsymbol{r}-\boldsymbol{r}')}{|\boldsymbol{r}-\boldsymbol{r}'|^3}dV'$$

の発散をとる．ここで ∇ は $\boldsymbol{r}$ についての微分であることに注意しよう.

$$\begin{aligned}\nabla\cdot\boldsymbol{B}(\boldsymbol{r}) &= \frac{\mu_0}{4\pi}\nabla\cdot\int_{V'}\frac{\boldsymbol{j}(\boldsymbol{r}')\times(\boldsymbol{r}-\boldsymbol{r}')}{|\boldsymbol{r}-\boldsymbol{r}'|^3}dV' \\ &= -\frac{\mu_0}{4\pi}\int_{V'}\boldsymbol{j}(\boldsymbol{r}')\cdot\nabla\times\left\{\frac{(\boldsymbol{r}-\boldsymbol{r}')}{|\boldsymbol{r}-\boldsymbol{r}'|^3}\right\}dV'\end{aligned}$$

ここで

$$\frac{(\boldsymbol{r}-\boldsymbol{r}')}{|\boldsymbol{r}-\boldsymbol{r}'|^3}=-\nabla\frac{1}{|\boldsymbol{r}-\boldsymbol{r}'|}$$

を使うと

$$\begin{aligned}\nabla\cdot\boldsymbol{B}(\boldsymbol{r}) &= -\frac{\mu_0}{4\pi}\int_{V'}\boldsymbol{j}(\boldsymbol{r}')\cdot\nabla\times\left\{\frac{(\boldsymbol{r}-\boldsymbol{r}')}{|\boldsymbol{r}-\boldsymbol{r}'|^3}\right\}dV' \\ &= \frac{\mu_0}{4\pi}\int_{V'}\boldsymbol{j}(\boldsymbol{r}')\cdot\nabla\times\nabla\frac{1}{|\boldsymbol{r}-\boldsymbol{r}'|}dV' \\ &= 0\end{aligned}$$

(2) ベクトルポテンシャルの式に回転を作用させる.

$$\begin{aligned}\nabla\times\boldsymbol{A} &= \frac{\mu_0}{4\pi}\nabla\times\int_{V'}\frac{\boldsymbol{j}(\boldsymbol{r}')}{|\boldsymbol{r}-\boldsymbol{r}'|}dV' = -\frac{\mu_0}{4\pi}\int_{V'}\boldsymbol{j}(\boldsymbol{r}')\times\nabla\left(\frac{1}{|\boldsymbol{r}-\boldsymbol{r}'|}\right)dV' \\ &= \frac{\mu_0}{4\pi}\int_{V'}\boldsymbol{j}(\boldsymbol{r}')\times\frac{(\boldsymbol{r}-\boldsymbol{r}')}{|\boldsymbol{r}-\boldsymbol{r}'|^3}dV'\end{aligned}$$

これはビオ-サヴァールの法則の式に一致している．ここで

$$\nabla\frac{1}{|\boldsymbol{r}-\boldsymbol{r}'|}=-\frac{(\boldsymbol{r}-\boldsymbol{r}')}{|\boldsymbol{r}-\boldsymbol{r}'|^3}$$

を使った. ■

基本問題 4.5

半径 a の円電流が xy 平面上にある．その中心を座標原点とする．電流の大きさは I で xy 平面上を反時計回りに流れている．$m = \pi a^2 I$ を一定に保ったまま，a を十分小さくしたとき以下の物理量を求めよ．

(1)　位置 $\boldsymbol{r}$ のベクトルポテンシャル $\boldsymbol{A}$.

(2)　位置 $\boldsymbol{r}$ における磁場 $\boldsymbol{H}$.

方針　ベクトルポテンシャルと電流との関係を使います．

【答案】 (1)　ベクトルポテンシャルは

$$\boldsymbol{A}(\boldsymbol{r}) = \frac{\mu_0}{4\pi}\int_{C'} \frac{I\,d\boldsymbol{r}'}{|\boldsymbol{r}-\boldsymbol{r}'|}$$

ここで $d\boldsymbol{r}'$ は円電流上なので，円筒座標系を使い

$$x = r\cos\theta, \quad y = r\sin\theta, \quad z = z$$

であり

$$x' = a\cos\theta', \quad y' = a\sin\theta', \quad z' = 0$$

また

$$d\boldsymbol{r}' = a\,d\theta'\,\boldsymbol{e}_{\theta'}$$

となり，

$$\boldsymbol{e}_{\theta'} = -\sin\theta'\,\boldsymbol{e}_x + \cos\theta'\,\boldsymbol{e}_y$$

である．これを使うとベクトルポテンシャルは

$$\begin{aligned}
\boldsymbol{A}(\boldsymbol{r}) &= \frac{\mu_0}{4\pi}\int_0^{2\pi} \frac{Ia\,d\theta'\,\boldsymbol{e}_{\theta'}}{\sqrt{(r\cos\theta - a\cos\theta')^2 + (r\sin\theta - a\sin\theta')^2 + z^2}} \\
&= \frac{\mu_0}{4\pi}\int_0^{2\pi} \frac{Ia(-\sin\theta'\,\boldsymbol{e}_x + \cos\theta'\,\boldsymbol{e}_y)d\theta'}{\sqrt{(r\cos\theta - a\cos\theta')^2 + (r\sin\theta - a\sin\theta')^2 + z^2}} \\
&= \frac{\mu_0}{4\pi}\int_0^{2\pi} \frac{Ia(-\sin\theta'\,\boldsymbol{e}_x + \cos\theta'\,\boldsymbol{e}_y)d\theta'}{\sqrt{r^2 + z^2 + a^2 - 2ar\cos(\theta' - \theta)}} \\
&= \frac{\mu_0}{4\pi}\int_0^{2\pi} \frac{Ia(-\sin\theta'\,\boldsymbol{e}_x + \cos\theta'\,\boldsymbol{e}_y)}{\sqrt{r^2 + z^2}}\left(1 + \frac{ar\cos(\theta' - \theta)}{r^2 + z^2} + \cdots\right)d\theta'
\end{aligned}$$

ここで $a^2 \ll r^2 + z^2$ として展開した．a の1次までとると，0次の項は積分すると0になるので

$$\begin{aligned}
\boldsymbol{A}(\boldsymbol{r}) &= \frac{\mu_0}{4\pi}\int_0^{2\pi} \frac{Ia(-\sin\theta'\,\boldsymbol{e}_x + \cos\theta'\,\boldsymbol{e}_y)}{\sqrt{r^2 + z^2}}\left(\frac{ar\cos(\theta' - \theta)}{r^2 + z^2}\right)d\theta' \\
&= \frac{\mu_0 I a^2 r}{4\pi(r^2 + z^2)^{\frac{3}{2}}}\int_0^{2\pi} (-\sin\theta'\,\boldsymbol{e}_x + \cos\theta'\,\boldsymbol{e}_y)\cos(\theta' - \theta)d\theta'
\end{aligned}$$

$$= \frac{\mu_0 I a^2 r}{4\pi(r^2+z^2)^{\frac{3}{2}}}\int_0^{2\pi}(-\sin^2\theta'\sin\theta\,\boldsymbol{e}_x+\cos^2\theta'\cos\theta\,\boldsymbol{e}_y)d\theta'$$

$$= \frac{\mu_0 I a^2 r}{4\pi(r^2+z^2)^{\frac{3}{2}}}(-\pi\sin\theta\,\boldsymbol{e}_x+\pi\cos\theta\,\boldsymbol{e}_y)$$

$$= \frac{\mu_0 \pi I a^2}{4\pi(r^2+z^2)^{\frac{3}{2}}}(-y\,\boldsymbol{e}_x+x\,\boldsymbol{e}_y)$$

$$= \frac{\mu_0 \pi I a^2}{4\pi(r^2+z^2)^{\frac{3}{2}}}\boldsymbol{e}_z\times\boldsymbol{r}$$

$m=\pi a^2 I$ と $|\boldsymbol{r}|=\sqrt{r^2+z^2}$ を使うと

$$\boldsymbol{A}(\boldsymbol{r}) = \frac{\mu_0 m\,\boldsymbol{e}_z\times\boldsymbol{r}}{4\pi|\boldsymbol{r}|^3}$$

(2) (1) で求めた $\boldsymbol{A}(\boldsymbol{r})$ から磁場 $\boldsymbol{H}$ を求める.

$$\boldsymbol{H}=\frac{\boldsymbol{B}}{\mu_0}=\frac{1}{\mu_0}\nabla\times\boldsymbol{A}$$

より

$$\begin{aligned}\boldsymbol{H} &= \frac{1}{\mu_0}\nabla\times\left(\frac{\mu_0\boldsymbol{m}\times\boldsymbol{r}}{4\pi|\boldsymbol{r}|^3}\right)\\ &= \frac{1}{4\pi}\left(\boldsymbol{m}\nabla\cdot\frac{\boldsymbol{r}}{|\boldsymbol{r}|^3}-\boldsymbol{m}\cdot\nabla\frac{\boldsymbol{r}}{|\boldsymbol{r}|^3}\right)\\ &= \frac{1}{4\pi}\left\{\frac{3(\boldsymbol{m}\cdot\boldsymbol{r})}{|\boldsymbol{r}|^5}\boldsymbol{r}-\frac{\boldsymbol{m}}{|\boldsymbol{r}|^3}\right\}\end{aligned}$$

ここで,

$$\nabla\cdot\frac{\boldsymbol{r}}{|\boldsymbol{r}|^3}=-\nabla\cdot\nabla\frac{1}{|\boldsymbol{r}|}=4\pi\delta(\boldsymbol{r}),$$

$$\boldsymbol{m}\cdot\nabla\frac{1}{|\boldsymbol{r}|^3}=-3\boldsymbol{m}\cdot\frac{\boldsymbol{r}}{|\boldsymbol{r}|^5},$$

$$\boldsymbol{m}\cdot\nabla\boldsymbol{r}=\boldsymbol{m}$$

を使った. $\boldsymbol{m}=\pi a^2 I\,\boldsymbol{e}_z$ を使うと $\boldsymbol{r}\neq 0$ では

$$\boldsymbol{H}=\frac{\pi a^2 I}{4\pi}\left(\frac{3z}{|\boldsymbol{r}|^5}\boldsymbol{r}-\frac{\boldsymbol{e}_z}{|\boldsymbol{r}|^3}\right) \blacksquare$$

ポイント $\boldsymbol{m}=\pi a^2 I\,\boldsymbol{e}_z$ 磁気双極子モーメントと呼びます.

基本問題 4.6

ベクトルポテンシャルの xyz 成分が次のとき，磁束密度 $\boldsymbol{B}$ を求めよ．ただし k は定数である．

(1) $\boldsymbol{A} = (0, kx, 0)$

(2) $\boldsymbol{A} = (0, 0, k \ln \sqrt{x^2 + y^2})$

方針 $\boldsymbol{B} = \nabla \times \boldsymbol{A}$ から磁束密度を求めます．それぞれ良く知られた磁束密度が得られます．

【答案】 (1) $\boldsymbol{B} = \nabla \times \boldsymbol{A}$ から $\boldsymbol{B}$ の xyz 成分は

$$\boldsymbol{B} = \nabla \times \boldsymbol{A} = (0, 0, k)$$

これは z 軸方向を向く一様な磁束密度である．

(2) $\boldsymbol{B} = \nabla \times \boldsymbol{A}$ から $\boldsymbol{B}$ の xyz 成分は

$$\begin{aligned} \boldsymbol{B} &= \nabla \times \boldsymbol{A} \\ &= \left(\frac{\partial}{\partial y} k \ln \sqrt{x^2 + y^2}, -\frac{\partial}{\partial x} k \ln \sqrt{x^2 + y^2}, 0 \right) \\ &= \left(k \frac{y}{x^2 + y^2}, -k \frac{x}{x^2 + y^2}, 0 \right) \end{aligned}$$

ここで円筒座標系を考えると，

$$r = \sqrt{x^2 + y^2},$$

$$\begin{aligned} \boldsymbol{e}_\theta &= -\sin\theta\, \boldsymbol{e}_x + \cos\theta\, \boldsymbol{e}_y \\ &= -\frac{y}{r} \boldsymbol{e}_x + \frac{x}{r} \boldsymbol{e}_y \end{aligned}$$

なので

$$\boldsymbol{B} = -\frac{k}{r} \boldsymbol{e}_\theta$$

$k = -\frac{\mu_0 I}{2\pi}$ なら直線電流 I による磁束密度に一致する．■

演習問題

A

4.3.1 重要 次の式の中で磁場に関するガウスの法則を満たすものはどれか．また，磁場に関するガウスの法則を満たしている式の磁束密度の概要を述べよ．必要なら図を用いよ．ただし，以下のベクトル成分は xyz 成分を表しており，a は正の定数，$r = \sqrt{x^2 + y^2 + z^2}$ である．

(1) $\boldsymbol{B}(\boldsymbol{r}) = (a, 0, 0)$

(2) $\boldsymbol{B}(\boldsymbol{r}) = (ax, 0, 0)$

(3) $\boldsymbol{B}(\boldsymbol{r}) = (ax, -ay, 0)$

(4) $\boldsymbol{B}(\boldsymbol{r}) = (-ay, ax, 0)$

(5) $\boldsymbol{B}(\boldsymbol{r}) = \left(-\dfrac{ay}{r}, \dfrac{ax}{r}, 0\right)$

4.3.2 次のベクトルポテンシャルが与える磁束密度 $\boldsymbol{B}$ を求めよ．a は定数であり，$r = \sqrt{x^2 + y^2 + z^2}$ である．

(1) $\boldsymbol{A}(\boldsymbol{r}) = (-ay, 0, 0)$

(2) $\boldsymbol{A}(\boldsymbol{r}) = \left(-\dfrac{1}{2}ay, \dfrac{1}{2}ax, 0\right)$

(3) $\boldsymbol{A}(\boldsymbol{r}) = \left(-\dfrac{ay}{r^3}, \dfrac{ax}{r^3}, 0\right)$

4.3.3 基本問題 4.5 で求めた磁気双極子が原点にあるときの磁場を 3 次元極座標系で表せ．

4.4 アンペールの法則
——電流と磁場の法則

キーポイント

ビオ-サヴァールの法則は電流から磁場を与える法則であり，アンペールの法則は電流と磁場の関係を示していることに注意しよう．

ガウスの法則のときと同様に，直線電流 I による磁束密度 $\boldsymbol{B}$ の大きさの式 $B = \frac{\mu_0 I}{2\pi r}$ を良く見ていると次のように変形できることに気づきます．

$$2\pi r B = \mu_0 I$$

これは半径が r の円の円周 $2\pi r$ と磁束密度の大きさ B をかけたものが電流の大きさ I に比例するというものです．ビオ-サヴァールの法則から，磁場 $\boldsymbol{H}$ を任意の閉曲線 C についての線積分したものが

$$\oint_C \boldsymbol{H} \cdot d\boldsymbol{r} = \int_S \boldsymbol{j} \cdot d\boldsymbol{S}$$

となります．これを**アンペールの法則**と言います．右辺は閉曲線 C で囲まれた面 S を通る電流の総和です．以下の基本問題 4.7, 4.8 で，ビオ-サヴァールの法則からアンペールの法則の導出とベクトルポテンシャルと電流密度の関係の式からアンペールの法則の導出を紹介します．

基本問題 4.7 重要

電流 I による磁場はビオ-サヴァールの法則より

$$\boldsymbol{H}(\boldsymbol{r}) = \frac{1}{4\pi}\int_{V'} \frac{\boldsymbol{j}(\boldsymbol{r}') \times (\boldsymbol{r} - \boldsymbol{r}')}{|\boldsymbol{r} - \boldsymbol{r}'|^3} dV'$$

ここで $I = \int_{S'} \boldsymbol{j}(\boldsymbol{r}') \cdot d\boldsymbol{S}'$ である．これからアンペールの法則を導出せよ．

方針 ビオ-サヴァールの法則で与えられる磁場を経路に沿って線積分するとアンペールの法則が得られます．計算は長いので注意深く計算しましょう．

【答案】 ビオ-サヴァールの法則から

$$\begin{aligned}\boldsymbol{H}(\boldsymbol{r}) &= \frac{1}{4\pi}\int_{V'} \frac{\boldsymbol{j}(\boldsymbol{r}') \times (\boldsymbol{r} - \boldsymbol{r}')}{|\boldsymbol{r} - \boldsymbol{r}'|^3} dV' = -\frac{1}{4\pi}\int_{V'} \boldsymbol{j}(\boldsymbol{r}') \times \nabla\left(\frac{1}{|\boldsymbol{r} - \boldsymbol{r}'|}\right) dV' \\ &= \frac{1}{4\pi}\int_{V'} \nabla \times \left(\frac{\boldsymbol{j}(\boldsymbol{r}')}{|\boldsymbol{r} - \boldsymbol{r}'|}\right) dV' = \nabla \times \left(\frac{1}{4\pi}\int_{V'} \frac{\boldsymbol{j}(\boldsymbol{r}')}{|\boldsymbol{r} - \boldsymbol{r}'|} dV'\right)\end{aligned}$$

ここで，右辺のカッコ内 $\frac{1}{4\pi}\int_{V'} \frac{\boldsymbol{j}(\boldsymbol{r}')}{|\boldsymbol{r} - \boldsymbol{r}'|} dV'$ はベクトルポテンシャルの関係 $\boldsymbol{B} = \nabla \times \boldsymbol{A}$ より

$$\boldsymbol{A}(\boldsymbol{r}) = \frac{\mu_0}{4\pi}\int_{V'} \frac{\boldsymbol{j}(\boldsymbol{r}')}{|\boldsymbol{r} - \boldsymbol{r}'|} dV'$$

になっている．$\boldsymbol{H}$ を閉曲線 C について積分すると

$$
\begin{aligned}
\oint_C \boldsymbol{H}\cdot d\boldsymbol{r} &= \oint_C \left\{\nabla\times\left(\frac{1}{4\pi}\int_{V'}\frac{\boldsymbol{j}(\boldsymbol{r}')}{|\boldsymbol{r}-\boldsymbol{r}'|}dV'\right)\right\}\cdot d\boldsymbol{r} \\
&= \oint_S \nabla\times\left\{\nabla\times\left(\frac{1}{4\pi}\int_{V'}\frac{\boldsymbol{j}(\boldsymbol{r}')}{|\boldsymbol{r}-\boldsymbol{r}'|}dV'\right)\right\}\cdot d\boldsymbol{S}
\end{aligned}
$$

ここでストークスの定理を使った．また

$$
\nabla\times(\nabla\times\boldsymbol{A}) = \nabla(\nabla\cdot\boldsymbol{A}) - \nabla^2\boldsymbol{A}
$$

なので，磁場の線積分は

$$
\begin{aligned}
\oint_C \boldsymbol{H}\cdot d\boldsymbol{r} &= \int_S \left[\nabla\left\{\nabla\cdot\left(\frac{1}{4\pi}\int_{V'}\frac{\boldsymbol{j}(\boldsymbol{r}')}{|\boldsymbol{r}-\boldsymbol{r}'|}dV'\right)\right\}\right]\cdot d\boldsymbol{S} \\
&\quad - \int_S \nabla^2\left(\frac{1}{4\pi}\int_{V'}\frac{\boldsymbol{j}(\boldsymbol{r}')}{|\boldsymbol{r}-\boldsymbol{r}'|}dV'\right)\cdot d\boldsymbol{S} \qquad (4.1)
\end{aligned}
$$

ここで (4.1) 式の右辺第 1 項は

$$
\begin{aligned}
&\int_S \left[\nabla\left\{\nabla\cdot\left(\frac{1}{4\pi}\int_{V'}\frac{\boldsymbol{j}(\boldsymbol{r}')}{|\boldsymbol{r}-\boldsymbol{r}'|}dV'\right)\right\}\right]\cdot d\boldsymbol{S} \\
&= \int_S \left[\nabla\left\{\frac{1}{4\pi}\int_{V'}\nabla\cdot\left(\frac{\boldsymbol{j}(\boldsymbol{r}')}{|\boldsymbol{r}-\boldsymbol{r}'|}\right)dV'\right\}\right]\cdot d\boldsymbol{S} \\
&= -\int_S \left[\nabla\left\{\frac{1}{4\pi}\underline{\int_{V'}\nabla'\cdot\left(\frac{\boldsymbol{j}(\boldsymbol{r}')}{|\boldsymbol{r}-\boldsymbol{r}'|}\right)dV'} - \frac{1}{4\pi}\utilde{\int_{V'}\frac{\nabla'\cdot\boldsymbol{j}(\boldsymbol{r}')}{|\boldsymbol{r}-\boldsymbol{r}'|}dV'}\right\}\right]\cdot d\boldsymbol{S} = 0 \qquad (4.2)
\end{aligned}
$$

ここで，

$$
\nabla\frac{1}{|\boldsymbol{r}-\boldsymbol{r}'|} = \frac{\boldsymbol{r}-\boldsymbol{r}'}{|\boldsymbol{r}-\boldsymbol{r}'|^3} = -\frac{\boldsymbol{r}'-\boldsymbol{r}}{|\boldsymbol{r}-\boldsymbol{r}'|^3} = -\nabla'\frac{1}{|\boldsymbol{r}-\boldsymbol{r}'|}
$$

となることと，V' が電流を含むほど十分大きければ (4.2) 式の $\underline{\qquad}$ 部は

$$
\underline{\int_{V'}\nabla'\cdot\left(\frac{\boldsymbol{j}(\boldsymbol{r}')}{|\boldsymbol{r}-\boldsymbol{r}'|}\right)dV'} = \int_{S'}\left(\frac{\boldsymbol{j}(\boldsymbol{r}')}{|\boldsymbol{r}-\boldsymbol{r}'|}\right)\cdot d\boldsymbol{S}' = 0
$$

と表面積分となって S' は電流を含むようにとるので 0 となり，(4.2) 式の $\utilde{\qquad}$ 部は定常電流なので $\nabla'\cdot\boldsymbol{j}=0$ となることを使った．よって，磁場の線積分は

$$
\begin{aligned}
\oint_C \boldsymbol{H}\cdot d\boldsymbol{r} &= -\int_S \nabla^2\left(\frac{1}{4\pi}\int_{V'}\frac{\boldsymbol{j}(\boldsymbol{r}')}{|\boldsymbol{r}-\boldsymbol{r}'|}dV'\right)\cdot d\boldsymbol{S} \\
&= -\int_S \left(\frac{1}{4\pi}\int_{V'}\boldsymbol{j}(\boldsymbol{r}')\nabla^2\frac{1}{|\boldsymbol{r}-\boldsymbol{r}'|}dV'\right)\cdot d\boldsymbol{S} \\
&= \int_S \left(\frac{1}{4\pi}\int_{V'}\boldsymbol{j}(\boldsymbol{r}')4\pi\delta(\boldsymbol{r}-\boldsymbol{r}')dV'\right)\cdot d\boldsymbol{S} = \int_S \boldsymbol{j}(\boldsymbol{r})\cdot d\boldsymbol{S}
\end{aligned}
$$

ここで $\nabla^2\frac{1}{|\boldsymbol{r}-\boldsymbol{r}'|} = -4\pi\delta(\boldsymbol{r}-\boldsymbol{r}')$ を使った．これはアンペールの法則

$$
\oint_C \boldsymbol{H}\cdot d\boldsymbol{r} = \int_S \boldsymbol{j}(\boldsymbol{r})\cdot d\boldsymbol{S} \ \blacksquare
$$

基本問題 4.8　重要

ベクトルポテンシャルは

$$\boldsymbol{A}(\boldsymbol{r}) = \frac{\mu_0}{4\pi}\int_{V'} \frac{\boldsymbol{j}(\boldsymbol{r}')}{|\boldsymbol{r}-\boldsymbol{r}'|} dV'$$

で与えられる．$\boldsymbol{j}(\boldsymbol{r})$ が定常電流のとき以下の問いに答えよ．

(1)　$\nabla\cdot\boldsymbol{A} = 0$ を示せ．

(2)　$\nabla^2\boldsymbol{A}$ を計算せよ．

(3)　アンペールの法則の微分形 $\nabla\times\boldsymbol{H} = \boldsymbol{j}$ を導け．

方針　∇ が作用する変数に良く注意して計算しましょう．

【答案】　(1)　ベクトルポテンシャル

$$\boldsymbol{A}(\boldsymbol{r}) = \frac{\mu_0}{4\pi}\int_{V'} \frac{\boldsymbol{j}(\boldsymbol{r}')}{|\boldsymbol{r}-\boldsymbol{r}'|} dV'$$

の発散を計算する．

$$\begin{aligned}
\nabla\cdot\boldsymbol{A}(\boldsymbol{r}) &= \nabla\cdot\left(\frac{\mu_0}{4\pi}\int_{V'} \frac{\boldsymbol{j}(\boldsymbol{r}')}{|\boldsymbol{r}-\boldsymbol{r}'|} dV'\right) \\
&= \frac{\mu_0}{4\pi}\int_{V'} \nabla\cdot\left(\frac{\boldsymbol{j}(\boldsymbol{r}')}{|\boldsymbol{r}-\boldsymbol{r}'|}\right) dV' \\
&= -\underline{\frac{\mu_0}{4\pi}\int_{V'} \nabla'\cdot\left(\frac{\boldsymbol{j}(\boldsymbol{r}')}{|\boldsymbol{r}-\boldsymbol{r}'|}\right) dV'} + \frac{\mu_0}{4\pi}\underset{\sim\sim\sim}{\int_{V'} \frac{\nabla'\cdot\boldsymbol{j}(\boldsymbol{r}')}{|\boldsymbol{r}-\boldsymbol{r}'|} dV'} \qquad (4.3) \\
&= 0
\end{aligned}$$

ここで，

$$\begin{aligned}
\nabla\frac{1}{|\boldsymbol{r}-\boldsymbol{r}'|} &= -\frac{\boldsymbol{r}-\boldsymbol{r}'}{|\boldsymbol{r}-\boldsymbol{r}'|^3} \\
&= +\frac{\boldsymbol{r}'-\boldsymbol{r}}{|\boldsymbol{r}-\boldsymbol{r}'|^3} \\
&= -\nabla'\frac{1}{|\boldsymbol{r}-\boldsymbol{r}'|}
\end{aligned}$$

と，V' が電流を含むほど十分大きければ (4.3) 式の＿＿部は

$$\begin{aligned}
\underline{\int_{V'} \nabla'\cdot\left(\frac{\boldsymbol{j}(\boldsymbol{r}')}{|\boldsymbol{r}-\boldsymbol{r}'|}\right) dV'} &= \int_{S'} \left(\frac{\boldsymbol{j}(\boldsymbol{r}')}{|\boldsymbol{r}-\boldsymbol{r}'|}\right)\cdot d\boldsymbol{S}' \\
&= 0
\end{aligned}$$

と表面積分となって S' は電流を含むようにとるので 0 となり，(4.3) 式の～～部は定常電流なので

$$\nabla' \cdot \boldsymbol{j} = 0$$

となることを使った．よって

$$\nabla \cdot \boldsymbol{A}(\boldsymbol{r}) = 0$$

(2)

$$\begin{aligned}
\nabla^2 \boldsymbol{A}(\boldsymbol{r}) &= \nabla^2 \left(\frac{\mu_0}{4\pi} \int_{V'} \frac{\boldsymbol{j}(\boldsymbol{r}')}{|\boldsymbol{r}-\boldsymbol{r}'|} dV' \right) \\
&= \frac{\mu_0}{4\pi} \int_{V'} \boldsymbol{j}(\boldsymbol{r}') \nabla^2 \frac{1}{|\boldsymbol{r}-\boldsymbol{r}'|} dV' \\
&= -\frac{\mu_0}{4\pi} \int_{V'} \boldsymbol{j}(\boldsymbol{r}') 4\pi\delta(\boldsymbol{r}-\boldsymbol{r}') dV' \\
&= -\mu_0 \boldsymbol{j}(\boldsymbol{r})
\end{aligned}$$

ここで

$$\nabla^2 \frac{1}{|\boldsymbol{r}-\boldsymbol{r}'|} = -4\pi\delta(\boldsymbol{r}-\boldsymbol{r}')$$

を使った．

(3) $\nabla \times \boldsymbol{B}$ に $\boldsymbol{B} = \nabla \times \boldsymbol{A}$ を代入すると

$$\begin{aligned}
\nabla \times \boldsymbol{B} &= \nabla \times (\nabla \times \boldsymbol{A}) \\
&= \nabla(\nabla \cdot \boldsymbol{A} - \nabla^2 \boldsymbol{A})
\end{aligned}$$

ここで，(1)(2) の結果を使うと

$$\nabla \times \boldsymbol{B} = \mu_0 \boldsymbol{j}(\boldsymbol{r})$$

これから $\boldsymbol{B} = \mu_0 \boldsymbol{H}$ より

$$\nabla \times \boldsymbol{H} = \boldsymbol{j}(\boldsymbol{r})$$

これはアンペールの法則の微分形である．■

ポイント アンペールの法則の微分形を曲面 S で面積分しストークスの定理を使うことで，アンペールの法則の積分形

$$\oint_C \boldsymbol{H} \cdot d\boldsymbol{r} = \int_S \boldsymbol{j} \cdot d\boldsymbol{S}$$

が得られます．ここで C は曲面 S の周りの閉曲線です．右辺は S を通り抜ける電流になります．静電場のガウスの法則は電場の対称性を考慮して使うことが大切でした．アンペールの法則も磁場の対称性を考慮して使うことが大切です．

基本問題 4.9

アンペールの法則を用いて以下の問いに答えよ．

(1)　z 軸上に置かれた無限に長い導線に電流 I が z 軸方向に流れている．電流 I から距離 r の点の磁場の大きさを求めよ．

(2)　半径 a の円柱に円柱軸方向の単位長さ当たり導線が n 回巻かれた無限に長いソレノイドがある．導線に電流 I が流れているときソレノイドの中心軸上の磁場を求めよ．

方針　電流の分布から磁場の方向を考え，それに適した閉曲線を考えましょう．

【答案】　(1)　電流分布の対称性から，磁場は円筒座標系の θ 方向を向き直線電流からの距離 r のみによるので，磁場は

$$\boldsymbol{H} = H(r)\boldsymbol{e}_\theta$$

と書ける．中心が z 軸上で半径 r の円を閉曲線 C とする．C 上の線素ベクトル $d\boldsymbol{r}$ は $d\boldsymbol{r} = r\,d\theta\,\boldsymbol{e}_\theta$ であり，磁場と常に平行になる．アンペールの法則は

$$\begin{aligned}\oint_C \boldsymbol{H}\cdot d\boldsymbol{r} &= \int_0^{2\pi} H(r)r\,d\theta \\ &= 2\pi r H(r) \\ &= I\end{aligned}$$

これから

$$H(r) = \frac{I}{2\pi r}$$

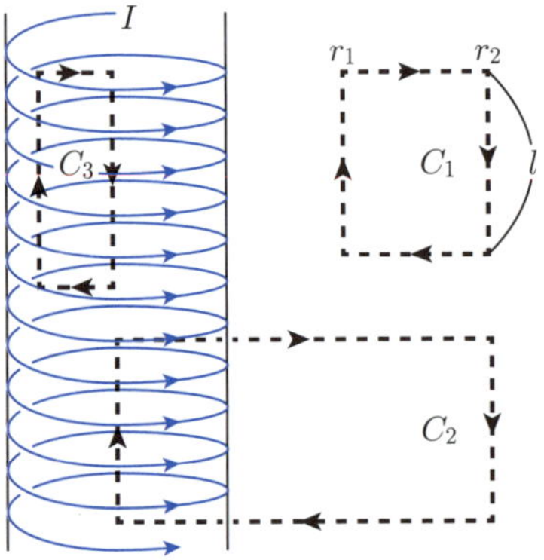

図 4.10

(2) ソレノイドの軸を z 軸とする円筒座標系をとる．電流分布の対称性から，磁場はソレノイドの中心軸に平行な向きとなり，r のみによる．これを $\boldsymbol{H} = H(r)\boldsymbol{e}_z$ と書く．図 4.10 の C_1 のように閉曲線をとり，アンペールの法則を適用すると磁場は

$$\begin{aligned}\oint_{C_1} \boldsymbol{H} \cdot d\boldsymbol{r} &= H(r_1)l - H(r_2)l \\ &= 0\end{aligned}$$

これから

$$H(r_1) = H(r_2)$$

である．つまり，ソレノイドの外部では磁場が一定である．基本問題 4.3 で示したように，一つの円電流による磁場の距離依存性から無限に長いソレノイドによる磁場は無限遠で 0 である．よって $r \to \infty$ で $H \to 0$ なので，ソレノイドの外部に磁場は存在しない．

次に閉曲線を図 4.10 の C_2 にアンペールの法則を適用すると

$$\begin{aligned}\oint_{C_2} \boldsymbol{H} \cdot d\boldsymbol{r} &= H(r_1)l - H(r_2)l \\ &= nIl\end{aligned}$$

これから

$$H(r_1) = H(r_2) + nI$$

C_2 では $a < r_2$ なので $H(r_2) = 0$ なので

$$H(r_1) = nI$$

またソレノイド内に閉曲線 C_3 をとる．アンペールの法則から

$$\begin{aligned}\oint_{C_3} \boldsymbol{H} \cdot d\boldsymbol{r} &= H(r_1)l - H(r_2)l \\ &= 0\end{aligned}$$

ここで，$r_1 < r_2 < a$ である．よって

$$H(r_1) = H(r_2)$$

とソレノイド内の磁場は一定となる．

以上まとめると

$$\boldsymbol{H} = \begin{cases} nI\,\boldsymbol{e}_z & (r < a), \\ 0 & (r > a) \end{cases}$$

ソレノイド内では磁束密度が一定であることがわかる．■

ポイント (1)(2) ともにビオ-サヴァールの法則で求めた結果（基本問題 4.3）と一致します．

基本問題 4.10

図 4.11 のように，ドーナツ状の筒（トロイダル）にコイルを巻きつけたものを**トロイダルコイル**と呼ぶ．筒は中空とする．今，このドーナツの大きさの半径 a はドーナツの太さの半径 b と比べて $a \gg b$ とした．コイルに電流 I を流したとき，筒の中心軸での磁束密度 $\boldsymbol{B}$ を求めよ．コイルの全巻き数は N とする．

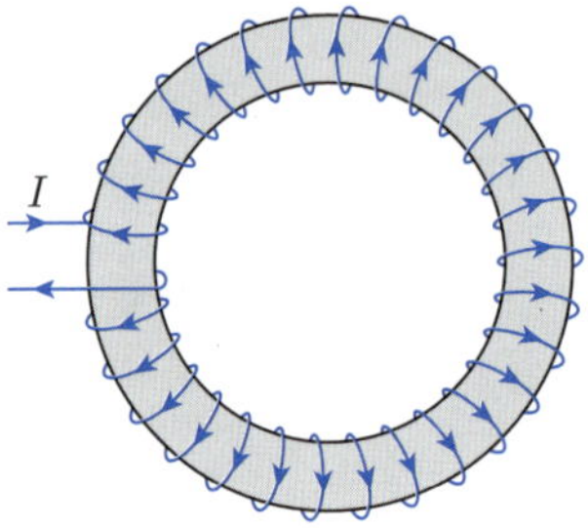

図 4.11

方針 $a \gg b$ より，コイル内の磁束密度はほぼ一定とみなすことができます．

【答案】 $a \gg b$ なので，トロイダルコイルは xy 平面内にあり，その中央を原点とする 2 次元極座標を考える．コイルに流れる電流の様子から筒の中心軸での磁束密度は図 4.11 の反時計回りの向きである．磁束密度を

$$\boldsymbol{B} = B\,\boldsymbol{e}_\theta$$

と置く．$a \gg b$ より，筒の中心軸での磁束密度の大きさはほぼ一定として良い．原点を中心とする筒の中心軸を通る閉曲線 C は半径が a の円として良い．これにアンペールの法則を適用すると

$$\begin{aligned}\int_C \boldsymbol{B}\cdot d\boldsymbol{r} &= \int_0^{2\pi} Ba\,d\theta \\ &= 2\pi aB \\ &= \mu_0 NI\end{aligned}$$

従って，コイル内の磁束密度は

$$\boldsymbol{B} = \frac{\mu_0 NI}{2\pi a}\boldsymbol{e}_\theta. \ \blacksquare$$

演習問題

A

4.4.1 十分に長い半径 a の円柱に定常電流が次の電流分布で円柱軸方向に流れている場合を考える．次の場合の円柱の内外の磁束密度 $\boldsymbol{B}$ を求めよ．

(1) 電流が円柱の表面に一様に流れている場合．

(2) 電流が円柱の内側に一様に流れている場合．

(3) 電流が円柱の軸で 0 で，軸からの距離 r に比例して増大している場合．

B

4.4.2 xy 平面上に x 軸正方向に一様な電流が流れている．電流は y 軸方向の単位長さ当たり $\boldsymbol{J}$ とする．このとき，平面から垂直に z 離れた場所における磁場をビオ-サヴァールの法則とアンペールの法則からそれぞれ求めよ．

4.4.3 ビオ-サヴァールの法則

$$\boldsymbol{H}(\boldsymbol{r}) = \frac{1}{4\pi}\int_{V'} \frac{\boldsymbol{j}(\boldsymbol{r}') \times (\boldsymbol{r} - \boldsymbol{r}')}{|\boldsymbol{r} - \boldsymbol{r}'|^3} dV'$$

の両辺の回転をとることで，アンペールの法則の微分形を導け．必要なら**勾配定理**

$$\int_V \nabla f(\boldsymbol{r}) dV = \int_S f(\boldsymbol{r}) d\boldsymbol{S}$$

を用いよ．

4.5 物質中の磁場
——磁場による物質への影響と磁場

Contents

キーポイント

磁場があると物質は影響を受け，それを透磁率で表すことを良く理解する．

❶磁性体と磁化

物質中の磁場についてです．電場中で誘電体が誘電分極を起こすのと同様に，磁場 $\boldsymbol{H}$ 中に**磁性体**を置くと，その内部に磁気双極子が誘起されます．この現象を**磁気分極**と言います．単位体積当たりの磁気双極子の密度を**磁化**と言います．磁化 $\boldsymbol{M}$ と物質中の磁束密度 $\boldsymbol{B}$ と磁場 $\boldsymbol{H}$ は次のように関係します．

$$\boldsymbol{B} = \mu_0(\boldsymbol{H} + \boldsymbol{M})$$

磁気双極子は半径が十分に小さい円電流とみなすことができます．

磁場が強くない場合，一般に磁場と磁化の間に $\boldsymbol{M} = \chi_{\mathrm{m}}\boldsymbol{H}$ の関係があります．χ_{m} は**磁気感受率**（**磁化率**）を言います．これを用いて磁束密度を書くと，

$$\boldsymbol{B} = \mu_0(1 + \chi_{\mathrm{m}})\boldsymbol{H} = \mu\boldsymbol{H}, \quad \mu = \mu_0(1 + \chi_{\mathrm{m}})$$

μ は物質中の**透磁率**と言います．分極ベクトル $\boldsymbol{P} = \chi\varepsilon_0\boldsymbol{E}$ で定義される電気感受率 χ は常に正の値をとりますが，磁気感受率は負の値をとる場合があります．磁気感受率が正の物質は**常磁性体**，負の物質は**反磁性体**と言います．常磁性体の磁気感受率は 1 に比べて十分に小さく，鉄などの磁気感受率が 1 より十分に大きい物質は**強磁性体**と言います．

磁性体によっては外部磁場がなくても磁化を持つ場合があります．それを**永久磁化**と言います．永久磁化がある場合 $\nabla \cdot \boldsymbol{M} \neq 0$ となる場合があります．

❷磁性体中のアンペールの法則

磁性体があるときのアンペールの法則を考えましょう．アンペールの法則は以下のように書けました．

$$\oint_C \boldsymbol{H} \cdot d\boldsymbol{r} = \int_S \boldsymbol{j} \cdot d\boldsymbol{S}$$

右辺の S は，閉曲線 C で取り囲まれた面です．磁場は電流によって作られます．磁性体

がある場合，磁束密度 $\boldsymbol{B}$ は

$$\boldsymbol{B} = \mu_0 \boldsymbol{H} + \mu_0 \boldsymbol{M}$$

のようになります．両辺を閉曲線 C で線積分すると

$$\begin{aligned}\oint_C \boldsymbol{B} \cdot d\boldsymbol{r} &= \oint_C (\mu_0 \boldsymbol{H} + \mu_0 \boldsymbol{M}) \cdot d\boldsymbol{r} = \mu_0 \int_S \boldsymbol{j} \cdot d\boldsymbol{S} + \oint_C \mu_0 \boldsymbol{M} \cdot d\boldsymbol{r} \\ &= \mu_0 \int_S (\boldsymbol{j} + \nabla \times \boldsymbol{M}) \cdot d\boldsymbol{S}\end{aligned}$$

左辺に $\boldsymbol{B} = \nabla \times \boldsymbol{A}$ を代入しストークスの定理を使うと

$$\oint_C \boldsymbol{B} \cdot d\boldsymbol{r} = \int_S \nabla \times (\nabla \times \boldsymbol{A}) \cdot d\boldsymbol{S}$$

となることを使うと

$$\boldsymbol{A}(\boldsymbol{r}) = \frac{\mu_0}{4\pi} \int_{V'} \frac{(\boldsymbol{j}(\boldsymbol{r}') + \boldsymbol{j}_M(\boldsymbol{r}'))dV'}{|\boldsymbol{r} - \boldsymbol{r}'|}$$

が得られます（基本問題 4.8 参照）．ここで $\boldsymbol{j}_{\mathrm{M}} = \nabla \times \boldsymbol{M}$ と置きました．$\boldsymbol{j}_{\mathrm{M}}$ はベクトルポテンシャルに対して電流と同じ役割を果たしており，これを**磁化電流密度**と言います．電流 I は

$$I = \int_S \boldsymbol{j} \cdot d\boldsymbol{S}$$

であるのに対し，

$$I_{\mathrm{M}} = \int_S \boldsymbol{j}_{\mathrm{M}} \cdot d\boldsymbol{S}$$

で与えられる I_{M} を**磁化電流**と言います．また I を磁化電流と区別をするとき，**真電流** I_{e} を使う場合があります．

$$I_{\mathrm{e}} = \int_S \boldsymbol{j} \cdot d\boldsymbol{S}$$

磁性体があるときのアンペールの法則は

$$\oint_C (\boldsymbol{B} - \mu_0 \boldsymbol{M}) \cdot d\boldsymbol{r} = \mu_0 \int_S \boldsymbol{j} \cdot d\boldsymbol{S}$$

❸磁性体の境界条件

磁束密度 $\boldsymbol{B}$ と磁場 $\boldsymbol{H}$ は $\nabla \times \boldsymbol{H} = \boldsymbol{j}$, $\nabla \cdot \boldsymbol{B} = 0$ に従う．磁性体の境界では $\boldsymbol{j} = 0$ なので 3.3 節の電束密度と電場の境界条件の導出と同様にして

$$H_{1\mathrm{t}} - H_{2\mathrm{t}} = 0, \quad B_{1\mathrm{n}} - B_{2\mathrm{n}} = 0$$

が得られます．磁場の添え字 t は境界面に平行な成分を表し，磁束密度の添え字 n は境界面に垂直な成分を表します．

基本問題 4.11

半径 a で単位長さ当たりの巻き数 n のソレノイドコイルに透磁率 μ の鉄心を挿入した．このときのソレノイドコイル内の磁場，磁束密度，磁化，磁化率をそれぞれ求めよ．

方針　アンペールの法則から磁場を求めます．

【答案】　基本問題 4.9 で扱ったように，無限に長いソレノイドコイルの外部には磁場はない．アンペールの法則の閉曲線を図 4.12 の C のようにとる．ソレノイドコイル内の磁場の大きさを H とすると

$$\oint_C \boldsymbol{H} \cdot d\boldsymbol{r} = Hl = nlI$$

従って磁場の大きさは

$$H = nI$$

ここで磁場の向きは図 4.12 の右方向とした．磁束密度は $\boldsymbol{B} = \mu \boldsymbol{H}$ より，

$$B = \mu nI$$

磁化 $\boldsymbol{M}$ は,

$$\boldsymbol{B} = \mu_0(\boldsymbol{H} + \boldsymbol{M})$$

より

$$\boldsymbol{M} = \frac{\boldsymbol{B}}{\mu_0} - \boldsymbol{H}, \quad M = \left(\frac{\mu}{\mu_0} - 1\right) nI$$

最後に磁化率は,

$$\boldsymbol{M} = \chi_{\mathrm{m}} \boldsymbol{H}$$

より,

$$\chi_{\mathrm{m}} = \frac{\mu}{\mu_0} - 1 \ ■$$

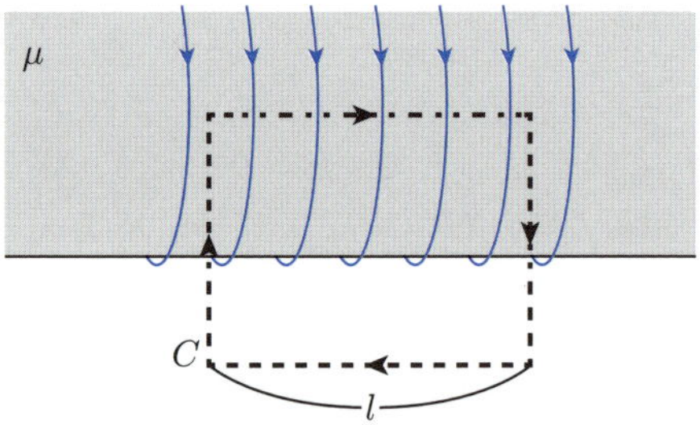

図 4.12

演習問題

A

4.5.1 基本問題 4.5 より $\boldsymbol{r}'$ にある磁気双極子モーメント $\boldsymbol{m}$ によるベクトルポテンシャルは

$$\boldsymbol{A}(\boldsymbol{r}) = \frac{\mu_0}{4\pi}\frac{\boldsymbol{m}\times(\boldsymbol{r}-\boldsymbol{r}')}{|\boldsymbol{r}-\boldsymbol{r}'|^3}$$

である．これから体積 V' 内の磁化 $\boldsymbol{M}(\boldsymbol{r}')$ によるベクトルポテンシャルは

$$\boldsymbol{A}(\boldsymbol{r}) = \frac{\mu_0}{4\pi}\int_{V'}\frac{\boldsymbol{M}(\boldsymbol{r}')\times(\boldsymbol{r}-\boldsymbol{r}')}{|\boldsymbol{r}-\boldsymbol{r}'|^3}dV'$$

となる．以下の問いに答えよ．

(1) 磁化 $\boldsymbol{M}(\boldsymbol{r}')$ によるベクトルポテンシャル $\boldsymbol{A}(\boldsymbol{r})$ は

$$\boldsymbol{A}(\boldsymbol{r}) = \frac{\mu_0}{4\pi}\int_{V'}\boldsymbol{M}(\boldsymbol{r}')\times\left(\nabla'\frac{1}{|\boldsymbol{r}-\boldsymbol{r}'|}\right)dV'$$

となることを示せ．

(2)

$$\boldsymbol{M}(\boldsymbol{r}')\times\left(\nabla'\frac{1}{|\boldsymbol{r}-\boldsymbol{r}'|}\right) = \frac{\nabla'\times\boldsymbol{M}(\boldsymbol{r}')}{|\boldsymbol{r}-\boldsymbol{r}'|} - \nabla'\times\frac{\boldsymbol{M}(\boldsymbol{r}')}{|\boldsymbol{r}-\boldsymbol{r}'|}$$

を示せ．

(3) ベクトル $\boldsymbol{N}(\boldsymbol{r}')$ について

$$\int_{V'}\nabla'\times\boldsymbol{N}(\boldsymbol{r}')dV' = -\int_{S'}\boldsymbol{N}(\boldsymbol{r}')\times d\boldsymbol{S}'$$

を示せ．

(4) (2) と (3) を使うと (1) の式は

$$\boldsymbol{A}(\boldsymbol{r}) = \frac{\mu_0}{4\pi}\int_{V'}\frac{\boldsymbol{j}_{\mathrm{M}}(\boldsymbol{r}')}{|\boldsymbol{r}-\boldsymbol{r}'|}dV' + \frac{\mu_0}{4\pi}\int_{S'}\frac{\boldsymbol{M}(\boldsymbol{r}')}{|\boldsymbol{r}-\boldsymbol{r}'|}\times d\boldsymbol{S}'$$

となることを示せ．ここで $\boldsymbol{j}_{\mathrm{M}}(\boldsymbol{r}) = \nabla\times\boldsymbol{M}$ である．

B

4.5.2 一定の磁化 $\boldsymbol{M}$ の円柱がある．円柱の中心軸上の次の点の磁束密度と磁場を求めよ．ここで $\boldsymbol{M}$ の方向は円柱の中心軸の方向であり，円柱の高さは $2l$，半径は a とする．必要であれば演習問題 4.5.1 の結果を用いよ．

(1) 円柱の上面近くの円柱の中と外の点．

(2) 円柱の上面と下面の中間の点．

(3) 円柱の下面近くの円柱の中と外の点．

第5章

電磁誘導

この章では磁場が時間変化する場合の電磁気学の法則を扱います．磁場が時間変化すると電場を発生させます．これを電磁誘導の法則と言います．そこに回路があると起電力が生じます．例えばコイルを持つ電流回路に電流を流すと磁場が発生します．コイルに流れる電流が時間変化すると磁場の時間変化が起きます．この磁場の時間変化によってコイルに起電力が生まれます．このようにコイルを持つ電流回路は少し複雑な性質を持ちます．導線が磁場中を運動することによっても，導線の中に起電力を発生させることができます．こちらはローレンツ力のためです．この章ではこうした現象の法則を学んでいきます．

5.1 電磁誘導の法則
——時間変化する磁場とそれによって発生する電場に関する法則

Contents

キーポイント

磁束の変化によって電場が誘起されることを理解しよう．場と場の関係なので少し抽象的である．

ファラデーはコイルを貫く磁束 Φ とコイルに生じる**起電力** V の間に，次の関係が成り立つことを見つけました．

$$V = -\frac{d\Phi}{dt} \tag{5.1}$$

これを**ファラデーの法則**（**電磁誘導の法則**）と言います．コイルを貫く磁束が時間変化するとコイルに起電力が発生するのです．この起電力を**誘導起電力**と言います．この起電力は Φ を減少させるように発生します．この起電力の性質を**レンツの法則**と言います．電磁誘導の法則は，コイルがなくても，任意の閉曲線 C を貫く磁束とこの閉曲線に対して定義される起電力との間にも成り立つことが知られています．

❶ 電磁誘導の法則の式

電磁誘導の法則を表す**マクスウェル方程式**を導出しましょう．磁束 Φ と磁束密度 $\boldsymbol{B}$ は

$$\Phi = \int_S \boldsymbol{B}\cdot d\boldsymbol{S}$$

の関係があります．ここで S は閉曲線 C で囲まれた面積です．$\boldsymbol{B}$ が時間変化すると，Φ も時間変化し

$$\frac{d\Phi}{dt} = \int_S \frac{\partial \boldsymbol{B}}{\partial t}\cdot d\boldsymbol{S}$$

となります．電磁誘導による起電力 V は電場 $\boldsymbol{E}$ を発生させて電流を流そうとしますので

$$V = \oint_C \boldsymbol{E}\cdot d\boldsymbol{r}$$

のように電場と関係します．この二つを使うと (5.1) 式は

$$\oint_C \boldsymbol{E}\cdot d\boldsymbol{r} = -\int_S \frac{\partial \boldsymbol{B}}{\partial t}\cdot d\boldsymbol{S}$$

これを**電磁誘導の法則の積分形**と言います．左辺に対してストークスの定理を使うと

$$\int_S (\nabla \times \boldsymbol{E}) \cdot d\boldsymbol{S} = -\int_S \frac{\partial \boldsymbol{B}}{\partial t} \cdot d\boldsymbol{S}$$

さらに，S は任意でこの式が成り立つことから

$$\nabla \times \boldsymbol{E} = -\frac{\partial \boldsymbol{B}}{\partial t} \tag{5.2}$$

これが電磁誘導の法則を表すマクスウェル方程式です．これを**電磁誘導の法則の微分形**と言います．電磁誘導の法則の方程式は磁束密度が時間変化しているとき，電場 $\boldsymbol{E}$ も時間変化することを意味しています．

電磁誘導の法則を記述する方程式が得られましたので，これまでやった，電場に関するガウスの法則，磁場に関するガウスの法則，アンペールの法則を記述する方程式と合わせて電磁場の基本法則の式であるマクスウェル方程式が得られました．6.1 節で紹介するようにアンペールの法則は少し変更が必要ですが，マクスウェルはそれを行ってマクスウェル方程式から電場と磁場が時間振動しながら伝搬するという電磁波の存在を予言しました．電磁波はエネルギーを伝えます．**磁場のエネルギー**は，単位体積当たり

$$\frac{1}{2}\boldsymbol{H} \cdot \boldsymbol{B}$$

で与えられます．これについての詳しい説明は 6.3 節で行います．

❷スカラーポテンシャル

静電場中を移動する電荷に対する仕事が始点と終点のみにより，経路によらないことから

$$\nabla \times \boldsymbol{E} = 0$$

が得られ，静電ポテンシャル ϕ が定義でき，

$$\boldsymbol{E} = -\nabla\phi$$

の関係がありました．一方，電磁誘導の法則

$$\nabla \times \boldsymbol{E} = -\frac{\partial \boldsymbol{B}}{\partial t}$$

から，磁束密度が時間変化する場合 $\nabla \times \boldsymbol{E} \neq 0$ となり静電ポテンシャルが定義できる条件が崩れています．どのように考えたら良いでしょうか．

磁束密度 $\boldsymbol{B}$ は 4.3 節で示したようにベクトルポテンシャル $\boldsymbol{A}$ を用いて，

$$\boldsymbol{B} = \nabla \times \boldsymbol{A}$$

と書けました．これをファラデーの電磁誘導の法則の式 (5.2) の $\boldsymbol{B}$ に代入します．

$$\nabla \times \boldsymbol{E} = -\frac{\partial}{\partial t}\nabla \times \boldsymbol{A} = -\nabla \times \frac{\partial \boldsymbol{A}}{\partial t}$$

これから

$$\nabla \times \left(\boldsymbol{E} + \frac{\partial \boldsymbol{A}}{\partial t} \right) = 0$$

この式から

$$\boldsymbol{E} + \frac{\partial \boldsymbol{A}}{\partial t} = -\nabla \phi$$

と置くことができることがわかります．この ϕ を**スカラーポテンシャル**と言います．電場と磁場が時間変化する場合，静電ポテンシャルはスカラーポテンシャルに拡張されます．

❸自己インダクタンスと相互インダクタンス

電磁誘導の法則と関連するコイルの性質についてまとめておきましょう．

•自己インダクタンス•　あるコイルに流れる電流 I によるコイル内の磁束 Φ は

$$\Phi = LI$$

の関係があり，L をこのコイルの**自己インダクタンス**と言います．この関係を使って電磁誘導の法則から

$$V = -L\frac{dI}{dt}$$

となります．コイルを流れる電流 I がそのコイルに起電力を発生させることを**自己誘導**と言います．

•相互インダクタンス•　次にコイルが二つある場合を考えましょう．コイル 1 に流れる電流 I_1 によってコイル 2 を貫く磁束 Φ_2 は

$$\Phi_2 = M_{21} I_1$$

の関係があります．逆にコイル 2 に流れる電流 I_2 によってコイル 1 を貫く磁束 Φ_1 は

$$\Phi_1 = M_{12} I_2$$

の関係があります．M_{12}, M_{21} を**相互インダクタンス**と呼びます．M_{12}, M_{21} の間には

$$M_{12} = M_{21}$$

の関係があり，これを**相反定理**と言います．電磁誘導の法則から

$$V_1 = -M_{12}\frac{dI_2}{dt}, \quad V_2 = -M_{21}\frac{dI_1}{dt}$$

あるコイルを流れる電流が，他のコイルに起電力を発生させることを**相互誘導**と言います．

基本問題 5.1　重要

導線を N 回巻いた面積 S の長方形コイルがある．以下の場合に長方形コイルに生じる起電力を求めよ．

(1)　一様な磁束密度 $\boldsymbol{B}$ の中に時刻 $t=0$ でコイル面の法線方向と磁束密度の向きを一致させ，長方形コイルの一つの辺の周りに角速度 ω でコイルを回転させる．

(2)　コイルの面ベクトルに対して垂直に磁束密度 $B(t)=B_0\cos\omega t$ を加える．

(3)　コイルの面ベクトルに対して平行に磁束密度 $B(t)=B_0\cos\omega t$ を加える．

方針　コイルを貫く磁束は，磁束密度とコイルの面ベクトルの内積．

【答案】 (1)　コイルが N 回巻きなのでコイルの磁束は長方形を貫く磁束の N 倍になる．時刻 t におけるコイルを貫く磁束 Φ は，

$$\begin{aligned}\Phi &= N\int_S \boldsymbol{B}\cdot d\boldsymbol{S}\\ &= N\int_S B_0\,dS\cos\omega t\\ &= NB_0S\cos\omega t\end{aligned}$$

コイルに生じる起電力 V は

$$\begin{aligned}V &= -\frac{d\Phi}{dt}\\ &= NB_0S\omega\sin\omega t\end{aligned}$$

(2)　磁束密度の方向と長方形コイルの法線ベクトルは垂直なので長方形コイルを貫く磁束は0である．よって起電力も

$$V=0$$

(3)　時刻 t におけるコイルを貫く磁束は，

$$\begin{aligned}\Phi &= NB(t)S\\ &= NB_0S\cos\omega t\end{aligned}$$

従ってコイルに生じる起電力 V は

$$\begin{aligned}V &= -\frac{d\Phi}{dt}\\ &= NB_0S\omega\sin\omega t\end{aligned}$$ ■

基本問題 5.2

図 5.1 のように一辺の長さが a の正方形回路を直線電流から d 離れたところに置いた．直線電流が $I(t) = I_0 \cos \omega t$ のとき，回路に生じる起電力 $V(t)$ を求めよ．また，このときの相互インダクタンス M を求めよ．ただし，ω は定数であまり大きくなく，$I(t)$ は**準定常電流**とみなせアンペールの法則が使えるとする．電流の時間変化がゆっくりであれば磁場はアンペールの法則で与えられる．これが成り立つ場合の電流を準定常電流と言う．

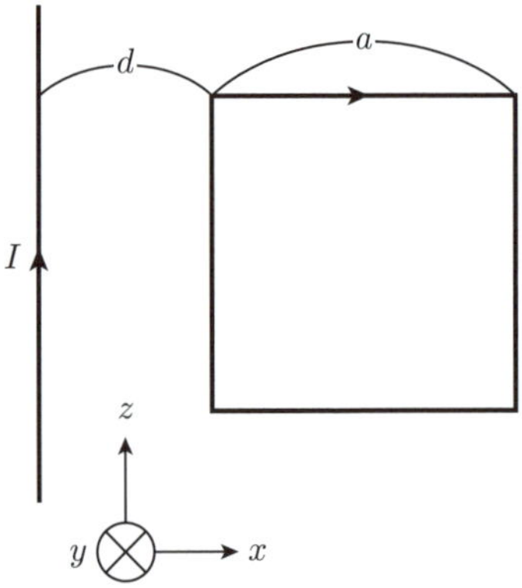

図 5.1

方針 回路を貫く磁束を求め，起電力，相互インダクタンスを計算します．

【答案】 直線電流を軸とする円筒座標系を使う．正方形は $r = d$ から $r = d + a$ に，$z = 0$ から $z = a$ にある．直線電流による磁場 $\boldsymbol{H}(t)$ はアンペールの法則から

$$\boldsymbol{H}(t) = \frac{I}{2\pi r} = \frac{I_0}{2\pi r}\cos \omega t$$

ここで r は直線電流からの距離である．正方形コイルを貫く磁束 Φ は

$$\Phi = \int_S \boldsymbol{B} \cdot d\boldsymbol{S} = \int_d^{d+a} dr \int_0^a dz \frac{\mu_0 I_0 \cos \omega t}{2\pi r} = \frac{\mu_0 I_0 a}{2\pi}\left(\ln \frac{d+a}{d}\right)\cos \omega t$$

電磁誘導の法則から

$$V(t) = -\frac{d\Phi}{dt}$$

より起電力 $V(t)$ は

$$V(t) = \frac{\mu_0 \omega I_0 a}{2\pi}\left(\ln \frac{d+a}{d}\right)\sin \omega t$$

ここで起電力の正の方向は図 5.1 の正方形回路の反時計回りの方向である．

相互インダクタンス M は磁束 Φ と

$$\Phi = MI$$

と関係するので，今の場合は

$$M = \frac{\Phi}{I} = \frac{\mu_0 a}{2\pi}\ln \frac{d+a}{d} \quad \blacksquare$$

基本問題 5.3

(1)　N 回巻きのトロイダルコイル（図 5.2）の自己インダクタンスを求めよ．ここで，トロイダルの半径は a で，トロイダルに巻いたコイルの半径は b である．ただし，$b \ll a$ とする．

(2)　単位長さ当たり n 回巻きのソレノイドコイル（図 5.3）がある．コイルの半径は a である．ソレノイドコイルの単位長さ当たりの自己インダクタンスを求めよ．

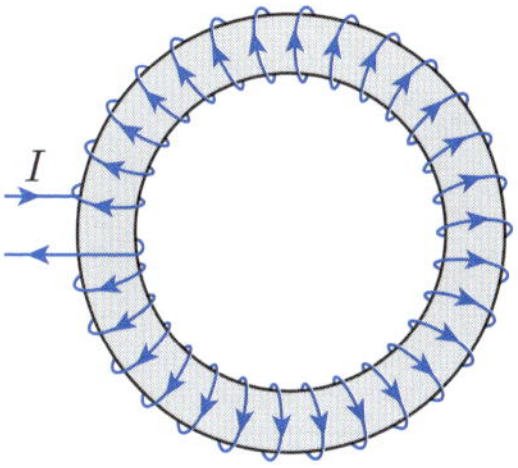

図 5.2　トロイダルコイル

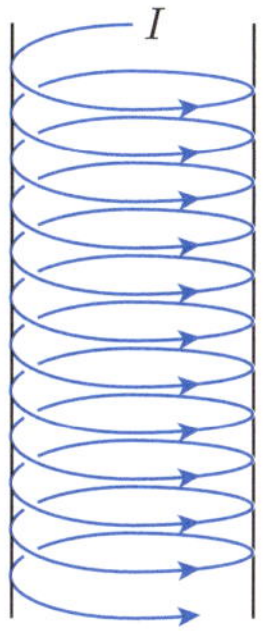

図 5.3　ソレノイドコイル

方針　各々のコイルを貫く磁束を求め，自己インダクタンスを計算します．

【答案】　(1)　トロイダルコイル内の磁束密度の大きさは第 4 章基本問題 4.10 より，

$$B = \frac{\mu_0 N I}{2\pi a}$$

トロイダルコイル中では B が一定であり，N 回巻きコイルなので，コイルを貫く磁束 Φ は，

$$\Phi = B\pi b^2 N = \frac{\mu_0 b^2 N^2}{2a} I$$

よって自己インダクタンス L は

$$L = \frac{\mu_0 b^2 N^2}{2a}$$

(2)　ソレノイドコイル内の磁束密度の大きさは第 4 章基本問題 4.9 より，

$$B = \mu_0 n I$$

単位長さ当たりコイルを貫く磁束 Φ' は

$$\Phi' = B\pi a^2 n = \mu_0 \pi a^2 n^2 I$$

従って単位長さ当たりの自己インダクタンス L' は，

$$L' = \mu_0 \pi a^2 n^2 \quad ■$$

演習問題

A

5.1.1 図 5.4 のように xz 平面上に一辺の長さが a の正方形回路を直線電流から d 離れたところに置いた．この正方形回路を $t = 0$ から一定の速さ v で図の向きに xz 平面上を動かしたとき，回路に生じる起電力の大きさ $V(t)$ を求めよ．

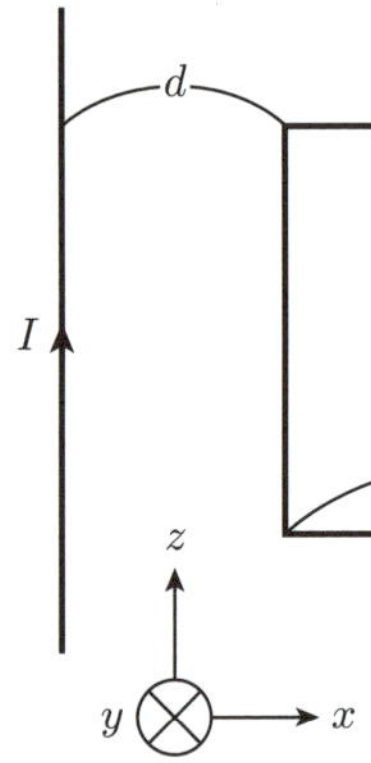

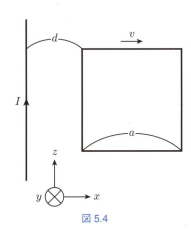

図 5.4

5.1.2 図 5.5 のような透磁率 μ の鉄心に N_1 回巻きの 1 次コイルと，N_2 回巻きの 2 次コイルが巻かれている．1 次コイルに交流電源 V_1 をつないだ．2 次コイルには V_2 の起電力が発生した．コイルを流れる電流による磁束は鉄心の外に漏れないものとして以下の問いに答えよ．

(1) 2 次コイルに生じる電圧を求めよ．

(2) V_1, V_2, N_1, N_2 の関係を求めよ．

(3) 200 V の交流を 100 V に変換するには N_2 をいくらにすべきか．N_1 を用いて表せ．

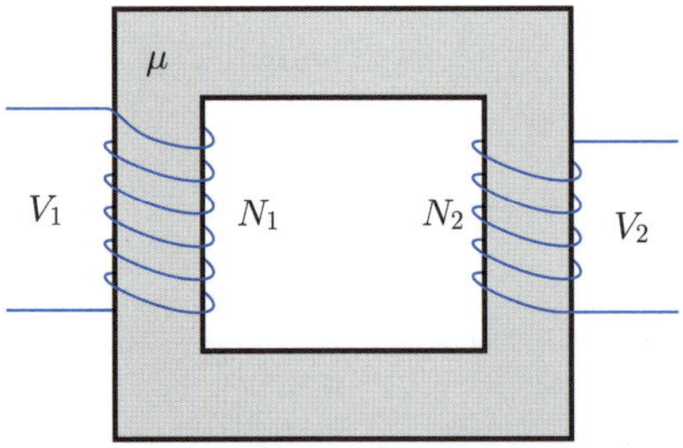

図 5.5

B

5.1.3 図 5.6 のように十分に長い二つの同軸円筒からなる同軸ケーブルがある．内側の円筒の面（半径 a）と外側の円筒の面（半径 b）に互いに逆方向の電流 I が一様に流れている．次のそれぞれの関係を使って軸方向の単位長さ当たりの自己インダクタンス L を求めよ．

(1) 図 5.6 の水色の部分の長方形断面を通る磁束が軸方向の単位長さ当たり LI に等しい．

(2) 二つの円筒間の磁場のエネルギーが軸方向の単位長さ当たり $\frac{1}{2}LI^2$ に等しい．

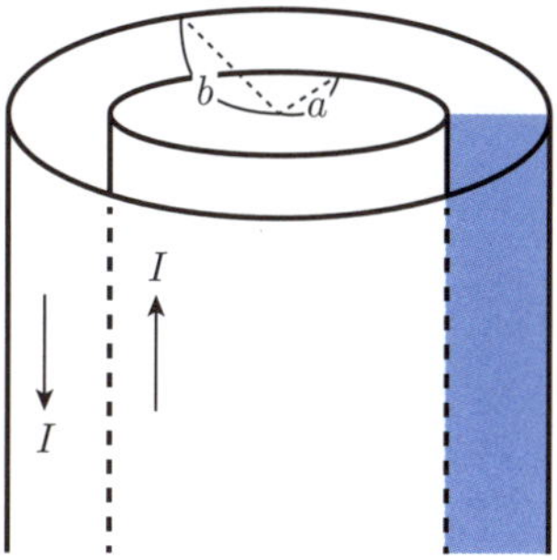

図 5.6

C

5.1.4 図 5.7 のように，太さの無視できる導体による半径 a の小さなリング 1 と半径 b の大きなリング 2 がある．これらは互いに平行で z 軸に対して垂直であり，間隔は l である．

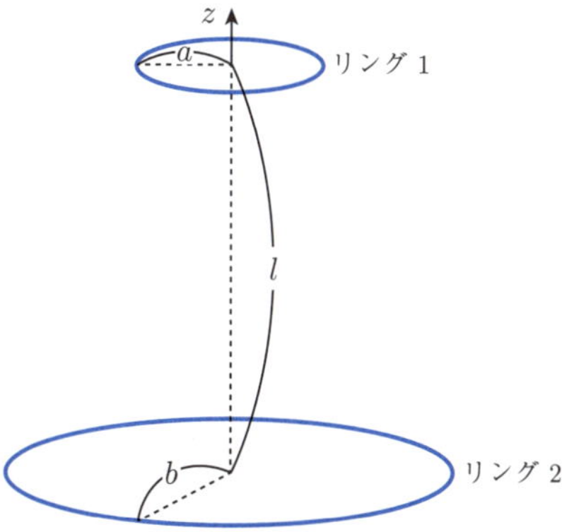

図 5.7

(1) リング2に大きさ I_2 の電流を流して発生する磁場によるリング1内の磁束を求めよ．ただし，a は l に比べて十分小さいのでリング1内の磁束密度は一様とする．

(2) リング1に大きさ I_1 の電流を流して発生する磁場によるリング2内の磁束を求めよ．ここで，a は l に比べて十分小さいのでリング1を

$$m = \pi a^2 I$$

の磁気双極子と近似でき，このときの磁束密度は

$$\boldsymbol{B}_{\mathrm{dip}}(\boldsymbol{r}) = \frac{\mu_0 m}{4\pi r^3}(2\cos\theta\,\boldsymbol{e}_r + \sin\theta\,\boldsymbol{e}_\theta)$$

で与えられることを用いよ．

(3) (1)(2) の結果から相互インダクタンス M_{12}, M_{21} を求め，

$$M_{12} = M_{21}$$

を示せ．

5.2 電磁誘導と電流回路
——コイルを含む電流回路と電磁誘導

Contents

キーポイント

電気回路におけるキルヒホフの法則と電流が時間変化するときのコイルの役割を良く理解する.

電流回路にコイルが含まれていると，電流回路を流れる電流の時間変化は電磁誘導の法則と関係します．さらに電流回路にコンデンサーや抵抗が含まれていると物理的に重要な性質を持ちます．まず，電流回路に成り立つ重要な法則を紹介します.

❶キルヒホフの法則

キルヒホフの法則には次の二つの法則があります.

キルヒホフ第 1 法則：導線が交わる点において，流れ込む電流の和と出て行く電流の和は等しい.

キルヒホフ第 2 法則：閉回路内のループでは，起電力の和と抵抗などによる電圧降下の和が等しい.

❷時間変化する電流とコイルの起電力とコイルのエネルギー

電流回路にコイルが含まれており，電流が時間変化するとき，コイルには電磁誘導の法則から起電力 V が生まれます．コイルはこの起電力で電流を 0 になるまで流そうとしますので，電流 I が流れているコイルにはその分のエネルギー U_L が蓄えらていると考えることができます.

$$dU_L = VI\,dt$$

と考えることができますので

$$U_L = \int_0^t VI\,dt = -\int_0^t LI\frac{dI}{dt}dt = -\int_{I_0}^{I} LI\,dI = \left[-\frac{1}{2}LI^2\right]_I^0 = \frac{1}{2}LI^2$$

から

$$U_L = \frac{1}{2}LI^2$$

これがコイルに電流 I が流れているときの**コイルのエネルギー**です.

•電流回路と抵抗• 電流回路に抵抗がある場合，抵抗を電流が流れると電圧が降下します．抵抗値が $R\,\Omega$ のとき，抵抗に電流 I が流れると，電圧降下 V はオームの法則から

$$V = RI$$

その結果，抵抗で消費される電力 W_R は

$$W_R = VI = RI^2$$

時刻 t_1 から t_2 の間に抵抗で発生する熱エネルギー Q_R は，この電力を時間積分することで求められます．

$$Q_R = \int_{t_1}^{t_2} VI\,dt = \int_{t_1}^{t_2} RI^2 dt$$

•電流回路とコンデンサー• 電流回路にコンデンサーがある場合を考えましょう．コンデンサーに電荷が蓄えられていると，コンデンサーの極板間には起電力が生まれます．この起電力によってコンデンサーから電流 I が流れ出る場合，コンデンサーの電荷 Q と I との間には電荷保存の法則から

$$I = -\frac{dQ}{dt}$$

の関係があります．コンデンサーのどちらの極板にプラスの電荷が蓄えられているか，と電流の向きに注意しましょう．コンデンサーに蓄えられている電荷は図5.8のように電流が流れると，コンデンサーに蓄えられている電荷が減ります．コンデンサーの両端の電圧と電荷，コンデンサーに蓄えられている静電エネルギーにはそれぞれ，

$$V = \frac{Q}{C}, \quad U_C = \frac{1}{2}CV^2 = \frac{1}{2C}Q^2$$

の関係があります．

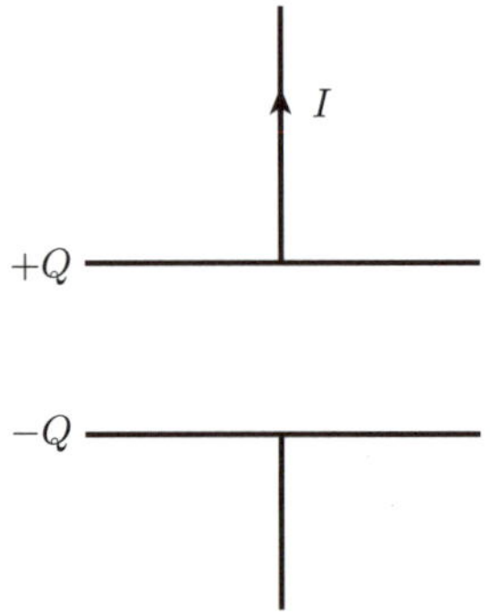

図5.8

基本問題 5.4 重要

同じ振幅を持つ振動電流の位相が $\frac{2\pi}{3}$ ずつずれたものを I_1, I_2, I_3 とする．これが図 5.9 のように 1 カ所で合流して，電流 I となる．I を求めよ．

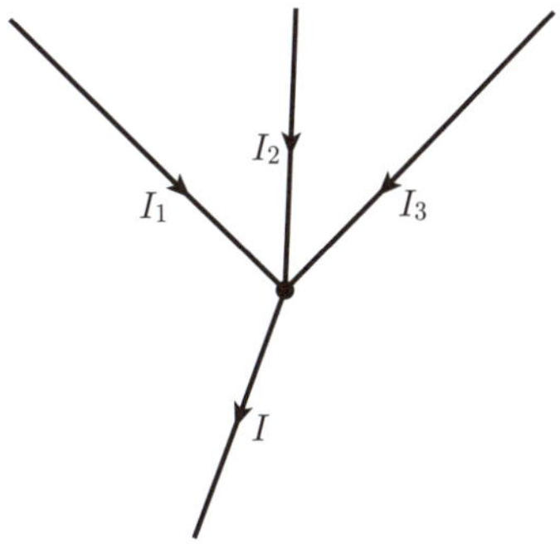

図 5.9

方針 キルヒホフ第 1 法則を使います．

【答案】 キルヒホフ第 1 法則から，流れ込む電流の和と，流れ出て行く電流の和は等しいので，合流後の電流 I は

$$I = I_1 + I_2 + I_3$$

振幅が同じで位相が $\frac{2\pi}{3}$ ずつずれた振動電流は

$$\begin{aligned} I_1 &= I_0 \cos\theta, \\ I_2 &= I_0 \cos\left(\theta + \frac{2\pi}{3}\right), \\ I_3 &= I_0 \cos\left(\theta + \frac{4\pi}{3}\right) \end{aligned}$$

これから

$$\begin{aligned} I &= I_1 + I_2 + I_3 \\ &= I_0 \cos\theta + I_0 \cos\left(\theta + \frac{2\pi}{3}\right) + I_0 \cos\left(\theta + \frac{4\pi}{3}\right) \\ &= I_0 \left(\cos\theta + \cos\theta\cos\frac{2\pi}{3} - \sin\theta\sin\frac{2\pi}{3} + \cos\theta\cos\frac{4\pi}{3} - \sin\theta\sin\frac{4\pi}{3}\right) \\ &= I_0 \left(\cos\theta - \frac{1}{2}\cos\theta - \frac{\sqrt{3}}{2}\sin\theta - \frac{1}{2}\cos\theta + \frac{\sqrt{3}}{2}\sin\theta\right) \\ &= 0 \ \blacksquare \end{aligned}$$

ポイント このように振幅が同じで位相が $\frac{2\pi}{3}$ ずつずれた 3 本の振動電流には復路が必要ありません．この 3 本の電線で電流を供給する方式が**三相交流**です．

基本問題 5.5　重要

静電容量 C のコンデンサーに電荷 Q_0 を充電し，$t=0$ で図 5.10 のように抵抗値 R の抵抗とつなぎ電流を流す．この電流 I を求め，放電終了時までに抵抗で発生する全熱エネルギーが，最初にコンデンサーに蓄えられていた静電エネルギーに等しいことを示せ．

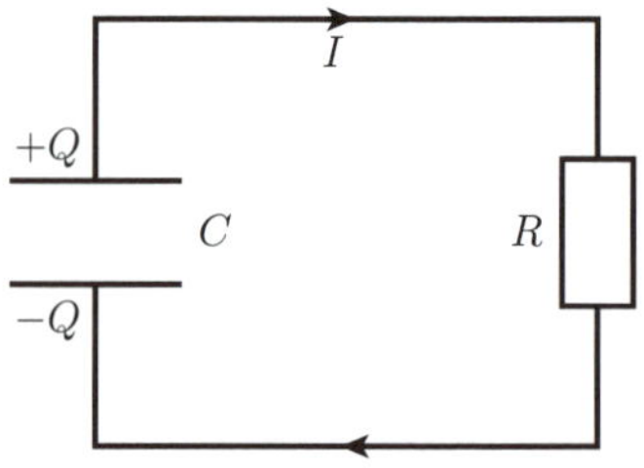

図 5.10

方針　キルヒホフ第2法則と電荷と電流の関係を使います．

【答案】　$t=0$ でコンデンサーには Q_0 の電荷が蓄えられている．時刻 t における閉回路内の電圧は，キルヒホフ第2法則から，

$$\frac{Q(t)}{C} = RI(t)$$

これに電荷と電流の関係

$$I(t) = -\frac{dQ}{dt}$$

を使うと，微分方程式

$$\frac{Q(t)}{C} = -R\frac{dQ}{dt}$$

が得られる．ここで，$Q(0)=Q_0$ より，この微分方程式の解は

$$Q(t) = Q_0 e^{-\frac{1}{RC}t}$$

$t \to \infty$ で，$Q=0$ となる．

抵抗によって単位時間当たりに消費されるエネルギーは

$$RI^2$$

電流は

$$I = -\frac{dQ}{dt} = -\frac{d}{dt}(Q_0 e^{-\frac{1}{RC}t}) = \frac{1}{RC}Q_0 e^{-\frac{1}{RC}t}$$

なので，$t=0$ から $t \to \infty$ まで発生する熱エネルギー Q_R は，

$$\begin{aligned} Q_R &= \int_0^\infty RI^2 dt \\ &= \int_0^\infty R\left(\frac{1}{RC}Q_0 e^{-\frac{1}{RC}t}\right)^2 dt \\ &= \frac{1}{2C}Q_0^2 \end{aligned}$$

これは最初にコンデンサーに蓄えられていた静電エネルギーに等しい．■

基本問題 5.6

図 5.11 のように自己インダクタンス L のコイルと抵抗値 R の抵抗を直列につないだ回路がある.

(1) $t = 0$ で電流が $I = I_0$ から, t 秒後の電流 $I(t)$ を求めよ.

(2) $t = 0$ から十分長い時間の間に抵抗で発生する熱エネルギーは $t = 0$ でコイルに蓄えられていた磁気エネルギーに等しいことを示せ.

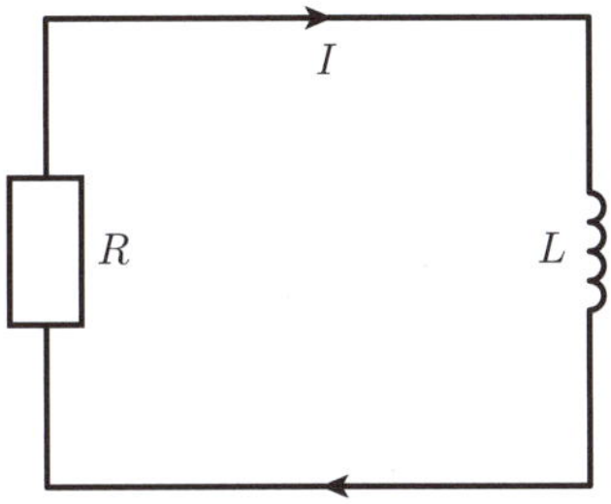

図 5.11

方針 キルヒホフ第 2 法則から電流 $I = I(t)$ を求めます.

【答案】 (1) 電流が I のとき, キルヒホフ第 2 法則より,

$$-L\frac{dI}{dt} - RI = 0$$

この微分方程式を解くと, $I(0) = I_0$ を満たす解は

$$I = I_0 e^{-\frac{R}{L}t}$$

(2) $t = 0$ でコイルに蓄えられていた磁気エネルギー U_{L0} は,

$$U_{L0} = \frac{1}{2}LI_0^2$$

$t = 0$ から十分長い時間の間に抵抗で発生する熱エネルギー Q_R は

$$\begin{aligned} Q_R &= \int_0^\infty RI^2 dt \\ &= \int_0^\infty R(I_0 e^{-\frac{R}{L}t})^2 dt \\ &= \frac{1}{2}LI_0^2 \end{aligned}$$

これは最初にコイルに蓄えられていた磁気エネルギー U_{L0} に等しい. ■

基本問題 5.7 重要

図 5.12 のように自己インダクタンス L のコイルと，静電容量 C のコンデンサーを直列につないだ回路がある．$t=0$ にコンデンサーの電荷を Q_0 とした．

(1) $Q(t)$ は時間的に振動することを示し，その角振動数 ω を求めよ．時刻 t における $I(t)$ とコンデンサーの電気量 $Q(t)$ を求めよ．

(2) コイルの持つエネルギーとコンデンサーの持つエネルギーの和が一定になることを示せ．

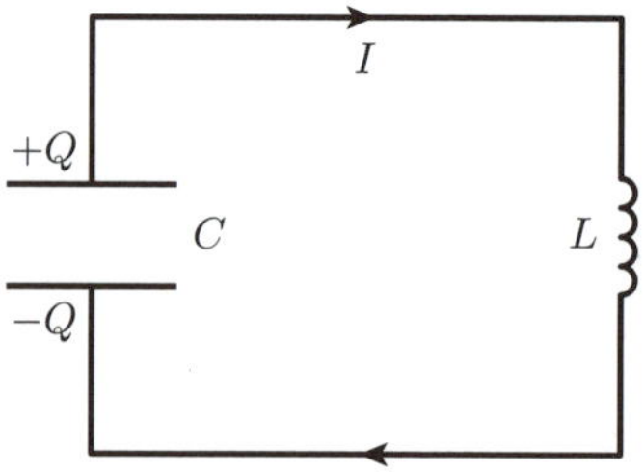

図 5.12

方針 キルヒホフ第 2 法則とコンデンサーの電荷と電流の関係を使います．

【答案】 (1) コンデンサーの電荷と電流の関係から，

$$I = -\frac{dQ}{dt}$$

キルヒホフ第 2 法則から，

$$\frac{Q}{C} - L\frac{dI}{dt} = 0$$

これらから

$$\frac{Q}{C} + L\frac{d^2Q}{dt^2} = 0$$

この微分方程式の一般解は

$$Q(t) = c_1 \cos\omega t + c_2 \sin\omega t$$

であり，これは時間的に振動する解である．この振動解の角振動数は

$$\omega = \frac{1}{\sqrt{LC}}$$

初期条件は，$t=0$ で $Q(0)=Q_0$ で $I=0$ であるので，

$$Q(t) = Q_0 \cos\frac{t}{\sqrt{LC}}$$

電流 I は

$$I(t) = -\frac{dQ}{dt} = \frac{Q_0}{\sqrt{LC}}\sin\frac{t}{\sqrt{LC}}$$

(2) (1) の結果を使い，時刻 t におけるコイルとコンデンサーのエネルギーは，

$$\begin{aligned} U &= \frac{1}{2}LI^2 + \frac{1}{2C}Q^2 = \frac{1}{2}L\left(\frac{Q_0}{\sqrt{LC}}\sin\frac{t}{\sqrt{LC}}\right)^2 + \frac{1}{2C}\left(Q_0\cos\frac{t}{\sqrt{LC}}\right)^2 \\ &= \frac{1}{2C}Q_0^2 \end{aligned}$$

これは時間によらず一定になっており，$t=0$ でのコンデンサーのエネルギーと等しい．■

演習問題

A

5.2.1 円形回路を考える．回路が囲む面積を S，円形回路を一周したときの電気抵抗値を R とする．時刻 $t=0$ から円形回路に磁束密度 $B(t)=\beta t$（β は正の定数）をかけた．磁束密度の方向は円形回路と垂直で円形回路の下から上の方向である．

(1) 回路に流れる電流を $I(t)$ とする．この電流による磁束密度で回路を貫く磁束 $\Phi(t)$ は円形回路の自己インダクタンス L を使って $\Phi(t)=LI(t)$ である．このときの電流 $I(t)$ と磁束密度 B の関係に関する微分方程式を求めよ．

(2) (1) で求めた微分方程式を解き，$I(t)$ を求めよ．

B

5.2.2 $t=0$ で交流電源にコンデンサーとコイルを並列につないだ．以下の問いに答えよ．ただしコイルの自己インダクタンスを L，コンデンサーの静電容量を C，交流電源電圧 $V(t)=V_0\cos\omega t$（ω は正の定数）とする．

(1) $t=0$ で $I=0$ としてコイルに流れる電流 $I(t)$ を求めよ．

(2) コイルに蓄えられるエネルギー U_L を求めよ．

(3) コンデンサーに蓄えられるエネルギー U_C を求めよ．ただし，$t=0$ で電荷はないとする．

(4) U_L+U_C は電源から供給されたエネルギーである．これが時間的に一定となるときの周波数 ω を求めよ．また，その場合のエネルギー U_L+U_C を求めよ．

5.2.3 図 5.13 のように抵抗値 R の抵抗と電気容量が C のコンデンサー，自己インダクタンスが L のコイルを直列につないだ回路がある．$t=0$ のとき，コンデンサーに電荷 Q が蓄えられ，電流 $I=0$ とする．

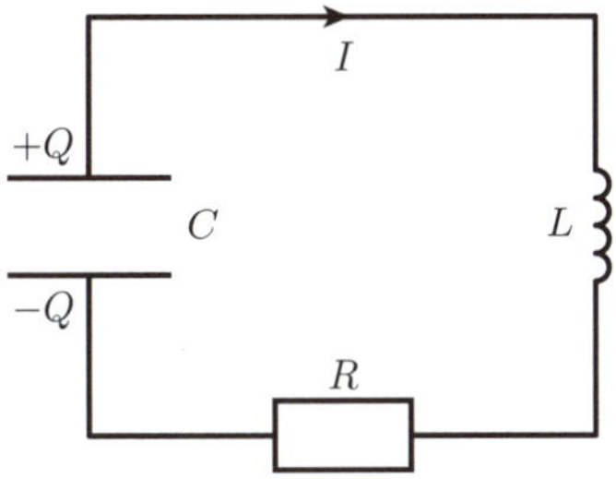

図 5.13

(1) この回路の電流 I が満たす方程式を求めよ．

(2) (1) の方程式から求めた $I(t)$ は，ある条件のもとで角振動数 ω で減衰振動する．この条件を求めよ．また，この条件を満たすときの角振動数 ω を求めよ．

5.3　ローレンツ力
——電磁場中の荷電粒子に働く力

キーポイント

電磁場中の荷電粒子の運動，特に磁場による力は複雑なので運動の性質を良く理解する．

電場 $\boldsymbol{E}$ と磁束密度 $\boldsymbol{B}$ の磁場の中を運動する荷電粒子に働く力 $\boldsymbol{F}$ は

$$\boldsymbol{F} = q(\boldsymbol{E} + \boldsymbol{v} \times \boldsymbol{B})$$

であり，この力を**ローレンツ力**と言います．

基本問題 5.8

一様な磁束密度 $\boldsymbol{B}$ の中に，水平面上に2本の導線 cc′, dd′ が間隔 l で平行に並べてある．cd 間に起電力 V の電池と抵抗値 R の抵抗を図 5.14 のように接続した．導体棒 ab を2本の導線 cc′, dd′ の間に垂直に置き，これに滑車を通して質量 M のおもりを糸でつけた．回路の抵抗は R のみであり，導体棒や滑車の摩擦は無視できるとする．重力加速度の大きさを g とする．

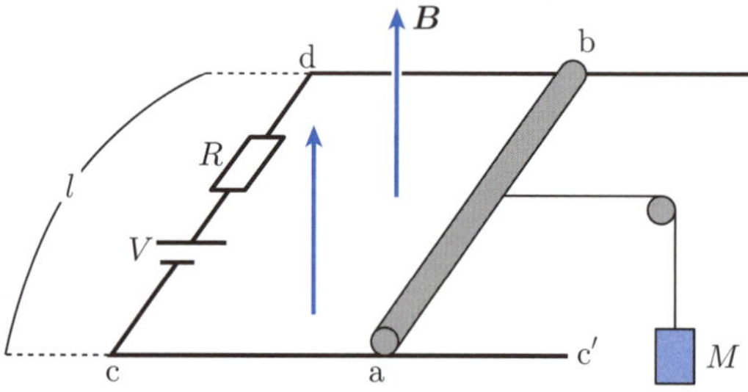

図 5.14

(1)　導体棒 ab を固定したとき，回路に流れる電流 I を求めよ．

つづいて導体棒を2本の導線を垂直を保ったまま導線上を自由に動けるようにした．おもりは上昇を始め，ある時刻でおもりの速さが v になった．

(2)　導体棒が動いていることによって生じる起電力 V_l と回路に流れる電流 I を求めよ．

(3)　導体棒に働いている力の合力の大きさ F を求めよ．

方針 長方形 abcd の面積の変化によって磁束が変化し，ここに誘導起電力が発生します．

【答案】 (1) 導体棒 ab が動いていないので，電流の計算には抵抗のみを考慮すれば良い．よって

$$I = \frac{V}{R}$$

(2) おもりは速さが v で上昇しているので，微小時間 dt での長方形 abcd の面積の変化は

$$dS = -lv\,dt$$

であり，これによる abcd を貫く磁束の変化は

$$\frac{d\Phi}{dt} = -Blv$$

従って，誘導起電力 V_l は，

$$\begin{aligned} V_l &= \frac{d\Phi}{dt} \\ &= Blv \end{aligned}$$

であり，起電力の向きは電池と逆になる．そのため，abcd を回路と見たときには

$$I = \frac{V - Blv}{R}$$

が流れる電流となる．

(3) 導体棒にはローレンツ力 $\boldsymbol{F}_L$ とおもりに働く重力 $\boldsymbol{F}_g$ が加わる．おもりが持ち上がるので，ローレンツ力はおもりを持ち上げるように働く．従って，導体棒に働く力の合力の大きさは

$$\begin{aligned} F &= F_L - F_g \\ &= IBl - Mg \\ &= \frac{Bl(V - Blv)}{R} - Mg \ \blacksquare \end{aligned}$$

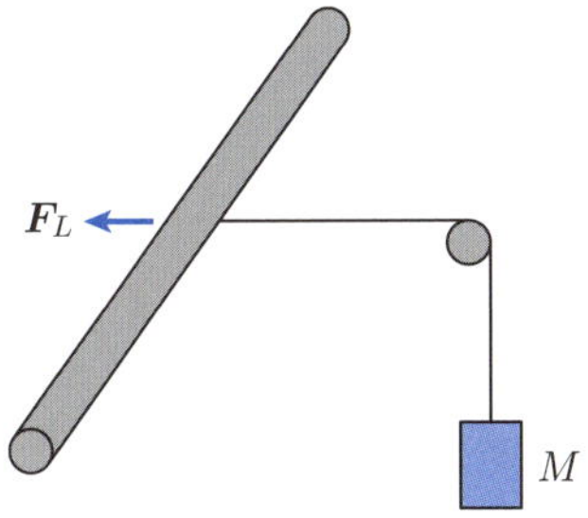

図 5.15

基本問題 5.9 重要

一様磁場 $\boldsymbol{B} = (0, 0, -B)$ 中に，$t = 0$ に $\boldsymbol{r} = (\frac{mv_1}{qB}, 0, 0)$ の位置から速度 $\boldsymbol{v} = (0, v_1, v_2)$ で質量 m で電気量 q の荷電粒子を打ち出した．v_1, v_2 は定数，B は正の定数として，以下の問いに答えよ．

(1) 荷電粒子の運動方程式を書け．

(2) (1) の運動方程式を解いて，荷電粒子の速度と位置を求めよ．また，荷電粒子の軌道はどのようなものか答えよ．

(3) $v_2 = 0$ のとき，荷電粒子はどのような運動をするか答えよ．

方針 ローレンツ力の運動方程式は速度の各成分を含んだ連立微分方程式になります．これを工夫して解きます．

【答案】 (1) $\boldsymbol{B} = (0, 0, -B)$ の磁束密度があるときローレンツ力を受けるので，荷電粒子の運動方程式は

$$m\frac{d\boldsymbol{v}}{dt} = q\boldsymbol{E} + q\boldsymbol{v} \times \boldsymbol{B} = (-qv_yB, qv_xB, 0)$$

(2) 運動方程式を各成分について書き下す．

$$\begin{cases} m\frac{dv_x}{dt} = -qv_yB, & ① \\ m\frac{dv_y}{dt} = qv_xB, & ② \\ m\frac{dv_z}{dt} = 0 & ③ \end{cases}$$

これから v_z は定数であり初期条件から

$$v_z = v_2$$

運動方程式の①式を時間微分して②式を代入すると

$$m\frac{d^2v_x}{dt^2} = -\frac{q^2B^2}{m}v_x$$

この一般解は

$$v_x = c_1 \cos \omega t + c_2 \sin \omega t$$

ここで $\omega = \frac{qB}{m}$ である．初期条件より $v_x = 0$, $v_y = v_1$ で，$t = 0$ で運動方程式の①式を満たすには

$$c_1 = 0, \quad m\omega c_2 = -qv_1B$$

であれば良い．これより

$$v_x = -v_1 \sin \frac{qB}{m}t$$

これを運動方程式の①式に代入して

$$v_y = v_1 \cos \frac{qB}{m}t$$

よって電荷粒子の速度 $\boldsymbol{v}$ は

$$\boldsymbol{v} = \left(-v_1 \sin \frac{qB}{m}t, v_1 \cos \frac{qB}{m}t, v_2\right)$$

これから

$$\begin{cases} \frac{dx}{dt} = -v_1 \sin \frac{qB}{m}t, \\ \frac{dy}{dt} = v_1 \cos \frac{qB}{m}t, \\ \frac{dz}{dt} = v_2 \end{cases}$$

であり，初期条件から電荷粒子の位置 $\boldsymbol{r}$ は

$$\boldsymbol{r} = \left(\frac{mv_1}{qB}, 0, 0\right)$$

なので，解は

$$\begin{cases} x = \frac{mv_1}{qB} \cos \frac{qB}{m}t, \\ y = \frac{mv_1}{qB} \sin \frac{qB}{m}t, \\ z = v_2 t \end{cases}$$

従って荷電粒子はらせん状に運動する．

(3) $v_2 = 0$ なら，荷電粒子の運動は xy 平面にとどまり，

$$x^2 + y^2 = \left(\frac{mv_1}{qB}\right)^2,$$
$$v_x^2 + v_y^2 = v_1^2$$

となり，等速円運動となる．■

ポイント 一様な磁場中で荷電粒子は磁場に垂直な平面内を円運動することができ，これを**サイクロトロン運動**と呼びます．この運動の角速度に対応する振動数

$$f = \frac{1}{2\pi}\frac{qB}{m}$$

を**サイクロトロン振動数**と言います．

演習問題

A

5.3.1 重要 磁場中を運動する荷電粒子が磁場から受ける力は仕事をしないことを示せ.

B

5.3.2 質量 m, 電荷 q のイオンを速さ v で $z=L$ のスクリーンに向けて z 軸方向に発射し $t=0$ で原点を通過した. $0<z<l$ の領域には x 軸方向を向いた一様電場 $\boldsymbol{E}$ と y 軸方向を向いた一様磁場 $\boldsymbol{H}$ があり, 電場と磁場は十分弱く v_z の変化は小さい. 以下の問いに答えよ. ただし, $0<z<l$ の外の領域の電場, 磁場は無視できるとする.

(1) イオンが $0<z<l$ を通過しているときの運動方程式を求めよ. 次に, この運動方程式からイオンの速度の解を求めよ.

(2) (1) で求めた速度を $\frac{\mu_0 qHl}{mv} \ll 1$ としてテイラー展開し $\frac{\mu_0 qHl}{mv}$ の2次以上の項を無視した解を求めよ.

(3) (2) の結果を使いイオンがスクリーンに達するときの xy 座標を求めよ. この結果から, $x=0$ となる v を求めよ. (九州大学)

5.3.3 速度 $\boldsymbol{v}$ で運動している電気量 q の点電荷を電流素片とみなすことができ, この運動する点電荷による $\boldsymbol{r}$ の点での磁束密度 $\boldsymbol{B}$ はビオ-サヴァールの法則を使って

$$\boldsymbol{B} = \frac{\mu_0 q\boldsymbol{v}}{4\pi} \times \frac{\boldsymbol{r}}{|\boldsymbol{r}|^3}$$

と求められる. 二つの点電荷 q_1, q_2 があり, ともに $t=0$ で原点から移動を開始した. 電荷 q_1 は x 軸上を一定の速さ v_0 で, 電荷 q_2 は y 軸上を q_1 と同じ速さ v_0 で移動している. ただし v_0 は $v_0>0$ で光速 c に比べて十分小さい. 時刻 t に点電荷がもう一つの点電荷による磁束密度から受けるローレンツ力の大きさと方向をそれぞれ求めよ. また, このとき, 点電荷の間に働く静電気力とローレンツ力の大きさの比を求めよ. (九州大学)

5.3.4 物質の電気伝導が荷電粒子の移動による場合の荷電粒子の運動と電気伝導および**ホール効果**の関係について考える. 電場 $\boldsymbol{E}$ の中を速度に比例した抵抗を受けながら運動する荷電粒子の運動方程式は,

$$m\frac{d\boldsymbol{v}}{dt} = q\boldsymbol{E} - \frac{m\boldsymbol{v}}{\tau}$$

ここで m は荷電粒子の質量, τ は電気抵抗の効果を表す緩和時間である. 導体には単位体積当たり n 個の移動する荷電粒子がある. 電流密度 $\boldsymbol{j}$ は $\boldsymbol{j}=\sigma\boldsymbol{E}$ のオームの法則に従っている. ここで σ は電気伝導率である.

(1) 電流が定常のとき, 荷電粒子の速度 $\boldsymbol{v}$ を求めよ.

(2) (1) の結果から電気伝導率 σ を n, m, q, τ を用いて表せ．

次に，直方体の導体の一番長い方向を x 軸としその正の方向に電流を流した．直方体の一番短い辺の方向を z 軸とし，その正の方向に一様な磁束密度 $\boldsymbol{B}$ をかけた．x 軸方向に運動する荷電粒子はローレンツ力を受ける．その結果，y 軸に垂直な直方体の表面 S_1, S_2 に電荷が蓄えられ，y 軸方向に新たに電場 $\boldsymbol{E}_{\mathrm{H}} = (0, E_{\mathrm{H}}, 0)$ が生じる（**ホール電場**）．ここで S_1 の y 座標は S_2 より大きい．定常状態では，荷電粒子が受ける磁場によるローレンツ力とホール電場による力がちょうど釣り合い，荷電粒子は x 方向に直進し，$\boldsymbol{j}$ が定常になる．

(3) 荷電粒子の電荷 q の符号が正および負の場合について，S_1, S_2 に蓄えられる電荷の符号を述べよ．

(4) ホール電場の大きさ E_{H} を n, j, q, B を用いて表せ．ただし，$\boldsymbol{J} = (j, 0, 0), \boldsymbol{B} = (0, 0, B)$ である．

(5) 電気伝導率 σ と**ホール定数** $R_{\mathrm{H}} = \frac{E_{\mathrm{H}}}{jB}$ の測定から得られる量で導体の性質を特徴付ける量について説明せよ．（北海道大学）

C

5.3.5 一様磁束密度（xyz 成分が $\boldsymbol{B} = (0, 0, B)$）と一様電場（同じく $\boldsymbol{E} = (0, E, 0)$）の中の荷電粒子の運動を考える．$B$ は正，荷電粒子の電荷を q，質量を m とする．$t = 0$ で荷電粒子の位置は原点にあり，初期速度は $\boldsymbol{v} = (v_0, 0, 0)$ とする．$0 < v_0 \ll c$ であり c は光速である．

(1) 荷電粒子の運動方程式を書け．また $E = 0$ の場合に荷電粒子は円運動することを示せ．

(2) $E > 0$ の場合に，初期条件を満たす荷電粒子の速度の解を求めよ．

(3) (2) の荷電粒子の軌道を求め，中心が速度一定で移動する円運動となることを示せ．その理由を定性的に説明せよ．

第6章 マクスウェル方程式

マクスウェル方程式は，ガウスの法則，磁場に関するガウスの法則，アンペールの法則，電磁誘導の法則を次の 4 本の方程式

$$\nabla \cdot \boldsymbol{D} = \rho,$$
$$\nabla \cdot \boldsymbol{B} = 0,$$
$$\nabla \times \boldsymbol{H} = \boldsymbol{j} + \frac{\partial \boldsymbol{D}}{\partial t},$$
$$\nabla \times \boldsymbol{E} = -\frac{\partial \boldsymbol{B}}{\partial t}$$

にまとめたものです．以上の方程式の中で，アンペールの法則の式の右辺に新しい項が付け加えられています．この項

$$\frac{\partial \boldsymbol{D}}{\partial t}$$

を**変位電流**と言い，マクスウェルが電磁気学の法則をマクスウェル方程式にまとめるに当たって電荷保存の法則と矛盾しないために導入した項です．この項があることから，マクスウェルはマクスウェル方程式に電磁波の解を見つけました．この章では変位電流や電磁波と波動方程式について学んでいきます．

6.1 アンペール-マクスウェルの法則
――電流が時間変化するときの磁場と電流の関係

キーポイント

マクスウェルが変位電流を導入しアンペール-マクスウェルの法則とした理由や変位電流を用いてアンペール-マクスウェルの法則から磁場を求めることができることを良く理解しよう.

第 4 章でアンペールの法則の式

$$\nabla \times \boldsymbol{H} = \boldsymbol{j}$$

は定常電流と磁場の関係の法則として説明しました. 定常電流ではないとき, この方程式は変更すべきであることにマクスウェルは気がつきました.

$$\nabla \times \boldsymbol{H} = \boldsymbol{j} + \frac{\partial \boldsymbol{D}}{\partial t}$$

のように右辺に変位電流の項が必要なのです. この新しい法則を**アンペール-マクスウェルの法則**と言います. その理由を以下で示します.

基本問題 6.1 重要

(1) アンペールの法則の式

$$\nabla \times \boldsymbol{H} = \boldsymbol{j}$$

は $\boldsymbol{j}$ が定常電流ではないとき成り立たないことを示せ.

(2) 電荷保存の法則を満たすようにアンペールの法則の式を変更せよ.

方針 (1) アンペールの法則の式の左辺の発散をとると 0 になるが右辺は 0 とは限らないことを使います.

(2) 電流が時間変化するときの電荷保存の式と矛盾しないように新しい項を追加します.

【答案】 (1) アンペールの法則の式の両辺の発散をとると

$$\nabla \cdot (\nabla \times \boldsymbol{H}) = \nabla \cdot \boldsymbol{j}$$

左辺は第 1 章でやったように

$$\nabla \cdot (\nabla \times \boldsymbol{H}) = 0$$

であるので

$$\nabla \cdot (\nabla \times \boldsymbol{H}) = 0 = \nabla \cdot \boldsymbol{j}$$

ところが定常電流でなければ, 右辺は電荷保存の式（第 4 章）

$$\frac{\partial \rho}{\partial t} + \nabla \cdot \boldsymbol{j} = 0$$

より

$$\nabla \cdot \boldsymbol{j} = -\frac{\partial \rho}{\partial t}$$

よってアンペールの法則の式から

$$0 = -\frac{\partial \rho}{\partial t}$$

が得られることになり，電荷保存の式と矛盾してしまう．このことからアンペールの法則の式は非定常電流の場合には成り立たない．

(2)　(1) で示したように，アンペールの法則の式の発散をとると定常電流ではないときには右辺に

$$-\frac{\partial \rho}{\partial t}$$

が残ってしまった．このことから定常電流のときには 0 となり，発散をとったときに電荷保存の式と矛盾しないような項を右辺に追加すれば良い．ガウスの法則より

$$\begin{aligned}\frac{\partial \rho}{\partial t} &= \frac{\partial}{\partial t}(\nabla \cdot \boldsymbol{D}) \\ &= \nabla \cdot \left(\frac{\partial \boldsymbol{D}}{\partial t}\right)\end{aligned}$$

となるので，アンペールの法則の式を

$$\nabla \times \boldsymbol{H} = \boldsymbol{j} + \frac{\partial \boldsymbol{D}}{\partial t}$$

とすれば良い．■

ポイント　変位電流は，アンペールの法則の式が電荷保存の式と矛盾しないために導入されました．この結果得られたアンペール-マクスウェルの法則の妥当性は実験によって検証されています．マクスウェルはアンペール-マクスウェルの法則を使うことによってマクスウェル方程式が電磁波の解を持つことを示しました．電磁波はヘルツの実験によってその存在が検証され，現在電磁波は日常生活の中で広く利用されています．日々の生活で私たちはアンペール-マクスウェルの法則の妥当性を検証していると言えます．

基本問題 6.2

図 6.1 のように帯電していないコンデンサーに起電力 V の電池をつないだ.

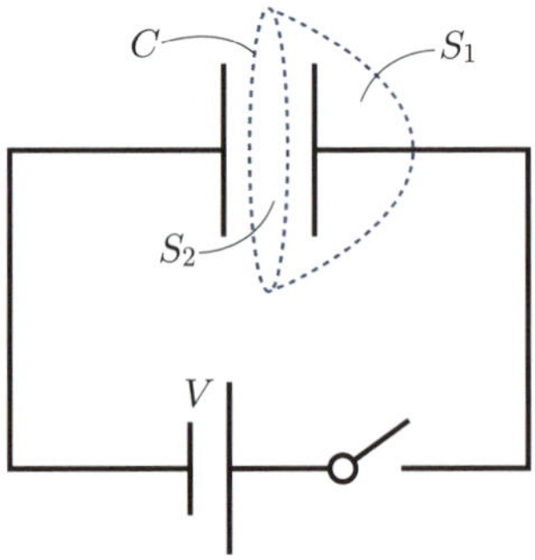

図 6.1

(1) スイッチを入れると，回路には電流 I が流れてコンデンサーに電荷が蓄えられる．電流 I が流れているとき，変位電流の項のないアンペールの法則の式

$$\int_S \nabla \times \boldsymbol{H} \cdot d\boldsymbol{S} = \int_S \boldsymbol{j} \cdot d\boldsymbol{S}$$

を図 6.2 の S_1, S_2 の二つの面に適用すると，アンペールの法則の式の左辺

$$\int_S \nabla \times \boldsymbol{H} \cdot d\boldsymbol{S}$$

は S_1 と S_2 とで同じ結果を与えるのに対し，右辺

$$\int_S \boldsymbol{j} \cdot d\boldsymbol{S}$$

は S_1 と S_2 とで異なる結果を与えることを示せ．ここで S_1 と S_2 はその境界が C となる面で，S_1 は導線を横切るようにとっており S_2 は極板間にある．

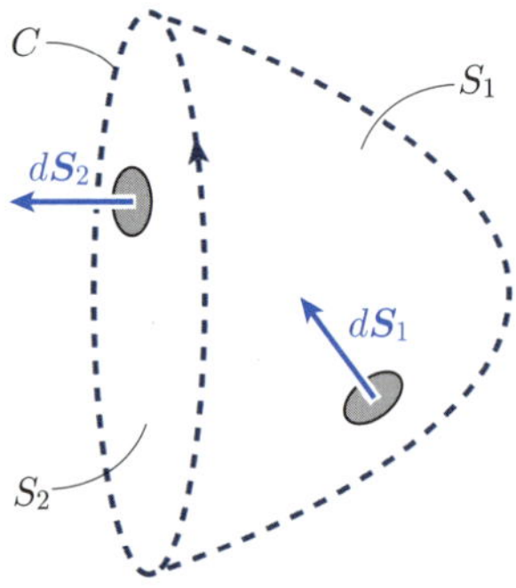

図 6.2

(2) アンペールの法則の右辺を

$$\int_S (\boldsymbol{j} + \boldsymbol{a}) \cdot d\boldsymbol{S}$$

と変更したとき S_1 と S_2 とで同じ結果を与える $\boldsymbol{a}$ を求めよ．

方針 アンペールの法則の左辺は，ストークスの定理を用いて，面の境界を閉曲線とする線積分に変形できることを使います．

【答案】 (1) 面 S_1 や S_2 の境界上の閉曲線は C で同じである．アンペールの法則の左辺はストークスの定理を使うと，

$$\int_{S_1} \nabla \times \boldsymbol{H} \cdot d\boldsymbol{S} = \oint_C \boldsymbol{H} \cdot d\boldsymbol{r}$$

であるので，

$$\int_{S_1} \nabla \times \boldsymbol{H} \cdot d\boldsymbol{S} = \int_{S_2} \nabla \times \boldsymbol{H} \cdot d\boldsymbol{S} = \oint_C \boldsymbol{H} \cdot d\boldsymbol{r}$$

一方，アンペールの法則の右辺

$$\int_S \boldsymbol{j} \cdot d\boldsymbol{S}$$

は S_1 では電流が通り抜けているので

$$\int_S \boldsymbol{j}\cdot d\boldsymbol{S} = I$$

S_2 では面が平行板コンデンサーの極板間を通るので S_2 を通る電流は 0 であるので

$$\int_S \boldsymbol{j}\cdot d\boldsymbol{S} = 0$$

S_1, S_2 でアンペールの法則の左辺は同じなのに右辺が異なってしまう.

(2)　付加した項により結果は同じになるので,

$$\int_{S_1} (\boldsymbol{j}+\boldsymbol{a})\cdot d\boldsymbol{S} = \int_{S_2} (\boldsymbol{j}+\boldsymbol{a})\cdot d\boldsymbol{S}$$

これから

$$\int_{S_1} (\boldsymbol{j}+\boldsymbol{a})\cdot d\boldsymbol{S} - \int_{S_2} (\boldsymbol{j}+\boldsymbol{a})\cdot d\boldsymbol{S} = \int_{S} (\boldsymbol{j}+\boldsymbol{a})\cdot d\boldsymbol{S} = 0$$

ここで, S は S_1 と S_2 を足した閉曲面であり, S_1 上の $d\boldsymbol{S}$ の方向が S では逆になることを使った. さらにガウスの定理を使うと

$$\int_{S} (\boldsymbol{j}+\boldsymbol{a})\cdot d\boldsymbol{S} = \int_V \nabla\cdot(\boldsymbol{j}+\boldsymbol{a})dV = 0$$

と書き換えられる. これから $\nabla\cdot\boldsymbol{j}+\nabla\cdot\boldsymbol{a}=0$ が成り立つ必要がある. 電荷保存の式から

$$\frac{\partial\rho}{\partial t} + \nabla\cdot\boldsymbol{j} = 0$$

であるので, 代入すると

$$-\frac{\partial\rho}{\partial t} + \nabla\cdot\boldsymbol{a} = 0$$

ガウスの法則から $\nabla\cdot\boldsymbol{D} = \rho$ なので

$$-\frac{\partial\nabla\cdot\boldsymbol{D}}{\partial t} + \nabla\cdot\boldsymbol{a} = 0$$

よって

$$\boldsymbol{a} = \frac{\partial\boldsymbol{D}}{\partial t} \ \blacksquare$$

ポイント　アンペール-マクスウェルの法則で $\boldsymbol{j}=0$ とすると

$$\nabla\times\boldsymbol{H} = \frac{\partial\boldsymbol{D}}{\partial t}$$

となります. この形は電磁誘導の法則の方程式の形と非常に良く似ています. このことは電磁波の存在と関連しています.

基本問題 6.3

図 6.3 のように半径 a，間隔 d の平行平板コンデンサーに交流電圧をかけコンデンサーに $Q(t) = Q_0 \cos\omega t$ の電荷を蓄えた．コンデンサーの端の寄与を無視できるとして以下の問いに答えよ．

(1) 極板間の変位電流 $\frac{\partial \boldsymbol{D}}{\partial t}$ を求めよ．

(2) コンデンサーの中心軸から r 離れた極板間の点での磁場 $\boldsymbol{H}$ を求めよ．

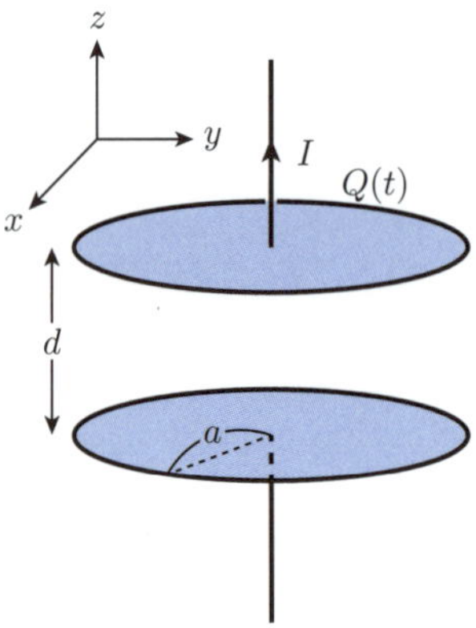

図 6.3

方針 変位電流を求めてアンペール-マクスウェルの法則を使って磁場を求めます．

【答案】 (1) xyz 座標系を図 6.3 のようにとると，平行平板コンデンサー間の電束密度は，

$$\boldsymbol{D} = -\frac{Q}{\pi a^2}\boldsymbol{e}_z$$

これから変位電流は

$$\frac{\partial \boldsymbol{D}}{\partial t} = \frac{\omega Q_0 \sin\omega t}{\pi a^2}\boldsymbol{e}_z$$

(2) コンデンサーの中心軸を軸とする円筒座標系をとる．変位電流は極板間では一様なので電流分布の対称性から，磁場は円筒座標系の z 軸に対して対称である．コンデンサーの中心軸と垂直な半径 r の円の周囲を閉曲線 C としてアンペール-マクスウェルの法則を適用する．半径 r の円の面積を S とする．

極板間なので (1) の結果を使うとアンペール-マクスウェルの法則から

$$\oint_C \boldsymbol{H}\cdot d\boldsymbol{r} = \int_S \frac{\partial \boldsymbol{D}}{\partial t}\cdot d\boldsymbol{S} = \frac{\omega Q_0 \sin\omega t}{a^2} r^2$$

これから

$$\boldsymbol{H} = \frac{\omega Q_0 \sin\omega t}{2\pi a^2} r\,\boldsymbol{e}_\theta \ \blacksquare$$

演習問題

A

6.1.1 重要 (1) 平行平板コンデンサーの極板間の変位電流 $\frac{\partial \boldsymbol{D}}{\partial t}$ を極板の面積 S で積分すると

$$\int_S \frac{\partial \boldsymbol{D}}{\partial t} \cdot d\boldsymbol{S} = C\frac{dV}{dt}$$

となることを示せ．ただし，コンデンサーの電気容量を C，極板間の電位差を V とする．また，平行平板コンデンサーの極板は円とし，極板間の電場は一様とする．

(2) このコンデンサーの電気容量が $C = 1\,\mu\mathrm{F}$ のとき，周波数が 50 Hz と 1 MHz の交流電圧をかけたとき，(1) で求めた変位電流積分値の最大が 1 A であった．交流電圧 V の振幅はそれぞれ何 V か．

6.1.2 重要 (1) 導体中の電流密度 $\boldsymbol{j}$ が

$$\boldsymbol{j} = \boldsymbol{j}_0 \sin \omega t$$

であるとき，この導体中の電場をオームの法則から求めよ．その結果を使って変位電流を求めよ．ここで導体の電気伝導率を σ_{c} とし誘電率は ε_0 とする．また，$\boldsymbol{j}_0, \omega$ は時間 t とともに変化しないとする．

(2) (1) で求めた変位電流の振幅の大きさが電流密度の振幅の大きさに比べて無視できるための ω の条件を求めよ．また $\sigma_{\mathrm{c}} = 6 \times 10^7\,\Omega^{-1}\,\mathrm{m}^{-1}$ のとき，$\boldsymbol{j}$ が 50 Hz の交流の場合，変位電流を無視して良いかどうか答えよ．必要であれば $\varepsilon_0 = 8.854 \times 10^{-12}\,\mathrm{F/m}$ を用いよ．

B

6.1.3 中心軸が同じで半径が異なる二つの導体円筒がある．内側の導体円筒の半径を a，外側の導体円筒の半径を b とする．$I = I_0 \cos \omega t$ の電流を二つの導体円筒に逆向きに流した．

(1) この電流による二つの導体円筒間の磁場を求めよ．

(2) 導体円筒間の磁場の時間変化から電場と変位電流を電磁誘導の法則を使って求めよ．

(3) 二つの導体円筒間の断面 S で変位電流を面積積分したものが I_0 より十分小さい条件を求めよ．

6.2 電　磁　波
——振動する電場と磁場の波である電磁波の性質

キーポイント

マクスウェル方程式から電磁波の解が得られ，これを指数関数や三角関数を使って表すことができる．電磁波の解の位相の理解も大切である．

マクスウェルは，電磁気の基本法則をマクスウェル方程式にまとめました．このとき，変位電流の必要性に気づき，アンペールの法則に変位電流の項を追加してアンペール-マクスウェルの法則としました．これによって，マクスウェルの方程式に**電磁波**の解があることを発見しました．以下では簡単のため真空中の場合に電磁波の解を紹介します．

真空中では，マクスウェルの方程式から次の方程式が得られます．

$$\nabla^2 \boldsymbol{E} - \varepsilon_0\mu_0 \frac{\partial^2 \boldsymbol{E}}{\partial t^2} = 0, \quad \nabla^2 \boldsymbol{B} - \varepsilon_0\mu_0 \frac{\partial^2 \boldsymbol{B}}{\partial t^2} = 0 \tag{6.1}$$

これらはそれぞれ電場と磁場の方程式で，方程式の形は**波動方程式**になっています．この式は，電場と磁場の振動が真空中を伝播する波の解があることを示しています．この方程式から波の**伝搬速度** c は

$$c^2 = \frac{1}{\varepsilon_0\mu_0}$$

であると言えます．c は ε_0 と μ_0 の値から光速と一致することが示されました．

$$c = 2.99792 \times 10^8 \text{ m/s}$$

電磁波と光は同じ速度で伝播するのです．光は電磁波の一種です．

波動方程式が次の波の解を持つことは簡単に確かめることができます．

$$\boldsymbol{E} = \mathrm{Re}\{\boldsymbol{E}_0 e^{i(\boldsymbol{k}\cdot\boldsymbol{r}-\omega t)}\}, \quad \boldsymbol{B} = \mathrm{Re}\{\boldsymbol{B}_0 e^{i(\boldsymbol{k}\cdot\boldsymbol{r}-\omega t)}\} \tag{6.2}$$

ここで $\boldsymbol{k}$ は定ベクトルで**波数ベクトル**と言い，ω は定数で波の角振動数です．この波の解を x や t で偏微分すると

$$\frac{\partial \boldsymbol{E}}{\partial x} = \mathrm{Re}\{ik_x \boldsymbol{E}_0 e^{i(\boldsymbol{k}\cdot\boldsymbol{r}-\omega t)}\}$$

と

$$\frac{\partial \boldsymbol{E}}{\partial t} = \mathrm{Re}\{-i\omega \boldsymbol{E}_0 e^{i(\boldsymbol{k}\cdot\boldsymbol{r}-\omega t)}\}$$

となり，これらを (6.1) 式に代入すると波動方程式は

$$-k^2\boldsymbol{E} + \omega^2 c^2 \boldsymbol{E} = 0, \quad -k^2\boldsymbol{B} + \omega^2 c^2 \boldsymbol{B} = 0$$

これらから

$$-k^2 + \omega^2 c^2 = 0$$

波動関数の k^2 と ω^2 が

$$\frac{\omega^2}{k^2} = c^2$$

を満たせば，(6.2) 式の波動関数は波動方程式の解になっているのです．この角振動数と波数ベクトルの関係を**分散関係**と言います．また $\frac{\omega}{k}$ は波の**位相速度** v_{ph} です．分散関係を満たす k と ω の組合せはたくさんあるので真空の電磁場の方程式を満たす波の解はたくさんあることになります．

波の解の中の波数ベクトル $\boldsymbol{k}$ と角振動数 ω について説明します．$\boldsymbol{k}$ の大きさ k は波の**波数**（波長 λ と $k = \frac{2\pi}{\lambda}$ の関係），$\boldsymbol{k}$ の方向は波の進行方向です．上で示した波の解は**平面波**を表しています．

平面波は，任意の時刻で波面（波の位相が等しい点を連ねた面）が平面となる波です．波の位相が等しいということは波の解

$$\boldsymbol{E} = \mathrm{Re}\{\boldsymbol{E}_0 e^{i(\boldsymbol{k}\cdot\boldsymbol{r}-\omega t)}\}$$

の中の指数関数の肩のカッコの中の値 $\boldsymbol{k}\cdot\boldsymbol{r} - \omega t$ が一定であるということです．この値を**波の位相**と言います．ある時刻 t で ωt はどこでも同じですから

$$\boldsymbol{k}\cdot\boldsymbol{r} = \mathrm{constant}$$

を満たす場所が同位相でそこに波面があることになります．この式は $\boldsymbol{k}$ と内積をとったときに一定の値になるすべての $\boldsymbol{r}$ を表しますから，この条件を満たす $\boldsymbol{r}$ で作られるのは面で，しかも図 6.4 に示すように $\boldsymbol{k}$ と垂直な平面になります．つまり，波面が平面ですのでこの解は平面波を表しています．

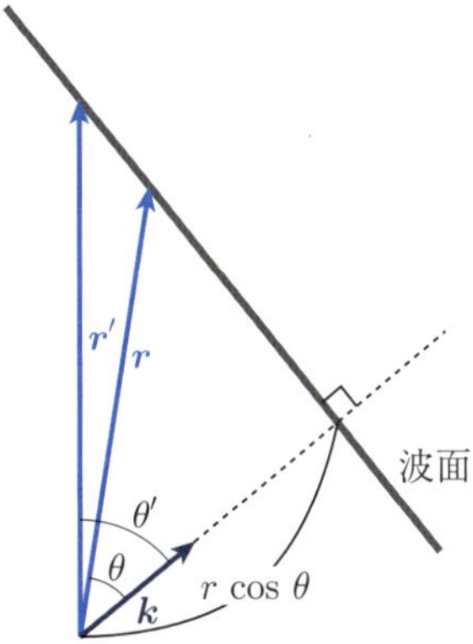

図 6.4

波の振幅が特定の方向を向いている波を**偏光**と言います．波の振幅のベクトルが $\boldsymbol{E}_0 = E_0\,\boldsymbol{e}_x$ のように一方向を向いた波を**直線偏光**と言います．その他に，波の振幅のベクトルが円上を動く**円偏光**や楕円上を動く**楕円偏光**があります．自然光には偏光面が様々な方向を向いた波が含まれています．

基本問題 6.4　重要

マクスウェル方程式を用いて，真空中の電磁場は波動方程式に従うことを示せ．

方針　マクスウェル方程式を使い電場あるいは磁場のみの方程式を導きます．真空中のガウスの法則を使って式を整理します．

【答案】　ファラデーの法則

$$\nabla \times \boldsymbol{E} = -\frac{\partial \boldsymbol{B}}{\partial t}$$

の回転をとると

$$\nabla \times (\nabla \times \boldsymbol{E}) = -\nabla \times \left(\frac{\partial \boldsymbol{B}}{\partial t}\right)$$

左辺は第1章で示したように

$$\begin{aligned}\nabla \times (\nabla \times \boldsymbol{E}) &= \nabla(\nabla \cdot \boldsymbol{E}) - \nabla^2 \boldsymbol{E} \\ &= -\nabla^2 \boldsymbol{E}\end{aligned}$$

ここで，真空中のガウスの法則

$$\nabla \cdot \boldsymbol{E} = 0$$

を使った．一方，右辺は

$$\begin{aligned}-\nabla \times \left(\frac{\partial \boldsymbol{B}}{\partial t}\right) &= -\frac{\partial}{\partial t}(\nabla \times \boldsymbol{B}) \\ &= -\mu_0 \varepsilon_0 \frac{\partial^2 \boldsymbol{E}}{\partial t^2}\end{aligned}$$

ここで，真空中のアンペール-マクスウェルの法則

$$\nabla \times \boldsymbol{H} = -\frac{\partial \boldsymbol{D}}{\partial t}$$

を使った．以上から

$$\nabla^2 \boldsymbol{E} - \varepsilon_0 \mu_0 \frac{\partial^2 \boldsymbol{E}}{\partial t^2} = 0$$

これは波動方程式と一致している．

次に真空中のアンペール-マクスウェルの法則の式

$$\nabla \times \boldsymbol{H} = \frac{\partial \boldsymbol{D}}{\partial t}$$

の回転をとると

$$\nabla \times (\nabla \times \boldsymbol{H}) = \nabla \times \left(\frac{\partial \boldsymbol{D}}{\partial t}\right)$$

左辺は上のファラデーの法則の場合と同様に計算すると

$$\nabla \times (\nabla \times \boldsymbol{H}) = \nabla(\nabla \cdot \boldsymbol{H}) - \nabla^2 \boldsymbol{H} = -\nabla^2 \boldsymbol{H}$$

ここで磁場に関するガウスの法則

$$\nabla \cdot \boldsymbol{B} = 0$$

と真空中での磁場 $\boldsymbol{H}$ と磁束密度 $\boldsymbol{B}$ の関係 $\boldsymbol{B} = \mu_0 \boldsymbol{H}$ を使った．一方，右辺は電磁誘導の法則を使うと

$$\begin{aligned}\nabla \times \left(\frac{\partial \boldsymbol{D}}{\partial t}\right) &= \frac{\partial}{\partial t}(\nabla \times \boldsymbol{D}) \\ &= \frac{\partial}{\partial t}\left(-\varepsilon_0 \frac{\partial \boldsymbol{B}}{\partial t}\right) \\ &= -\varepsilon_0 \mu_0 \frac{\partial^2 \boldsymbol{H}}{\partial t^2}\end{aligned}$$

以上から

$$-\nabla^2 \boldsymbol{H} = -\varepsilon_0 \mu_0 \frac{\partial^2 \boldsymbol{H}}{\partial t^2}$$

となり，$\boldsymbol{H}$ を $\boldsymbol{B}$ で書き換えると

$$\nabla^2 \boldsymbol{B} - \varepsilon_0 \mu_0 \frac{\partial^2 \boldsymbol{B}}{\partial t^2} = 0$$

これは波動方程式と一致している．■

ポイント 得られた波動方程式の時間 t の 2 階偏微分の項の係数 $\varepsilon_0 \mu_0$ は波の位相速度の 2 乗の逆数を与えることが知られています．ε_0 と μ_0 の値を使うと

$$\varepsilon_0 \mu_0 = \frac{1}{c^2}$$

電磁波の位相速度は光の速度 c です．電場と磁場の波動方程式の一つの成分を取り出して

$$\nabla^2 \phi - \frac{1}{c^2} \frac{\partial^2 \phi}{\partial t^2} = 0$$

と書き，$\phi = T(t) X(\boldsymbol{r})$ を仮定して代入すると

$$\frac{\nabla^2 X}{X} = \frac{1}{c^2 T} \frac{d^2 T}{dt^2}$$

左辺は $\boldsymbol{r}$ にのみ依存し，右辺は t のみに依存するので

$$\frac{\nabla^2 X}{X} = -k^2$$

と置くことができ，これから

$$\nabla^2 X + k^2 X = 0$$

これを**ヘルムホルツ方程式**と言います．時間に関しては

$$\frac{d^2 T}{dt^2} = -c^2 k^2 T$$

となり，この微分方程式は角振動数が

$$\omega = \pm ck$$

で時間振動する解を持ちます．

基本問題 6.5 重要

真空中の電磁場の波動方程式

$$\nabla^2 \boldsymbol{E} - \varepsilon_0\mu_0 \frac{\partial^2 \boldsymbol{E}}{\partial t^2} = 0, \quad \nabla^2 \boldsymbol{B} - \varepsilon_0\mu_0 \frac{\partial^2 \boldsymbol{B}}{\partial t^2} = 0$$

の解として以下の平面波を仮定する.

$$\boldsymbol{E} = \boldsymbol{E}_0 \sin(\boldsymbol{k}\cdot\boldsymbol{r} - \omega t + \alpha), \quad \boldsymbol{B} = \boldsymbol{B}_0 \sin(\boldsymbol{k}'\cdot\boldsymbol{r} - \omega' t + \alpha')$$

ここで, $\boldsymbol{E}_0, \boldsymbol{B}_0, \boldsymbol{k}, \boldsymbol{k}'$ は定ベクトル, $\omega, \omega', \alpha, \alpha'$ は定数であり, $\omega > 0, \omega' > 0, 0 \leq \alpha \leq \pi, 0 \leq \alpha' \leq \pi$ である.

(1) これらの平面波が波動方程式の解であるための条件を求めよ.

(2) $\boldsymbol{E}$ と $\boldsymbol{B}$ が波数ベクトル $\boldsymbol{k}, \boldsymbol{k}'$ に垂直であること, すなわち横波であることを示せ.

(3) $\boldsymbol{k} = \boldsymbol{k}', \omega = \omega', \alpha = \alpha'$ を示せ.

(4) $\boldsymbol{E}$ と $\boldsymbol{B}$ が直交していることを示せ. （東京大学）

方針 平面波の解を波動方程式やマクスウェル方程式に代入すると示すことができます.

【答案】 (1) この問題の平面波は

$$\nabla^2 \boldsymbol{E} = -k^2 \boldsymbol{E}, \quad \frac{\partial^2 \boldsymbol{E}}{\partial t^2} = -\omega^2 \boldsymbol{E},$$

$$\nabla^2 \boldsymbol{B} = -k'^2 \boldsymbol{B}, \quad \frac{\partial^2 \boldsymbol{B}}{\partial t^2} = -\omega'^2 \boldsymbol{B}$$

となるので, 電場の波動方程式は,

$$-k^2 \boldsymbol{E} + \mu_0\varepsilon_0\omega^2 \boldsymbol{E} = 0$$

これから

$$\omega^2 = \frac{1}{\mu_0\varepsilon_0} k^2$$

これが平面波が電場の波動方程式の解になるための条件である.

磁場の波動方程式は

$$-k'^2 \boldsymbol{B} + \mu_0\varepsilon_0\omega'^2 \boldsymbol{B} = 0$$

となり, これから

$$\omega'^2 = \frac{1}{\mu_0\varepsilon_0} k'^2$$

これが平面波が磁場の波動方程式の解になるための条件である.

(2) 平面波の解を真空中の電場に関するガウスの法則 $\nabla\cdot\boldsymbol{E} = 0$ に代入すると

$$\boldsymbol{k}\cdot\boldsymbol{E} = 0$$

これは $\boldsymbol{E}$ と $\boldsymbol{k}$ が直交していることを意味している. $\boldsymbol{k}$ は平面波の進行方向なので電場は横波で

ある．

同様に，平面波の解を真空中の磁場に関するガウスの法則 $\nabla \cdot \boldsymbol{B} = 0$ に代入すると

$$\boldsymbol{k} \cdot \boldsymbol{B} = 0$$

これは $\boldsymbol{B}$ と $\boldsymbol{k}$ が直交していることを意味している．$\boldsymbol{k}$ は平面波の進行方向なので磁場は横波である．

(3) 平面波の解を電磁誘導の法則の方程式

$$\nabla \times \boldsymbol{E} = -\frac{\partial \boldsymbol{B}}{\partial t}$$

に代入すると，

$$\boldsymbol{k} \times \boldsymbol{E}_0 \cos(\boldsymbol{k} \cdot \boldsymbol{r} - \omega t + \alpha) = \omega' \boldsymbol{B}_0 \cos(\boldsymbol{k}' \cdot \boldsymbol{r} - \omega' t + \alpha')$$

この式が任意の $\boldsymbol{r}$，時間 t で成り立つためには cos 関数の位相が

$$\boldsymbol{k} \cdot \boldsymbol{r} - \omega t + \alpha = \pm(\boldsymbol{k}' \cdot \boldsymbol{r} - \omega' t + \alpha')$$

であれば良い．これから

$$(\boldsymbol{k} \pm \boldsymbol{k}') \cdot \boldsymbol{r} - (\omega \pm \omega')t + (\alpha \pm \alpha') = 0$$

この問題では $\omega > 0, \omega' > 0$ としたので，この式が任意の $\boldsymbol{r}$ や t で成り立つには $\pm$ の $-$ のときで

$$\boldsymbol{k} = \boldsymbol{k}', \quad \omega = \omega', \quad \alpha = \alpha'$$

であれば良い．

(4) (3) の結果から電磁誘導の法則の方程式

$$\nabla \times \boldsymbol{E} = -\frac{\partial \boldsymbol{B}}{\partial t}$$

は

$$\boldsymbol{k} \times \boldsymbol{E}_0 \cos(\boldsymbol{k} \cdot \boldsymbol{r} - \omega t + \alpha) = -\omega \boldsymbol{B}_0 \cos(\boldsymbol{k} \cdot \boldsymbol{r} - \omega t + \alpha)$$

となり，これから $\boldsymbol{k} \times \boldsymbol{E}_0 = -\omega \boldsymbol{B}_0$ の関係が得られるので $\boldsymbol{E}_0$ と $\boldsymbol{B}_0$ は直交している．これは $\boldsymbol{E}$ と $\boldsymbol{B}$ が直交していることを示している（図 6.5）．■

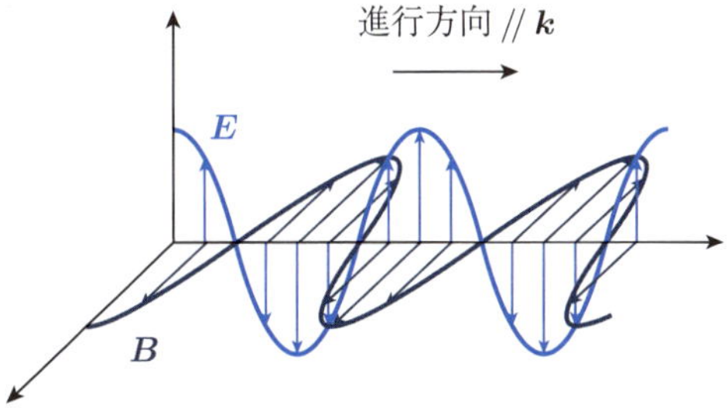

図 6.5

演習問題

A

6.2.1 重要 真空中の電磁場に対して**ローレンツ条件**（ローレンツゲージと言う場合がある）

$$\nabla \cdot \boldsymbol{A} + \varepsilon_0 \mu_0 \frac{\partial \phi}{\partial t} = 0$$

を使うと，スカラーポテンシャル ϕ とベクトルポテンシャル $\boldsymbol{A}$ が波動方程式に従うことを示せ．

6.2.2 重要 (1) 真空中に電荷と電流がある場合の電場 $\boldsymbol{E}$ と磁束密度 $\boldsymbol{B}$ の波動方程式を求めよ．

(2) スカラーポテンシャル ϕ とベクトルポテンシャル $\boldsymbol{A}$ が従う波動方程式を求めよ．ここでローレンツ条件

$$\nabla \cdot \boldsymbol{A} + \varepsilon_0 \mu_0 \frac{\partial \phi}{\partial t} = 0$$

を用いよ．

6.2.3 重要 (1) 電場 $\boldsymbol{E}$ と磁束密度 $\boldsymbol{B}$ を，**電磁ポテンシャル**を用いて表せ（スカラーポテンシャル ϕ とベクトルポテンシャル $\boldsymbol{A}$ を合わせて電磁ポテンシャルと言う）．

(2) 次の式

$$\phi' = \phi - \frac{\partial \chi}{\partial t},$$

$$\boldsymbol{A}' = \boldsymbol{A} + \nabla \chi$$

で定義される ϕ' と $\boldsymbol{A}'$ も (1) の電場 $\boldsymbol{E}$ と磁束密度 $\boldsymbol{B}$ と電磁ポテンシャルの関係を満たすことを示せ．ただし，χ は微分可能な任意関数である（この不確定さを電磁ポテンシャルの**自由度**と呼ぶ）．

(3) マクスウェル方程式から，電磁ポテンシャルが満たす式を求めよ．

(4) (2) で示した ϕ' と $\boldsymbol{A}'$ の自由度から，ローレンツゲージ

$$\nabla \cdot \boldsymbol{A} + \varepsilon_0 \mu_0 \frac{\partial \phi}{\partial t} = 0$$

を満たすように電磁ポテンシャルを選択できる．このローレンツゲージを用いて (3) の方程式を書き換えよ．

B

6.2.4 真空中の電場 $\boldsymbol{E}$ と磁束密度 $\boldsymbol{B}$ の波動方程式の解として次の平面波

$$\boldsymbol{E} = \mathrm{Re}\{\boldsymbol{E}_0 e^{i(\boldsymbol{k}\cdot\boldsymbol{r}-\omega t)}\},$$

$$\boldsymbol{B} = \mathrm{Re}\{\boldsymbol{B}_0 e^{i(\boldsymbol{k}\cdot\boldsymbol{r}-\omega t)}\}$$

を考える．ここで ω は正の定数である．

(1)

$$\boldsymbol{k} = k\,\boldsymbol{e}_z,$$

$$\boldsymbol{E}_0 = E_0(\boldsymbol{e}_x \pm i\,\boldsymbol{e}_y)$$

のときの $\boldsymbol{E}$ と $\boldsymbol{B}$ は円偏光であることを示し，$\pm$ の符号が円偏光の回転の向きに関係することを示せ．ここで E_0, k は正の定数である．

(2)

$$\boldsymbol{k} = k\,\boldsymbol{e}_z$$

で

$$\boldsymbol{E}_0 = E_0(\boldsymbol{e}_x \pm i\,\boldsymbol{e}_y)$$

の円偏光のうち，$\pm$ の符号の $+$ の符号の平面波が z 軸方向に，$-$ の符号の平面波が $-z$ 軸方向に進んでいる．重ね合わされた電磁波の電場 $\boldsymbol{E}$ と磁束密度 $\boldsymbol{B}$ は直線偏光となることを示せ．

6.2.5 重要 $z < 0$ の領域は真空で，$z > 0$ の領域には電気伝導率 σ の導体がある．真空中から電磁波が $+z$ 軸方向に進行している．ただし，導体の誘電率と透磁率は真空中と同じとする．以下の問いに答えよ．

(1) 導体中の電磁波の波動方程式を求めよ．

(2) 導体中を z 軸方向へ進行する波数ベクトル $\boldsymbol{k}$，角振動数 ω の平面波について σ_{c} が十分小さいときの分散関係を求めよ．また，導体中の平面波の振舞いを説明せよ．

6.3 電磁場のエネルギーと運動量
——電磁場と荷電粒子との相互作用から明らかになる電場と磁場のエネルギーと運動量

キーポイント

電場と磁場がエネルギーを持つのは理解しやすいが，運動量を持つことは想像しがたい．これは電磁場中の荷電粒子の運動を考えると理解できる．電磁場の応力テンソルも一見複雑だが，面を通した力と考えると理解しやすい．

単位体積当たりの**電磁場のエネルギー**は

$$E_{\mathrm{EM}} = \frac{1}{2}\boldsymbol{E}\cdot\boldsymbol{D} + \frac{1}{2}\boldsymbol{H}\cdot\boldsymbol{B}$$

単位時間当たりに単位面積を通過する電磁波のエネルギーは**ポインティングベクトル**と呼ばれ

$$\boldsymbol{S} = \boldsymbol{E}\times\boldsymbol{H}$$

単位体積当たりの真空中の**電磁波の運動量**は

$$\frac{\boldsymbol{S}}{c^2}$$

となります．基本問題 6.6, 6.7 で以上のことを示します．

基本問題 6.6　重要

質量 m_i，電荷 q_i（$i = 1, 2, \cdots$）の荷電電粒子が真空の電磁場中を運動している．このとき，マクスウェル方程式を使い，電磁場も含めたエネルギー保存の式

$$\frac{d}{dt}\int_V \left(\frac{1}{2}\rho_{\mathrm{m}}\boldsymbol{v}^2 + \frac{1}{2}\boldsymbol{E}\cdot\boldsymbol{D} + \frac{1}{2}\boldsymbol{H}\cdot\boldsymbol{B}\right) = -\int_S \boldsymbol{E}\times\boldsymbol{H}\cdot d\boldsymbol{S}$$

を導け．ただし

$$\rho_{\mathrm{m}}(\boldsymbol{r}) = \sum_i m_i\delta(\boldsymbol{r}-\boldsymbol{r}_i),$$

$$\rho_{\mathrm{m}}(\boldsymbol{r})\boldsymbol{v}(\boldsymbol{r}) = \sum_i m_i\delta(\boldsymbol{r}-\boldsymbol{r}_i)\boldsymbol{v}_i$$

であり，V は全荷電粒子を含む体積である．

方針　各荷電粒子の運動方程式をエネルギー積分して全粒子について考えます．マクスウェル方程式を利用します．

【答案】 i 番目の荷電粒子の運動方程式は

$$m_i\frac{d\boldsymbol{v}_i}{dt}=q_i\boldsymbol{E}+q_i\boldsymbol{v}_i\times\boldsymbol{B}$$

両辺に $\boldsymbol{v}_i$ を内積させると

$$\frac{d}{dt}\frac{1}{2}m_i\boldsymbol{v}_i^2=q_i\boldsymbol{v}_i\cdot\boldsymbol{E}+q_i\boldsymbol{v}_i\cdot(\boldsymbol{v}_i\times\boldsymbol{B})$$

右辺第 2 項は 0 である．この式に $\delta(\boldsymbol{r}-\boldsymbol{r}_i)$ を掛けてすべての粒子について和をとると

$$\sum_i\delta(\boldsymbol{r}-\boldsymbol{r}_i)\frac{d}{dt}\frac{1}{2}m_i\boldsymbol{v}_i^2=\sum_i q_i\delta(\boldsymbol{r}-\boldsymbol{r}_i)\boldsymbol{v}_i\cdot\boldsymbol{E}$$

ここで,

$$\boldsymbol{j}=\sum_i q_i\delta(\boldsymbol{r}-\boldsymbol{r}_i)\boldsymbol{v}_i$$

を使うと

$$\sum_i\delta(\boldsymbol{r}-\boldsymbol{r}_i)\frac{d}{dt}\frac{1}{2}m_i\boldsymbol{v}_i^2=\boldsymbol{j}\cdot\boldsymbol{E}$$

両辺を体積 V について体積積分すると

$$\frac{d}{dt}\int_V\frac{1}{2}\rho_{\mathrm{m}}\boldsymbol{v}^2\,dV=\int_V\boldsymbol{j}\cdot\boldsymbol{E}\,dV$$

ここで

$$\frac{1}{2}\rho_{\mathrm{m}}\boldsymbol{v}^2=\sum_i\frac{1}{2}m_i\delta(\boldsymbol{r}-\boldsymbol{r}_i){\boldsymbol{v}_i}^2$$

と，個々の粒子の運動エネルギーの時間変化の和は全粒子の運動エネルギーの和の時間変化と等しいことを使った．また，荷電粒子は体積 V から流出しないとしている．右辺の電流密度 $\boldsymbol{j}$ をアンペール-マクスウェルの法則を使って書き換え，計算を進めると

$$\begin{aligned}\int_V\boldsymbol{j}\cdot\boldsymbol{E}\,dV&=\int_V\left(\nabla\times\boldsymbol{H}-\frac{\partial\boldsymbol{D}}{\partial t}\right)\cdot\boldsymbol{E}\,dV\\&=\int_V\left\{(\nabla\times\boldsymbol{E})\cdot\boldsymbol{H}-\nabla\cdot(\boldsymbol{E}\times\boldsymbol{H})-\frac{\partial\boldsymbol{D}}{\partial t}\cdot\boldsymbol{E}\right\}dV\\&=\int_V\left\{-\frac{\partial\boldsymbol{B}}{\partial t}\cdot\boldsymbol{H}-\nabla\cdot(\boldsymbol{E}\times\boldsymbol{H})-\frac{\partial}{\partial t}\left(\frac{1}{2}\boldsymbol{D}\cdot\boldsymbol{E}\right)\right\}dV\end{aligned}$$

ここで

$$\nabla\cdot(\boldsymbol{E}\times\boldsymbol{H})=(\nabla\times\boldsymbol{E})\cdot\boldsymbol{H}-\boldsymbol{E}\cdot(\nabla\times\boldsymbol{H})$$

となることと電磁誘導の法則を使った．この結果を使うと

$$\begin{aligned}\frac{d}{dt}\int_V\frac{1}{2}\rho_{\mathrm{m}}\boldsymbol{v}^2\,dV&=\int_V\boldsymbol{j}\cdot\boldsymbol{E}\,dV\\&=\int_V\left\{-\frac{\partial}{\partial t}\left(\frac{1}{2}\boldsymbol{B}\cdot\boldsymbol{H}\right)-\nabla\cdot(\boldsymbol{E}\times\boldsymbol{H})-\frac{\partial}{\partial t}\left(\frac{1}{2}\boldsymbol{D}\cdot\boldsymbol{E}\right)\right\}dV\\&=-\frac{d}{dt}\int_V\left(\frac{1}{2}\boldsymbol{B}\cdot\boldsymbol{H}+\frac{1}{2}\boldsymbol{D}\cdot\boldsymbol{E}\right)dV-\int_V\nabla\cdot(\boldsymbol{E}\times\boldsymbol{H})dV\end{aligned}$$

右辺でガウスの定理を使い整理すると

$$\frac{d}{dt}\int_V \left(\frac{1}{2}\rho_{\mathrm{m}}\boldsymbol{v}^2 + \frac{1}{2}\boldsymbol{E}\cdot\boldsymbol{D} + \frac{1}{2}\boldsymbol{H}\cdot\boldsymbol{B}\right)dV = -\int_S (\boldsymbol{E}\times\boldsymbol{H})\cdot d\boldsymbol{S}$$

ここで，S は V を囲む閉曲面である．以上の式変形では，[1] 荷電粒子の運動による電流密度によって生成される磁場と，[2] その磁場の時間変化によって生成される電場を考慮している．このことからこの式は電磁場中を荷電粒子が運動して発生する電磁場も含めたエネルギー保存の式である．■

ポイント　得られた方程式

$$\frac{d}{dt}\int_V \left(\frac{1}{2}\rho_{\mathrm{m}}\boldsymbol{v}^2 + \frac{1}{2}\boldsymbol{D}\cdot\boldsymbol{E} + \frac{1}{2}\boldsymbol{B}\cdot\boldsymbol{H}\right)dV = -\int_S (\boldsymbol{E}\times\boldsymbol{H})\cdot d\boldsymbol{S}$$

の形から

$$\frac{1}{2}\boldsymbol{D}\cdot\boldsymbol{E}$$

は単位体積当たりの電場のエネルギー

$$\frac{1}{2}\boldsymbol{B}\cdot\boldsymbol{H}$$

は単位体積当たりの磁場のエネルギーであり，右辺から

$$\boldsymbol{E}\times\boldsymbol{H}$$

は体積 V から単位時間に単位面積を通って流出するエネルギー量であることが理解できる．

次に，この基本問題 6.6 では δ 関数を使って

$$\rho_{\mathrm{m}} = \sum_l^n m_l\delta(\boldsymbol{r}-\boldsymbol{r}_l)$$

を密度としている．このことに違和感を覚える学生もいるかもしれない．この式の妥当性は次のようにして理解することができる．例えば，ある体積 V でこれを積分すると

$$\int_V \rho_{\mathrm{m}}\,dV = \int_V \sum_l^n m_l\delta(\boldsymbol{r}-\boldsymbol{r}_l)dV = \sum_l^n \int_V m_l\delta(\boldsymbol{r}-\boldsymbol{r}_l)dV$$

この δ 関数を含む積分の結果，体積 V 内に含まれている粒子だけが質量に寄与するので V 内の質量を与えることになる．このことは δ 関数を使った密度の式が妥当であることを示している．

基本問題 6.7　重要

質量 m_l，電荷 q_l である荷電粒子が真空中の電磁場の中を運動している．この荷電粒子が n 個あるとき，運動方程式から

$$\frac{d}{dt}\int_V \left(\rho_{\rm m} v_i + \frac{S_i}{c^2}\right) dV = \int_S \sum_j (T^{\rm e}_{ij} + T^{\rm m}_{ij}) dS_j$$

が得られることを示せ．ここで，$\boldsymbol{S}$ はポインティングベクトルであり，i, j は xyz 成分を表す添え字である．$T^{\rm e}_{ij}, T^{\rm m}_{ij}$ はそれぞれ

$$T^{\rm e}_{ij} = \varepsilon_0 \left(E_i E_j - \frac{1}{2}E^2 \delta_{ij}\right),$$

$$T^{\rm m}_{ij} = \mu_0 \left(H_i H_j - \frac{1}{2}H^2 \delta_{ij}\right)$$

で定義される電場 $\boldsymbol{E}$ と磁場 $\boldsymbol{H}$ のマクスウェルの応力テンソルである．また，

$$\rho_{\rm m} = \sum_l^n m_l \delta(\boldsymbol{r} - \boldsymbol{r}_l),$$

$$\rho_{\rm m}\boldsymbol{v} = \sum_l^n m_l \boldsymbol{v}_l \delta(\boldsymbol{r} - \boldsymbol{r}_l)$$

であり，V は全荷電粒子を含む十分大きな体積である．

方針　各荷電粒子の運動方程式（基本問題 5.9(1) 参照）をマクスウェル方程式を使って変形し，それをすべての荷電粒子について足しあげます．

【答案】　l 番目の荷電粒子の運動方程式は

$$m_l \frac{d\boldsymbol{v}_l}{dt} = q_l \boldsymbol{E} + q_l \boldsymbol{v}_l \times \boldsymbol{B}$$

この式に $\delta(\boldsymbol{r} - \boldsymbol{r}_l)$ をかけてすべての粒子について和をとると

$$\begin{aligned}\sum_l^n m_l \delta(\boldsymbol{r} - \boldsymbol{r}_l) \frac{d\boldsymbol{v}_l}{dt} &= \sum_l^n q_l \delta(\boldsymbol{r} - \boldsymbol{r}_l)\boldsymbol{E} + \sum_l^n q_l \delta(\boldsymbol{r} - \boldsymbol{r}_l)\boldsymbol{v}_l \times \boldsymbol{B} \\ &= \left\{\sum_l^n q_l \delta(\boldsymbol{r} - \boldsymbol{r}_l)\right\} \boldsymbol{E}(\boldsymbol{r}) + \left\{\sum_l^n q_l \delta(\boldsymbol{r} - \boldsymbol{r}_l)\boldsymbol{v}_l\right\} \times \boldsymbol{B}(\boldsymbol{r})\end{aligned}$$

ここで電荷分布 ρ は

$$\rho = \sum_l^n q_l \delta(\boldsymbol{r} - \boldsymbol{r}_l)$$

電流密度 $\boldsymbol{j}$ は

$$\boldsymbol{j} = \sum_l^n q_l \delta(\boldsymbol{r} - \boldsymbol{r}_l)\boldsymbol{v}_l$$

であり

$$\rho_{\rm m}\boldsymbol{v} = \sum_{l}^{n} m_l \delta(\boldsymbol{r}-\boldsymbol{r}_l)\boldsymbol{v}_l, \quad \rho_{\rm m}\dot{\boldsymbol{v}} = \sum_{l}^{n} m_l \delta(\boldsymbol{r}-\boldsymbol{r}_l)\dot{\boldsymbol{v}}_l$$

と置くと

$$\rho_{\rm m}(\boldsymbol{r})\frac{d\boldsymbol{v}}{dt} = \rho(\boldsymbol{r})\boldsymbol{E}(\boldsymbol{r}) + \boldsymbol{j}(\boldsymbol{r})\times\boldsymbol{B}(\boldsymbol{r})$$

のように書ける．ここでマクスウェル方程式から

$$\begin{aligned}\nabla\cdot\boldsymbol{D} &= \rho,\\ \nabla\times\boldsymbol{H} &= \boldsymbol{j}+\frac{\partial\boldsymbol{D}}{\partial t}\end{aligned}$$

を使うと

$$\begin{aligned}\rho_{\rm m}\frac{d\boldsymbol{v}}{dt} &= (\nabla\cdot\boldsymbol{D})\boldsymbol{E} + \left(\nabla\times\boldsymbol{H}-\frac{\partial\boldsymbol{D}}{\partial t}\right)\times\boldsymbol{B}\\ &= (\nabla\cdot\boldsymbol{D})\boldsymbol{E} + (\nabla\times\boldsymbol{H})\times\boldsymbol{B} - \frac{\partial\boldsymbol{D}}{\partial t}\times\boldsymbol{B}\\ &= (\nabla\cdot\boldsymbol{D})\boldsymbol{E} + (\boldsymbol{B}\cdot\nabla)\boldsymbol{H} - \mu_0\nabla\left(\frac{1}{2}H^2\right) - \frac{\partial}{\partial t}(\boldsymbol{D}\times\boldsymbol{B}) + \boldsymbol{D}\times\frac{\partial\boldsymbol{B}}{\partial t}\\ &= (\nabla\cdot\boldsymbol{D})\boldsymbol{E} + (\boldsymbol{B}\cdot\nabla)\boldsymbol{H} - \mu_0\nabla\left(\frac{1}{2}H^2\right) - \mu_0\varepsilon_0\frac{\partial}{\partial t}(\boldsymbol{E}\times\boldsymbol{H}) - \boldsymbol{D}\times(\nabla\times\boldsymbol{E})\\ &= (\nabla\cdot\boldsymbol{D})\boldsymbol{E} + (\boldsymbol{B}\cdot\nabla)\boldsymbol{H} - \mu_0\nabla\left(\frac{1}{2}H^2\right) - \frac{1}{c^2}\frac{\partial\boldsymbol{S}}{\partial t} - \varepsilon_0\nabla\left(\frac{1}{2}E^2\right) + (\boldsymbol{D}\cdot\nabla)\boldsymbol{E}\end{aligned}$$

ここで，$\boldsymbol{S}=\boldsymbol{E}\times\boldsymbol{H}$ を使った．以上から

$$\rho_{\rm m}\frac{d\boldsymbol{v}}{dt} + \frac{1}{c^2}\frac{\partial\boldsymbol{S}}{\partial t} = (\nabla\cdot\boldsymbol{D})\boldsymbol{E} + (\boldsymbol{D}\cdot\nabla)\boldsymbol{E} - \varepsilon_0\nabla\left(\frac{1}{2}E^2\right) + (\boldsymbol{B}\cdot\nabla)\boldsymbol{H} - \mu_0\nabla\left(\frac{1}{2}H^2\right)$$

右辺の電場 $\boldsymbol{E}$ に関する項

$$(\nabla\cdot\boldsymbol{D})\boldsymbol{E} + (\boldsymbol{D}\cdot\nabla)\boldsymbol{E} - \varepsilon_0\nabla\left(\frac{1}{2}E^2\right)$$

の i 成分は

$$\begin{aligned}\sum_j\left\{\frac{\partial D_j}{\partial x_j}E_i + D_j\frac{\partial E_i}{\partial x_j} - \varepsilon_0\frac{\partial}{\partial x_i}\left(\frac{1}{2}E^2\right)\right\} &= \sum_j\frac{\partial}{\partial x_j}\left(D_jE_i - \frac{1}{2}\varepsilon_0E^2\delta_{ij}\right)\\ &= \sum_j\frac{\partial}{\partial x_j}T_{ij}^{\rm e}\end{aligned}$$

同様に磁場 $\boldsymbol{H}$ に関係する項に $(\nabla\cdot\boldsymbol{B})\boldsymbol{H}$ を加えると上の式で $\boldsymbol{D}$ を $\boldsymbol{B}$ に $\boldsymbol{E}$ を $\boldsymbol{H}$ に置き換えたものと等しいので，磁場に関する項の i 成分は

$$\sum_j\frac{\partial}{\partial x_j}T_{ij}^{\rm m}$$

となるので

$$\rho_{\rm m}\frac{dv_i}{dt} + \frac{1}{c^2}\frac{\partial S_i}{\partial t} = \sum_j\frac{\partial}{\partial x_j}(T_{ij}^{\rm e}+T_{ij}^{\rm m})$$

この式を体積 V で積分しよう．

$$\int_V \rho_{\mathrm{m}} \frac{dv_i}{dt} dV$$

は全粒子の運動量の i 成分の時間変化の和であり，V から荷電粒子の流出がなければ V 内のすべての粒子の運動量の i 成分の和の時間変化である．すなわち

$$\int_V \rho_{\mathrm{m}} \frac{dv_i}{dt} dV = \frac{d}{dt} \int_V \rho_{\mathrm{m}} v_i \, dV$$

よって

$$\frac{d}{dt} \int_V \left(\rho_{\mathrm{m}} v_i + \frac{S_i}{c^2} \right) dV = \int_V \sum_j \frac{\partial}{\partial x_j} (T_{ij}^{\mathrm{e}} + T_{ij}^{\mathrm{m}}) dV$$

右辺でガウスの定理を使うと

$$\frac{d}{dt} \int_V \left(\rho_{\mathrm{m}} v_i + \frac{S_i}{c^2} \right) dV = \int_S \sum_j (T_{ij}^{\mathrm{e}} + T_{ij}^{\mathrm{m}}) dS_j \quad \blacksquare$$

ポイント 得られた式の物理的意味について考えてみましょう．左辺の積分のカッコ内の第1項は単位体積内の荷電粒子の運動量を表しています．第2項は電磁場のみの項なので電磁場の単位体積内の運動量を表しています．右辺は電磁場の応力テンソルの表面積分が運動量の時間変化を与えることを示しています．応力テンソルがテンソルであるのは，応力の方向が面に垂直とは限らないからです．

また，力学の作用反作用の法則との関係も考えてみましょう．相互作用が二つの物体の間に働いている場合に作用反作用の法則が成り立ちます．この場合二つの物体の運動量の和は保存する．ところが電磁場を介して相互作用する場合には，上で得た式からわかるように，運動量の保存については電磁場を含めて考えなければならないことを示しています．これが二つの荷電粒子が互いの運動による磁場を介して相互作用しているとき，ローレンツ力だけを見ると作用反作用の法則が成り立っていないように見えた原因です．

基本問題 6.8　重要

次のような平面波がある．

$$\boldsymbol{E} = \boldsymbol{E}_0 \cos(kz - \omega t),$$
$$\boldsymbol{H} = \boldsymbol{H}_0 \cos(kz - \omega t)$$

ただし，

$$\boldsymbol{E}_0 = (E_0, 0, 0), \quad \boldsymbol{H}_0 = (0, H_0, 0)$$

であり，E_0, H_0, k, ω は正の定数である．この平面波のポインティングベクトル $\boldsymbol{S}$ を求め，その向きが平面波の進行方向に一致することを示せ．また，ポインティングベクトルの時間平均 $\langle \boldsymbol{S} \rangle$ を求めよ．

方針　平面波からポインティングベクトルを求めます．

【答案】　$k > 0$ なのでこの平面波は $+z$ 軸方向へ伝搬している．ポインティングベクトルを計算すると

$$\boldsymbol{S} = \boldsymbol{E} \times \boldsymbol{H} = (0, 0, E_0 H_0 \cos^2(kz - \omega t))$$

となり，これは $+z$ 軸方向を向いている．ポインティングベクトルの向き，すなわちエネルギーの伝搬方向は平面波の進行方向に一致している．

次に $\langle \boldsymbol{S} \rangle$ の時間平均を平面波の周期 $T = \frac{2\pi}{\omega}$ についてとる．

$$\cos^2(kz - \omega t) = \frac{\cos(2kz - 2\omega t) + 1}{2}$$

なので

$$\langle \boldsymbol{S} \rangle = \frac{1}{T} \int_0^T E_0 H_0 \frac{\cos(2kz - 2\omega t) + 1}{2} dt = \frac{1}{2} E_0 H_0$$

T を十分大きくとれば，時間平均の結果はこの結果と一致する．■

基本問題 6.9

電荷 $-q$ と q が距離 l だけ離れて置かれている．片方の電荷を取り囲む閉曲面についてマクスウェルの応力テンソルを求め，それがこの電荷に働くクーロン力に等しいことを示せ．

方針　マクスウェルの応力テンソルを求め，それを囲む閉曲面で応力テンソルを積分します．閉曲面の取り方は積分が簡単になるように工夫します．

【答案】　電荷は z 軸上の $z = \frac{l}{2}$ に q を，$z = -\frac{l}{2}$ に $-q$ を置く．この二つの電荷による電場は xy 平面上では

$$\boldsymbol{E}(x,y,0) = -\frac{q}{4\pi\varepsilon_0}\frac{l}{(x^2+y^2+\frac{l^2}{4})^{\frac{3}{2}}}\boldsymbol{e}_z$$

電場によるマクスウェルの応力テンソル

$$T^{\mathrm{e}}_{ij} = \varepsilon_0\left(E_iE_j - \frac{1}{2}E^2\delta_{ij}\right)$$

は $E_x = E_y = 0$ より,

$$T^{\mathrm{e}}_{ij} = \begin{pmatrix} -\frac{1}{2}\varepsilon_0 E^2 & 0 & 0 \\ 0 & -\frac{1}{2}\varepsilon_0 E^2 & 0 \\ 0 & 0 & \frac{1}{2}\varepsilon_0 E^2 \end{pmatrix}$$

q の電荷に対する力を計算するために，この応力テンソルを図 6.6 のように S_1 と S_2 からなる閉曲面について積分する．ここで曲面 S_2 は無限遠にとることとし，そうすると S_2 上では電場は 0, すなわち応力テンソルの各成分は 0 となるので S_1 に対してのみ面積分を実行すれば良い．曲面 S_1 は xy 面内にとる．S_1 内の $d\boldsymbol{S}_1$ は図 6.6 のように $-z$ 軸方向を向くので $d\boldsymbol{S} = (0,0,-dS_1)$ として，応力テンソルの面積分

$$\int\sum_j T^{\mathrm{e}}_{ij}dS_j$$

で 0 にならないのは，上の応力テンソルの形から z 成分のみで，それは

$$\begin{aligned} -\int_{S_1} T^{\mathrm{e}}_{zz}dS_1 &= -\int_{S_1}\frac{1}{2}\varepsilon_0 E^2 dS_1 \\ &= -\frac{1}{2}\varepsilon_0\frac{q^2}{(4\pi\varepsilon_0)^2}\int_{-\infty}^{\infty}\int_{-\infty}^{\infty}\frac{l^2}{(x^2+y^2+\frac{l^2}{4})^3}dxdy \end{aligned}$$

ここで，xy 平面上に原点を中心とする 2 次元極座標をとると

$$r^2 = x^2+y^2, \quad dxdy = r\,drd\theta$$

なので,

$$\begin{aligned} &\int_{-\infty}^{\infty}\int_{-\infty}^{\infty}\frac{l^2}{(x^2+y^2+\frac{l^2}{4})^3}dxdy \\ &= \int_0^{\infty}\int_0^{2\pi}\frac{l^2}{(r^2+\frac{l^2}{4})^3}r\,drd\theta = \frac{8\pi}{l^2} \end{aligned}$$

これより

$$-\int_{S_1} T^{\mathrm{e}}_{zz}dS_1 = -\frac{q^2}{4\pi\varepsilon_0 l^2}$$

これは応力テンソルによる力の z 成分である．これは q が l 離れた $-q$ から受けるクーロン力に一致する．■

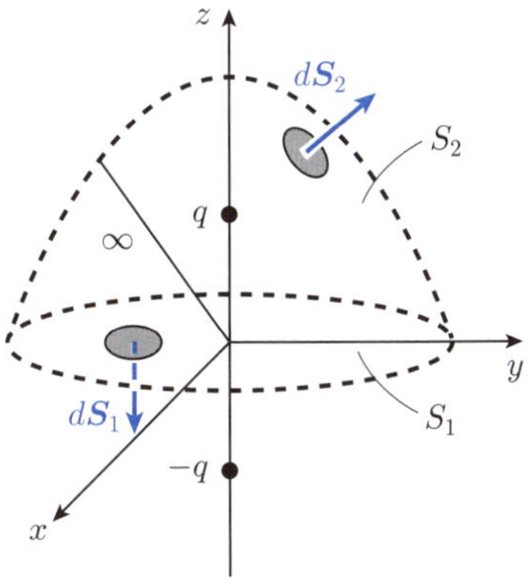

図 6.6

ポイント この結果は，電荷同士に直接力が働くというクーロン力の考え方とは別に，電場による応力テンソルを使って電荷に働く力を理解できるということを示しています．

演習問題

A

6.3.1 面積 S，間隔 l の平行平板コンデンサーに電荷 Q が蓄えられている．Q が時間によらないとき，コンデンサー間に働く力を，マクスウェルの応力テンソル

$$T_{ij}^{\mathrm{e}} = \varepsilon_0 \left(E_i E_j - \frac{1}{2} E^2 \delta_{ij} \right), \quad T_{ij}^{\mathrm{m}} = \mu_0 \left(H_i H_j - \frac{1}{2} H^2 \delta_{ij} \right)$$

を使って計算せよ．

B

6.3.2 図 6.7 のように，真空中の半径 a，長さ l，抵抗 R の円柱導体について以下の問いに答えよ．

(1) この円柱導体の両端に電圧をかけると，導体全体に一様な電流 I が図 6.7 のように流れた．このとき，円柱内の電場 $\boldsymbol{E}$ と磁場 $\boldsymbol{H}$ の大きさと方向を求めよ．

(2) このとき，円柱導体に単位時間当たりに発生するジュール熱 J を求めよ．

(3) 円柱内の電磁場のポインティングベクトル $\boldsymbol{S}$ の大きさと方向を求めよ．

(4) 円柱内のポインティングベクトルと，単位時間に円柱導体に発生するジュール熱との関係を示し，このことの物理的な意味について述べよ．

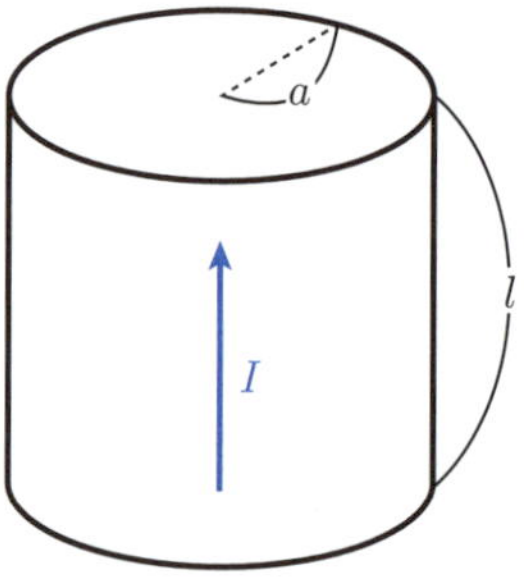

図 6.7

C

6.3.3 (1) 真空中のマクスウェル方程式にあるゲージを用いれば

$$\boldsymbol{E} = -\frac{\partial \boldsymbol{A}}{\partial t}, \quad (6.1) \qquad \boldsymbol{B} = \nabla \times \boldsymbol{A}, \quad (6.2)$$

$$\nabla^2 \boldsymbol{A} - \frac{1}{c^2} \frac{\partial^2 \boldsymbol{A}}{\partial t^2} = 0, \quad (6.3) \qquad \nabla \cdot \boldsymbol{A} = 0 \quad (6.4)$$

となることを示せ．またこのゲージ条件はどのようなものか述べよ．ここで $\boldsymbol{E}, \boldsymbol{B}, \boldsymbol{A}, c, t$ はそれぞれ電場，磁束密度，ベクトルポテンシャル，真空中での光速，時間である．ただし $c^2 = \frac{1}{\varepsilon_0 \mu_0}$

(2) (6.3) 式と (6.4) 式の解として

$$\boldsymbol{A} = A e^{i(\boldsymbol{k} \cdot \boldsymbol{r} - \omega t)} \boldsymbol{e} \quad (6.5)$$

を考える．ここで，$\boldsymbol{e}, A, \boldsymbol{k}, \boldsymbol{r}, \omega$ はそれぞれ電磁波の偏光方向を表す単位ベクトル，振幅 (A は実数で $A > 0$)，波数ベクトル，位置ベクトル，角振動数 ($\omega > 0$) である．この解が (6.3) 式と (6.4) 式の解であることから分散関係 $\frac{\omega^2}{k^2} = c^2$ が

得られることを示し，$\boldsymbol{e}$ と $\boldsymbol{k}, \boldsymbol{E}, \boldsymbol{B}$ との関係を求めよ．また，これら四つのベクトルの方向の関係について述べよ．

(3) ポインティングベクトルの時間平均 $\langle \boldsymbol{S} \rangle$ と電磁波のエネルギー密度の平均 $\langle u_{\mathrm{em}} \rangle$ は

$$\langle \boldsymbol{S} \rangle = \frac{1}{2\mu_0} \boldsymbol{E} \times \boldsymbol{B}^*,$$

$$\langle u_{\mathrm{em}} \rangle = \frac{1}{4} \left(\varepsilon_0 \boldsymbol{E} \cdot \boldsymbol{E}^* + \frac{1}{\mu_0} \boldsymbol{B} \cdot \boldsymbol{B}^* \right)$$

となることを示せ．ここで $\boldsymbol{E}, \boldsymbol{B}$ は複素成分も含んだ解を考えており，* の記号は複素共役を表している．

(4) $\langle \boldsymbol{S} \rangle$ を $\langle u_{\mathrm{em}} \rangle, c, \boldsymbol{k}, k = |\boldsymbol{k}|$ で表せ．（北海道大学）

6.3.4 図 6.8 のように $z = 0$ で真空（誘電率 ε_0，透磁率 μ_0）と接する半無限の誘電体（時間や場所によらない一定の誘電率 ε と透磁率 μ を持つ）がある．真空側から平面電磁波が誘電体に垂直に入射する．この平面電磁波の電場 $\boldsymbol{E}$ は

$$\boldsymbol{E}(\boldsymbol{r}, t) = \boldsymbol{E}_0 \cos(\boldsymbol{k} \cdot \boldsymbol{r} - \omega t)$$

で $\boldsymbol{E}_0$ は x 軸方向である．

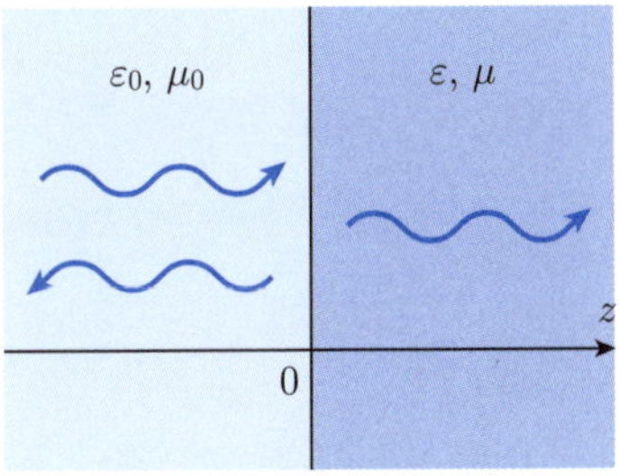

図 6.8

(1) 電束密度と磁束密度の時間微分 $\frac{\partial \boldsymbol{D}}{\partial t}, \frac{\partial \boldsymbol{B}}{\partial t}$ が有限であるとき，境界面の両側で，電場 $\boldsymbol{E}$ と磁場 $\boldsymbol{B}$ が連続であることを示せ．

(2) 誘電体中の透過波の波動方程式を求め，電磁波の速さ v を求めよ．

(3) 電場の入射波，透過波，反射波の振幅を E_0, E_{T_0}, E_{R_0} としてこれらの間に成り立つ二つの関係式を (1) と (2) の結果を使って求めよ．

(4) 電磁場の境界面における電場の振幅反射率 $\frac{E_{R_0}}{E_0}$ を $\varepsilon_0, \varepsilon, \mu_0, \mu$ を用いて表せ．また，$\varepsilon = 9\varepsilon_0, \mu = \mu_0$ のときの振幅反射率を求めよ．

(5) 境界面における入射波，透過波，反射波のポインティングベクトル $\boldsymbol{S}_0, \boldsymbol{S}_T, \boldsymbol{S}_R$ をそれぞれ E_0, E_{T_0}, E_{R_0} を使って表し，$\boldsymbol{S}_0, \boldsymbol{S}_T, \boldsymbol{S}_R$ が相互に成り立つ関係式を求めよ．

(6) 電磁場の運動量の流れから境界面の単位面積当たりの力の時間平均 $\langle \boldsymbol{f} \rangle$ を求めよ．また，$\langle \boldsymbol{f} \rangle$ をマクスウェル応力を使って求め，同じ結果になることを示せ．

（北海道大学）

付　章
電磁波の放射

電磁波の放射は難しいですが，大変興味深いので付章として紹介します．

電荷と電流があるときのマクスウェル方程式は

$$
\begin{aligned}
\nabla \cdot \boldsymbol{D} &= \rho, \\
\nabla \cdot \boldsymbol{B} &= 0, \\
\nabla \times \boldsymbol{H} &= \boldsymbol{j} + \frac{\partial \boldsymbol{D}}{\partial t}, \\
\nabla \times \boldsymbol{E} &= -\frac{\partial \boldsymbol{B}}{\partial t}
\end{aligned}
$$

です．電荷や電流が激しく時間変動するとき，電磁波が放射されます．電磁波の放射の解を得るにはグリーン関数を使います．電磁波の放射のもっとも簡単な解である双極子放射の解の性質を調べます．この付章では，以上のことを説明していきます．

A.1 波動方程式の電磁波放射の解
——電荷と電流があるときの波動方程式の解

キーポイント

波動方程式の解をグリーン関数を使って求めます．フーリエ積分も使います．一見複雑ですが，筋道は単純です．留数の定理は物理数学の本を見てください．

マクスウェル方程式に対して，スカラーポテンシャル ϕ，ベクトルポテンシャル $\boldsymbol{A}$ と電場 $\boldsymbol{E}$ と磁場 $\boldsymbol{B}$ との関係

$$\boldsymbol{E} = -\nabla\phi - \frac{\partial \boldsymbol{A}}{\partial t}, \quad \boldsymbol{B} = \nabla \times \boldsymbol{A}$$

とローレンツ条件

$$\nabla \cdot \boldsymbol{A} + \varepsilon_0\mu_0 \frac{\partial \phi}{\partial t} = 0$$

を使うと，波動方程式

$$\frac{1}{c^2}\frac{\partial^2 \phi}{\partial t^2} - \nabla^2\phi = \frac{\rho}{\varepsilon_0}, \quad \frac{1}{c^2}\frac{\partial^2 \boldsymbol{A}}{\partial t^2} - \nabla^2\boldsymbol{A} = \mu_0\boldsymbol{j}$$

が得られることを第 6 章で示しました．右辺の電荷密度や電流密度の時間変化が大きいと電磁波が放射されます．スカラーポテンシャルの波動方程式とベクトルポテンシャルの波動方程式はスカラーとベクトルの違いはありますが，同じ形をしていますのでまずスカラーポテンシャルの波動方程式を扱います．

基本問題 A.1 　**重要**

スカラーポテンシャルの波動方程式

$$\frac{1}{c^2}\frac{\partial^2 \phi}{\partial t^2} - \nabla^2\phi = \frac{\rho}{\varepsilon_0}$$

より**電磁波放射**の解を以下の手順で求めよ．

(1) $\phi(\boldsymbol{r},t)$ と $\rho(\boldsymbol{r},t)$ が次の**フーリエ積分**

$$\phi(\boldsymbol{r},t) = \frac{1}{2\pi}\int_{-\infty}^{\infty}\phi_\omega(\boldsymbol{r})e^{-i(\omega+ia)t}d\omega, \quad \rho(\boldsymbol{r},t) = \frac{1}{2\pi}\int_{-\infty}^{\infty}\rho_\omega(\boldsymbol{r})e^{-i(\omega+ia)t}d\omega$$

で与えられるとき，

$$\frac{1}{c^2}\frac{\partial^2 \phi}{\partial t^2} - \nabla^2\phi = \frac{\rho}{\varepsilon_0}$$

から

$$\left\{\frac{(\omega+ia)^2}{c^2} + \nabla^2\right\}\phi_\omega(\boldsymbol{r}) = -\frac{\rho_\omega(\boldsymbol{r})}{\varepsilon_0}$$

が得られることを示せ．ここで a は正の定数である．

(2)

$$\rho_\omega(\boldsymbol{r}) = \int_V \rho_\omega(\boldsymbol{r}')\delta(\boldsymbol{r}-\boldsymbol{r}')dV'$$

となる δ 関数と

$$\phi_\omega(\boldsymbol{r}) = \int_V \frac{\rho_\omega(\boldsymbol{r}')}{\varepsilon_0}G(\boldsymbol{r},\boldsymbol{r}')dV'$$

となる**グリーン関数** G を使うと (1) で示した式は

$$\left\{\frac{(\omega+ia)^2}{c^2}+\nabla^2\right\}G(\boldsymbol{r},\boldsymbol{r}') = -\delta(\boldsymbol{r}-\boldsymbol{r}')$$

となることを示せ．ただし，積分は $\boldsymbol{r}'$ についての体積積分を表し，体積 V は $\boldsymbol{r}$ を含んでいる．

(3)　δ 関数とグリーン関数 G が次のフーリエ積分

$$\delta(\boldsymbol{r}-\boldsymbol{r}') = \frac{1}{(2\pi)^3}\int_{\boldsymbol{k}} e^{i\boldsymbol{k}\cdot(\boldsymbol{r}-\boldsymbol{r}')}d\boldsymbol{k},\quad G(\boldsymbol{r},\boldsymbol{r}') = \frac{1}{(2\pi)^3}\int_{\boldsymbol{k}} g(\boldsymbol{k}\cdot\boldsymbol{r}')e^{i\boldsymbol{k}\cdot\boldsymbol{r}}d\boldsymbol{k}$$

で表せるとき

$$g(\boldsymbol{k}\cdot\boldsymbol{r}') = \frac{e^{-i\boldsymbol{k}\cdot\boldsymbol{r}'}}{k^2-\frac{(\omega+ia)^2}{c^2}}$$

となることを示せ．さらに，これを使って $G(\boldsymbol{r},\boldsymbol{r}')$ を求めよ．

(4)　(3) で求めた $G(\boldsymbol{r},\boldsymbol{r}')$ で $a\to 0$ として

$$\frac{1}{c^2}\frac{\partial^2\phi}{\partial t^2}-\nabla^2\phi = \frac{\rho}{\varepsilon_0}$$

の解 $\phi(\boldsymbol{r},t)$ を求めよ．

方針　フーリエ積分を代入して，t の偏微分や ∇ は微分する変数に注意し，フーリエ積分を含む等式では被積分関数同士が等しいことを使います．

【答案】　(1)

$$\phi(\boldsymbol{r},t) = \frac{1}{2\pi}\int_{-\infty}^{\infty}\phi_\omega e^{-i(\omega+ia)t}d\omega$$

の両辺を t で 2 階偏微分すると

$$\frac{\partial^2}{\partial t^2}\phi(\boldsymbol{r},t) = \frac{1}{2\pi}\int_{-\infty}^{\infty}\{-(\omega+ia)^2\}\phi_\omega e^{-i(\omega+ia)t}d\omega$$

これから波動方程式

$$\frac{1}{c^2}\frac{\partial^2\phi}{\partial t^2}-\nabla^2\phi = \frac{\rho}{\varepsilon_0}$$

にフーリエ積分を代入すると

$$\frac{1}{2\pi}\int_{-\infty}^{\infty}\left\{\frac{(\omega+ia)^2}{c^2}+\nabla^2\right\}\phi_\omega e^{-i(\omega+ia)t}d\omega=\frac{1}{2\pi\varepsilon_0}\int_{-\infty}^{\infty}\rho_\omega e^{-i(\omega+ia)t}d\omega$$

これからフーリエ積分の被積分関数同士が等しいので

$$\left\{\frac{(\omega+ia)^2}{c^2}+\nabla^2\right\}\phi_\omega=-\frac{\rho_\omega}{\varepsilon_0}$$

(2)

$$\rho_\omega(\boldsymbol{r})=\int_V\rho_\omega(\boldsymbol{r}')\delta(\boldsymbol{r}-\boldsymbol{r}')dV',\quad \phi_\omega(\boldsymbol{r})=\int_V\frac{\rho_\omega(\boldsymbol{r}')}{\varepsilon_0}G(\boldsymbol{r},\boldsymbol{r}')dV'$$

を (1) で示した式に代入すると

$$\int_V\frac{\rho_\omega(\boldsymbol{r}')}{\varepsilon_0}\left\{\frac{(\omega+ia)^2}{c^2}+\nabla^2\right\}G(\boldsymbol{r},\boldsymbol{r}')dV'=-\frac{1}{\varepsilon_0}\int_V\rho_\omega(\boldsymbol{r}')\delta(\boldsymbol{r}-\boldsymbol{r}')dV'$$

これが成り立つためには右辺と左辺の被積分関数同士が等しくなければいけないので

$$\left\{\frac{(\omega+ia)^2}{c^2}+\nabla^2\right\}G(\boldsymbol{r},\boldsymbol{r}')=-\delta(\boldsymbol{r}-\boldsymbol{r}')$$

(3) (2) で示した式に

$$\delta(\boldsymbol{r}-\boldsymbol{r}')=\frac{1}{(2\pi)^3}\int_{\boldsymbol{k}}e^{i\boldsymbol{k}\cdot(\boldsymbol{r}-\boldsymbol{r}')}d\boldsymbol{k},\quad G(\boldsymbol{r},\boldsymbol{r}')=\frac{1}{(2\pi)^3}\int_{\boldsymbol{k}}g(\boldsymbol{k}\cdot\boldsymbol{r}')e^{i\boldsymbol{k}\cdot\boldsymbol{r}}d\boldsymbol{k}$$

を代入すると

$$\left\{\frac{(\omega+ia)^2}{c^2}+\nabla^2\right\}\frac{1}{(2\pi)^3}\int_{\boldsymbol{k}}g(\boldsymbol{k}\cdot\boldsymbol{r}')e^{i\boldsymbol{k}\cdot\boldsymbol{r}}d\boldsymbol{k}=-\frac{1}{(2\pi)^3}\int_{\boldsymbol{k}}e^{i\boldsymbol{k}\cdot(\boldsymbol{r}-\boldsymbol{r}')}d\boldsymbol{k}$$

ここで $\nabla^2 e^{i\boldsymbol{k}\cdot\boldsymbol{r}}=-k^2e^{i\boldsymbol{k}\cdot\boldsymbol{r}}$ となることを使うと

$$\frac{1}{(2\pi)^3}\int_{\boldsymbol{k}}\left\{\frac{(\omega+ia)^2}{c^2}-k^2\right\}g(\boldsymbol{k}\cdot\boldsymbol{r}')e^{i\boldsymbol{k}\cdot\boldsymbol{r}}d\boldsymbol{k}=-\frac{1}{(2\pi)^3}\int_{\boldsymbol{k}}e^{i\boldsymbol{k}\cdot(\boldsymbol{r}-\boldsymbol{r}')}d\boldsymbol{k}$$

両辺が等しいことから

$$g(\boldsymbol{k}\cdot\boldsymbol{r}')=\frac{e^{-i\boldsymbol{k}\cdot\boldsymbol{r}'}}{k^2-\frac{(\omega+ia)^2}{c^2}}$$

これをグリーン関数 G のフーリエ積分に代入すると

$$\begin{aligned}
G(\boldsymbol{r},\boldsymbol{r}') &= \frac{1}{(2\pi)^3}\int_{\boldsymbol{k}}\frac{e^{-i\boldsymbol{k}\cdot\boldsymbol{r}'}}{k^2-\frac{(\omega+ia)^2}{c^2}}e^{i\boldsymbol{k}\cdot\boldsymbol{r}}d\boldsymbol{k}\\
&= \frac{1}{(2\pi)^3}\int_0^{\infty}\int_0^{\pi}\frac{1}{k^2-\frac{(\omega+ia)^2}{c^2}}e^{ik|\boldsymbol{r}-\boldsymbol{r}'|\cos\theta}2\pi k^2dk\sin\theta\,d\theta\\
&= \frac{1}{(2\pi)^3}\int_0^{\infty}\frac{1}{ik|\boldsymbol{r}-\boldsymbol{r}'|\{k^2-\frac{(\omega+ia)^2}{c^2}\}}(e^{ik|\boldsymbol{r}-\boldsymbol{r}'|}-e^{-ik|\boldsymbol{r}-\boldsymbol{r}'|})2\pi k^2dk\\
&= \frac{1}{(2\pi)^3}\int_{-\infty}^{\infty}\frac{2}{k|\boldsymbol{r}-\boldsymbol{r}'|(k-\frac{\omega+ia}{c})(k+\frac{\omega+ia}{c})}\frac{e^{ik|\boldsymbol{r}-\boldsymbol{r}'|}}{2i}2\pi k^2dk\\
&= \frac{1}{4\pi|\boldsymbol{r}-\boldsymbol{r}'|}e^{i\frac{(\omega+ia)}{c}|\boldsymbol{r}-\boldsymbol{r}'|}
\end{aligned}$$

ここで k の積分のために留数の定理を使った.

(4)　$a \to 0$ とすると

$$G(\boldsymbol{r},\boldsymbol{r}') = \frac{1}{4\pi|\boldsymbol{r}-\boldsymbol{r}'|}e^{i\frac{\omega}{c}|\boldsymbol{r}-\boldsymbol{r}'|}$$

このグリーン関数を使って $\phi(\boldsymbol{r},t)$ を求める.

$$\begin{aligned}\phi(\boldsymbol{r},t) &= \frac{1}{2\pi}\int_{-\infty}^{\infty}\phi_\omega(\boldsymbol{r})e^{-i\omega t}d\omega \\ &= \frac{1}{2\pi}\int_{-\infty}^{\infty}\int_V \frac{\rho_\omega(\boldsymbol{r}')}{\varepsilon_0}G(\boldsymbol{r},\boldsymbol{r}')e^{-i\omega t}dV'd\omega \\ &= \frac{1}{2\pi}\int_{-\infty}^{\infty}\int_V \frac{\rho_\omega(\boldsymbol{r}')}{\varepsilon_0}\frac{1}{4\pi|\boldsymbol{r}-\boldsymbol{r}'|}e^{-i\omega(t-\frac{|\boldsymbol{r}-\boldsymbol{r}'|}{c})}dV'd\omega\end{aligned}$$

この積分の中の ω に関係する積分は

$$\rho(\boldsymbol{r},t) = \frac{1}{2\pi}\int_{-\infty}^{\infty}\rho_\omega e^{-i\omega t}d\omega$$

と比較すると

$$\frac{1}{2\pi}\int_{-\infty}^{\infty}\rho_\omega(\boldsymbol{r}')e^{-i\omega(t-\frac{|\boldsymbol{r}-\boldsymbol{r}'|}{c})}d\omega = \rho\left(\boldsymbol{r}',t-\frac{|\boldsymbol{r}-\boldsymbol{r}'|}{c}\right)$$

となるので,

$$\phi(\boldsymbol{r},t) = \int_V \frac{\rho(\boldsymbol{r}',t-\frac{|\boldsymbol{r}-\boldsymbol{r}'|}{c})}{4\pi\varepsilon_0|\boldsymbol{r}-\boldsymbol{r}'|}dV' \quad \blacksquare$$

ポイント　$t-\frac{|\boldsymbol{r}-\boldsymbol{r}'|}{c}$ は t より光速で $|\boldsymbol{r}-\boldsymbol{r}'|$ を伝わる時間だけ前になっています. この時間における $\boldsymbol{r}'$ での電荷密度 $\rho(\boldsymbol{r}',t-\frac{|\boldsymbol{r}-\boldsymbol{r}'|}{c})$ が, t における $\boldsymbol{r}$ での静電ポテンシャル $\phi(\boldsymbol{r},t)$ に寄与することを示しています. これを**遅延ポテンシャル**と言います.

ベクトルポテンシャルの波動方程式はスカラーポテンシャルの波動方程式と同じ形をしていますから, その解はスカラーポテンシャルの場合と同様にして

$$\boldsymbol{A}(\boldsymbol{r},t) = \int_V \frac{\mu_0\boldsymbol{j}(\boldsymbol{r}',t-\frac{|\boldsymbol{r}-\boldsymbol{r}'|}{c})}{4\pi|\boldsymbol{r}-\boldsymbol{r}'|}dV'$$

が得られます.

A.2 双極子放射
——電荷分布の領域から十分離れた場所での放射

キーポイント

電荷分布の領域から十分離れた場所では電荷分布の時間変化を双極子の時間微分を使って近似することができます．この場合，双極子の時間変化と電荷分布の領域からの放射の関係を示すことができます．

電荷分布が時間変化することによって電磁波が放射されます．電荷が分布している領域から十分離れた場所で，前節で求めた波動方程式の解

$$\phi(\boldsymbol{r},t)=\int_V \frac{\rho(\boldsymbol{r}',t-\frac{|\boldsymbol{r}-\boldsymbol{r}'|}{c})}{4\pi\varepsilon_0|\boldsymbol{r}-\boldsymbol{r}'|}dV'$$

を求め双極子放射となることを示すことができます．

基本問題 A.2 重要

(1) $|\boldsymbol{r}'|$ より $|\boldsymbol{r}-\boldsymbol{r}'|$ が十分大きい場合

$$\begin{aligned}|\boldsymbol{r}-\boldsymbol{r}'| &= \sqrt{r^2-2\boldsymbol{r}\cdot\boldsymbol{r}'+r'^2}\\ &= r\left(1-\frac{\boldsymbol{r}\cdot\boldsymbol{r}'}{r^2}+\cdots\right)\end{aligned}$$

と展開できることを使って電荷の密度分布は

$$\begin{aligned}&\rho\left(\boldsymbol{r}',t-\frac{|\boldsymbol{r}-\boldsymbol{r}'|}{c}\right)\\ &= \rho(\boldsymbol{r}',t_0)+\frac{\partial\rho(\boldsymbol{r}',t_0)}{\partial t_0}\frac{\boldsymbol{r}\cdot\boldsymbol{r}'}{cr}+\cdots\end{aligned}$$

と展開できることを示せ．$t_0=t-\frac{r}{c}$ である．

(2) 基本問題 A.1 で求めた電磁波放射の解

$$\phi(\boldsymbol{r},t)=\int_V \frac{\rho(\boldsymbol{r}',t-\frac{|\boldsymbol{r}-\boldsymbol{r}'|}{c})}{4\pi\varepsilon_0|\boldsymbol{r}-\boldsymbol{r}'|}dV'$$

の電荷密度を (1) で求めた電荷密度の展開の最初の二つの項で近似し

$$\phi(\boldsymbol{r},t)=\frac{1}{4\pi\varepsilon_0 r}\int_V \rho(\boldsymbol{r}',t_0)dV'+\frac{1}{4\pi\varepsilon_0}\frac{\boldsymbol{r}}{cr^2}\cdot\frac{\partial\boldsymbol{p}(t_0)}{\partial t_0}$$

が得られることを示せ．ここで $|\boldsymbol{r}'|$ に比べて $|\boldsymbol{r}-\boldsymbol{r}'|$ が十分大きいので積分内の分母の $|\boldsymbol{r}-\boldsymbol{r}'|$ を r として良いことを用いよ．$\boldsymbol{p}(t_0)$ は電気双極子で

$$\boldsymbol{p}(t_0)=\int_V \boldsymbol{r}'\rho(\boldsymbol{r}',t_0)dV'$$

方針 $|\boldsymbol{r}'|$ より $|\boldsymbol{r}-\boldsymbol{r}'|$ が十分大きいことを使ってテイラー展開します．式が複雑なので落ち着いて計算しましょう．

【答案】 (1) $|\boldsymbol{r}'|$ より $|\boldsymbol{r}-\boldsymbol{r}'|$ が十分大きい場合

$$|\boldsymbol{r}-\boldsymbol{r}'| = \sqrt{r^2 - 2\boldsymbol{r}\cdot\boldsymbol{r}' + r'^2} = r\left(1 - \frac{\boldsymbol{r}\cdot\boldsymbol{r}'}{r^2} + \cdots\right)$$

と展開できることを使うと電荷の密度分布は

$$\begin{aligned}\rho\left(\boldsymbol{r}', t - \frac{|\boldsymbol{r}-\boldsymbol{r}'|}{c}\right) &= \rho\left(\boldsymbol{r}', t - \frac{r(1-\frac{\boldsymbol{r}\cdot\boldsymbol{r}'}{r^2}+\cdots)}{c}\right) = \rho\left(\boldsymbol{r}', t - \frac{r}{c} + \frac{\boldsymbol{r}\cdot\boldsymbol{r}'}{cr} + \cdots\right) \\ &= \rho\left(\boldsymbol{r}', t_0 + \frac{\boldsymbol{r}\cdot\boldsymbol{r}'}{cr} + \cdots\right) = \rho(\boldsymbol{r}', t_0) + \frac{\partial\rho(\boldsymbol{r}', t_0)}{\partial t_0}\frac{\boldsymbol{r}\cdot\boldsymbol{r}'}{cr} + \cdots\end{aligned}$$

(2) (1) の結果の最初から二つの項を基本問題 A.1 で求めた波動方程式の解

$$\phi(\boldsymbol{r}, t) = \int_V \frac{\rho(\boldsymbol{r}', t - \frac{|\boldsymbol{r}-\boldsymbol{r}'|}{c})}{4\pi\varepsilon_0|\boldsymbol{r}-\boldsymbol{r}'|}dV'$$

に代入すると

$$\phi(\boldsymbol{r}, t) = \int_V \frac{\rho(\boldsymbol{r}', t_0)}{4\pi\varepsilon_0|\boldsymbol{r}-\boldsymbol{r}'|}dV' + \int_V \frac{1}{4\pi\varepsilon_0|\boldsymbol{r}-\boldsymbol{r}'|}\frac{\partial\rho(\boldsymbol{r}', t_0)}{\partial t_0}\frac{\boldsymbol{r}\cdot\boldsymbol{r}'}{cr}dV'$$

ここで，積分の分母の $|\boldsymbol{r}-\boldsymbol{r}'|$ を r として良いことを使うと

$$\begin{aligned}\phi(\boldsymbol{r}, t) &= \int_V \frac{\rho(\boldsymbol{r}', t_0)}{4\pi\varepsilon_0 r}dV' + \int_V \frac{1}{4\pi\varepsilon_0 r}\frac{\partial\rho(\boldsymbol{r}', t_0)}{\partial t_0}\frac{\boldsymbol{r}\cdot\boldsymbol{r}'}{cr}dV' \\ &= \frac{1}{4\pi\varepsilon_0 r}\int_V \rho(\boldsymbol{r}', t_0)dV' + \frac{1}{4\pi\varepsilon_0}\frac{\boldsymbol{r}}{cr^2}\cdot\frac{\partial}{\partial t_0}\int_V \boldsymbol{r}'\rho(\boldsymbol{r}', t_0)dV'\end{aligned}$$

ここで電気双極子 $\boldsymbol{p}(t_0)$

$$\boldsymbol{p}(t_0) = \int_V \boldsymbol{r}'\rho(\boldsymbol{r}', t_0)dV'$$

を使うと

$$\phi(\boldsymbol{r}, t) = \frac{1}{4\pi\varepsilon_0 r}\int_V \rho(\boldsymbol{r}', t_0)dV' + \frac{1}{4\pi\varepsilon_0}\frac{\boldsymbol{r}}{cr^2}\cdot\frac{\partial\boldsymbol{p}(t_0)}{\partial t_0} \quad \blacksquare$$

ポイント (2) で求めた式の右辺第 1 項は原点に全電荷があるときの静電ポテンシャル，右辺第 2 項は電磁波の放射を表しています．右辺第 2 項が表している放射を**双極子放射**と言います．放射される電磁波を計算するためにはベクトルポテンシャルの解も計算する必要があります．スカラーポテンシャルの場合と同様に計算すると

$$\begin{aligned}\boldsymbol{A}(\boldsymbol{r}, t) &= \int_V \frac{\mu_0\boldsymbol{j}(\boldsymbol{r}', t - \frac{|\boldsymbol{r}-\boldsymbol{r}'|}{c})}{4\pi|\boldsymbol{r}-\boldsymbol{r}'|}dV' \\ &= \frac{\mu_0}{4\pi r}\int_V \boldsymbol{j}(\boldsymbol{r}', t_0)dV' + \frac{\mu_0}{4\pi r}\int_V \frac{\partial\boldsymbol{j}(\boldsymbol{r}', t_0)}{\partial t_0}\frac{\boldsymbol{r}\cdot\boldsymbol{r}'}{cr}dV'\end{aligned}$$

ベクトルポテンシャルの右辺の第 1 項が双極子放射に対応しています．

A.3 荷電粒子の運動による双極子放射
——荷電粒子の加速運動による放射

キーポイント

荷電粒子の運動による双極子放射は加速度に比例すること，加速度の方向とポインティングベクトルの方向との関係を理解しましょう．

1 個の荷電粒子が運動している場合の双極子放射を考えてみましょう．

基本問題 A.3 重要

1 個の運動している荷電粒子（電荷 q，速度 $\boldsymbol{v}(t)$）からの双極子放射を考える．

(1) この荷電粒子による電荷密度 $\rho(\boldsymbol{r}',t)$ と電流密度 $\boldsymbol{j}(\boldsymbol{r}',t)$ は

$$\rho(\boldsymbol{r}',t) = q\delta(\boldsymbol{r}(t)-\boldsymbol{r}'),$$
$$\boldsymbol{j}(\boldsymbol{r}',t) = q\boldsymbol{v}(t)\delta(\boldsymbol{r}(t)-\boldsymbol{r}')$$

となることを示せ．

(2) この荷電粒子による静電ポテンシャル $\phi(\boldsymbol{r},t)$ は基本問題 A.2 の結果を使うと

$$\phi(\boldsymbol{r},t) = \frac{q}{4\pi\varepsilon_0 r} + \frac{q}{4\pi\varepsilon_0}\frac{\boldsymbol{r}\cdot\boldsymbol{v}(t_0)}{cr^2}$$

となることを示せ．右辺第 2 項が双極子放射に対応する．

(3) $t_0 = t - \frac{r}{c}$ から

$$\nabla t_0 = \nabla\left(t - \frac{r}{c}\right) = -\frac{1}{c}\frac{\boldsymbol{r}}{r}$$

となることを示せ．これを使って (2) の右辺第 2 項を ϕ_2 と置くと

$$-\nabla\phi_2(\boldsymbol{r},t) = -\sum_{i=1}^{3}\left\{\left(\nabla\frac{q}{4\pi\varepsilon_0}\frac{r_i}{cr^2}\right)v_i(t_0) - \frac{q}{4\pi\varepsilon_0}\frac{\boldsymbol{r}r_i}{c^2r^3}\frac{dv_i(t_0)}{dt_0}\right\}$$

となることを示せ．ここで i は xyz 成分の中の一つを表している．右辺第 1 項より第 2 項の方が遠方で重要となることを示せ．

(4) 双極子放射に対応するベクトルポテンシャルは

$$\boldsymbol{A}(\boldsymbol{r},t) = \frac{\mu_0 q\boldsymbol{v}(t_0)}{4\pi r}$$

となることを示し，双極子放射の電場 $\boldsymbol{E}$ と磁場 $\boldsymbol{B}$ をこの結果と (3) の結果を用いて求めよ．

(5) 双極子放射のポインティングベクトル $\boldsymbol{S}$ を求め，それが $\boldsymbol{r}$ 方向を向き荷電粒子の加速度 $\frac{d\boldsymbol{v}(t_0)}{dt_0}$ と垂直な方向で $\boldsymbol{S}$ の大きさが最大になることを示せ．

方針　ナブラで微分された結果が少し複雑になります．また (3) では t_0 が r に依存していることにも注意して計算しましょう．

【答案】　(1)　荷電粒子の位置を $\boldsymbol{r}=\boldsymbol{r}(t)$，速度を $\boldsymbol{v}(t)$ とする．電荷密度 $\rho(\boldsymbol{r}',t)$

$$\rho(\boldsymbol{r}',t)=q\delta(\boldsymbol{r}(t)-\boldsymbol{r}')$$

を電荷の位置 $\boldsymbol{r}$ を含む体積 V で積分すると

$$\begin{aligned}\int_V \rho(\boldsymbol{r}',t)dV' &= \int_V q\delta(\boldsymbol{r}(t)-\boldsymbol{r}')dV' \\ &= q\end{aligned}$$

q は V 内の全電荷であるので

$$\rho(\boldsymbol{r}',t)=q\delta(\boldsymbol{r}(t)-\boldsymbol{r}')$$

は電荷密度として妥当である．また電流密度 $\boldsymbol{j}(\boldsymbol{r}',t)$

$$\boldsymbol{j}(\boldsymbol{r}',t)=q\boldsymbol{v}(t)\delta(\boldsymbol{r}(t)-\boldsymbol{r}')$$

を同様に体積積分すると

$$\begin{aligned}\int_V \boldsymbol{j}(\boldsymbol{r}',t)dV' &= \int_V q\boldsymbol{v}(t)\delta(\boldsymbol{r}(t)-\boldsymbol{r}')dV' \\ &= q\boldsymbol{v}(t)\end{aligned}$$

となり，V 内の電流を与えるので

$$\boldsymbol{j}(\boldsymbol{r}',t)=q\boldsymbol{v}(t)\delta(\boldsymbol{r}(t)-\boldsymbol{r}')$$

は電流密度として妥当である．

(2)　基本問題 A.2 から

$$\phi(\boldsymbol{r},t)=\frac{1}{4\pi\varepsilon_0 r}\int_V \rho(\boldsymbol{r}',t_0)dV'+\frac{1}{4\pi\varepsilon_0}\frac{\boldsymbol{r}}{cr^2}\cdot\frac{\partial \boldsymbol{p}(t_0)}{\partial t_0}$$

ここで

$$\boldsymbol{p}(t_0)=\int_V \boldsymbol{r}'\rho(\boldsymbol{r}',t_0)dV'$$

なので

$$\begin{aligned}\frac{\partial \boldsymbol{p}(t_0)}{\partial t_0} &= \frac{\partial}{\partial t_0}\int_V \boldsymbol{r}'\rho(\boldsymbol{r}',t_0)dV' \\ &= \frac{\partial}{\partial t_0}q\boldsymbol{r}(t_0) \\ &= q\boldsymbol{v}(t_0)\end{aligned}$$

これから

$$\phi(\boldsymbol{r},t)=\frac{q}{4\pi\varepsilon_0 r}+\frac{q}{4\pi\varepsilon_0}\frac{\boldsymbol{r}\cdot\boldsymbol{v}(t_0)}{cr^2}$$

(3)　$t_0=t-\frac{r}{c}$ から

$$
\begin{aligned}
\nabla t_0 &= \nabla\left(t - \frac{r}{c}\right) \\
&= -\frac{1}{c}\nabla r \\
&= -\frac{1}{c}\frac{\boldsymbol{r}}{r}
\end{aligned}
$$

ここで

$$\nabla r^2 = 2r\nabla r$$

であり

$$
\begin{aligned}
\nabla r^2 = \nabla(x^2 + y^2 + z^2) &= 2x\,\boldsymbol{e}_x + 2y\,\boldsymbol{e}_y + 2z\,\boldsymbol{e}_z \\
&= 2\boldsymbol{r}
\end{aligned}
$$

となることから

$$\nabla r = \frac{\boldsymbol{r}}{r}$$

を使った．次に

$$\phi_2 = \frac{q}{4\pi\varepsilon_0}\frac{\boldsymbol{r}\cdot\boldsymbol{v}(t_0)}{cr^2}$$

から電場を計算するとき，∇ は $\boldsymbol{r}$ についての微分であることに注意して

$$
\begin{aligned}
-\nabla\phi_2(\boldsymbol{r}, t) &= -\nabla\left(\frac{q}{4\pi\varepsilon_0}\frac{\boldsymbol{r}}{cr^2}\cdot\boldsymbol{v}(t_0)\right) \\
&= -\sum_{i=1}^{3}\left\{\left(\nabla\frac{q}{4\pi\varepsilon_0}\frac{r_i}{cr^2}\right)v_i(t_0) + \frac{q}{4\pi\varepsilon_0}\frac{r_i}{cr^2}(\nabla t_0)\frac{dv_i(t_0)}{dt_0}\right\} \\
&= -\sum_{i=1}^{3}\left\{\left(\nabla\frac{q}{4\pi\varepsilon_0}\frac{r_i}{cr^2}\right)v_i(t_0) - \frac{q}{4\pi\varepsilon_0}\frac{\boldsymbol{r}r_i}{c^2r^3}\frac{dv_i(t_0)}{dt_0}\right\}
\end{aligned}
$$

右辺第 1 項と右辺第 2 項の r 依存性を比較すると第 1 項は r^2 に反比例し第 2 項は r に反比例するので，第 2 項が遠方で重要になる．

(4) 双極子放射に対応するベクトルポテンシャル

$$\boldsymbol{A}(\boldsymbol{r}, t) = \int_V \frac{\mu_0\boldsymbol{j}(\boldsymbol{r}', t_0)}{4\pi r}dV'$$

に

$$\boldsymbol{j}(\boldsymbol{r}', t) = q\boldsymbol{v}(t)\delta(\boldsymbol{r}(t) - \boldsymbol{r}')$$

を代入すると

$$
\begin{aligned}
\boldsymbol{A}(\boldsymbol{r}, t) &= \int_V \frac{\mu_0\boldsymbol{j}(\boldsymbol{r}', t_0)}{4\pi r}dV' \\
&= \int_V \frac{\mu_0 q\boldsymbol{v}(t_0)\delta(\boldsymbol{r}(t_0) - \boldsymbol{r}')}{4\pi r}dV' \\
&= \frac{\mu_0 q\boldsymbol{v}(t_0)}{4\pi r}
\end{aligned}
$$

電場 $\boldsymbol{E}$ を求めるためにベクトルポテンシャルの時間による偏微分も計算すると

$$\frac{\partial}{\partial t}\boldsymbol{A}(\boldsymbol{r},t) = \frac{\partial}{\partial t}\frac{\mu_0 q\boldsymbol{v}(t_0)}{4\pi r} = \frac{\mu_0 q}{4\pi r}\frac{\partial \boldsymbol{v}(t_0)}{\partial t} = \frac{\mu_0 q}{4\pi r}\frac{d\boldsymbol{v}(t_0)}{dt_0}$$

となることから，電場の放射成分は (3) の ϕ_2 の r に反比例する項から

$$\begin{aligned}\boldsymbol{E} &= \frac{q}{4\pi\varepsilon_0}\frac{\boldsymbol{r}r_i}{c^2r^3}\frac{dv_i(t_0)}{dt_0} - \frac{\mu_0 q}{4\pi r}\frac{d\boldsymbol{v}(t_0)}{dt_0} \\ &= \frac{q}{4\pi\varepsilon_0 c^2 r^3}\boldsymbol{r}\times\left(\boldsymbol{r}\times\frac{d\boldsymbol{v}(t_0)}{dt_0}\right)\end{aligned}$$

磁場 $\boldsymbol{B}$ は上で求めたベクトルポテンシャルから

$$\begin{aligned}\boldsymbol{B} &= \nabla\times\frac{\mu_0 q\boldsymbol{v}(t_0)}{4\pi r} = \frac{\mu_0 q}{4\pi r}\nabla(t_0)\times\frac{d\boldsymbol{v}(t_0)}{dt_0} \\ &= -\frac{\mu_0 q}{4\pi c r^2}\boldsymbol{r}\times\frac{d\boldsymbol{v}(t_0)}{dt_0}\end{aligned}$$

(5)　ポインティングベクトル $\boldsymbol{S}$ は

$$\begin{aligned}\boldsymbol{S} &= \boldsymbol{E}\times\boldsymbol{H} \\ &= \frac{q}{4\pi\varepsilon_0 c^2 r^3}\left\{\boldsymbol{r}\times\left(\boldsymbol{r}\times\frac{d\boldsymbol{v}(t_0)}{dt_0}\right)\right\}\times\left(-\frac{q}{4\pi c r^2}\boldsymbol{r}\times\frac{d\boldsymbol{v}(t_0)}{dt_0}\right) \\ &= \frac{q^2}{16\pi^2\varepsilon_0 c^3 r^5}\left(\boldsymbol{r}\times\frac{d\boldsymbol{v}(t_0)}{dt_0}\right)^2\boldsymbol{r}\end{aligned}$$

となり，この結果から $\boldsymbol{S}$ は $\boldsymbol{r}$ 方向である．$\boldsymbol{r}$ と $\frac{d\boldsymbol{v}(t_0)}{dt_0}$ のなす角を θ とすると $\boldsymbol{S}$ の大きさ S は

$$S(\boldsymbol{r},t) = \frac{q^2}{16\pi^2\varepsilon_0 c^3 r^2}\left(\frac{d\boldsymbol{v}(t_0)}{dt_0}\right)^2\sin^2\theta$$

となり，一つの θ 方向に対し S は r^2 に反比例する．また，同じ r に対して $\theta = \frac{\pi}{2}$ のときに S は最大になる．これは $\frac{d\boldsymbol{v}(t_0)}{dt_0}$ と垂直な方向で S が最大になることを意味している．■

ポイント　荷電粒子が直線上を振動していると荷電粒子の加速度 $\frac{d\boldsymbol{v}(t_0)}{dt_0}$ は振動方向なので S はそれに対して垂直な方向で一番大きくなります．また，双極子放射の単位時間当たりの全エネルギー放出量 P は

$$\begin{aligned}P &= \int_0^\pi 2\pi S(\boldsymbol{r},t)r^2\sin\theta\,d\theta \\ &= \int_0^\pi 2\pi\frac{q^2}{16\pi^2\varepsilon_0 c^3 r^2}\left(\frac{d\boldsymbol{v}(t_0)}{dt_0}\right)^2\sin^2\theta\,r^2\sin\theta\,d\theta \\ &= \frac{q^2}{6\pi\varepsilon_0 c^3}\left(\frac{d\boldsymbol{v}(t_0)}{dt_0}\right)^2\end{aligned}$$

となり加速度の大きさの 2 乗に比例します．

演習問題

A

A.3.1 重要 スカラーポテンシャル $\phi(\boldsymbol{r},t)$，ベクトルポテンシャル $\boldsymbol{A}(\boldsymbol{r},t)$ と電磁場 $\boldsymbol{E}(\boldsymbol{r},t), \boldsymbol{B}(\boldsymbol{r},t)$ との関係は，以下の式で与えられる．

$$\boldsymbol{E}(\boldsymbol{r},t) = -\nabla\phi(\boldsymbol{r},t) - \frac{\partial \boldsymbol{A}(\boldsymbol{r},t)}{\partial t}, \tag{A.1}$$

$$\boldsymbol{B}(\boldsymbol{r},t) = \nabla \times \boldsymbol{A}(\boldsymbol{r},t) \tag{A.2}$$

(1) 四つのマクスウェル方程式のうち，電荷密度 $\rho(\boldsymbol{r},t)$，電流密度 $\boldsymbol{j}(\boldsymbol{r},t)$ を含む二つの方程式は，以下の通りである．

$$\nabla \cdot \boldsymbol{D}(\boldsymbol{r},t) = \rho(\boldsymbol{r},t), \tag{A.3}$$

$$\nabla \times \boldsymbol{H}(\boldsymbol{r},t) - \frac{\partial \boldsymbol{D}(\boldsymbol{r},t)}{\partial t} = \boldsymbol{j}(\boldsymbol{r},t) \tag{A.4}$$

ここで，$\boldsymbol{D}(\boldsymbol{r},t) = \varepsilon_0 \boldsymbol{E}(\boldsymbol{r},t), \boldsymbol{H}(\boldsymbol{r},t) = c^2\varepsilon_0 \boldsymbol{B}(\boldsymbol{r},t)$ であり，c は光速，ε_0 は真空の誘電率である．(A.1) 式と (A.2) 式より，(A.3) 式と (A.4) 式以外の $\nabla \cdot \boldsymbol{B}(\boldsymbol{r},t), \nabla \times \boldsymbol{E}(\boldsymbol{r},t), \frac{\partial \boldsymbol{B}(\boldsymbol{r},t)}{\partial t}$ に関するマクスウェル方程式を導け．

(2) (A.1) 式と (A.2) 式には，ゲージ変換の不定性がある．

$$\nabla \cdot \boldsymbol{A}(\boldsymbol{r},t) + \frac{1}{c^2}\frac{\partial \phi(\boldsymbol{r},t)}{\partial t} = 0 \tag{A.5}$$

という条件を課した上で，(A.1) 式〜(A.4) 式より $\phi, \boldsymbol{A}$ についての 2 階微分方程式を導け．ただし，必要なら以下のベクトルの積の公式を使え．

$$\boldsymbol{K} \times (\boldsymbol{L} \times \boldsymbol{M}) = \boldsymbol{L}(\boldsymbol{K} \cdot \boldsymbol{M}) - (\boldsymbol{K} \cdot \boldsymbol{L})\boldsymbol{M} \tag{A.6}$$

（京都大学）

B

A.3.2 重要 電荷 e，質量 m を持つ荷電粒子が軌道 $\boldsymbol{r}_{\mathrm{e}}(t)$ を描いて運動している．この粒子が作る電荷密度，電流密度は，$\rho = e\delta^3(\boldsymbol{r} - \boldsymbol{r}_{\mathrm{e}}(t)), \boldsymbol{j} = e\dot{\boldsymbol{r}}_{\mathrm{e}}(t)\delta^3(\boldsymbol{r} - \boldsymbol{r}_{\mathrm{e}}(t))$ である．ここで，$\dot{\boldsymbol{a}}(t) = \frac{d\boldsymbol{a}}{dt}$ とする．

(1) この荷電粒子の運動方程式

$$m\frac{d^2\boldsymbol{r}_{\mathrm{e}}}{dt^2} = e\boldsymbol{E}(\boldsymbol{r}_{\mathrm{e}},t) + e\dot{\boldsymbol{r}}_{\mathrm{e}} \times \boldsymbol{B}(\boldsymbol{r}_{\mathrm{e}},t) \tag{A.7}$$

とマクスウェル方程式を使い，

$$\frac{d}{dt}\left[\frac{1}{2}m\dot{\boldsymbol{r}}_{\mathrm{e}}^2 + \frac{1}{2}\int d^3x(\boldsymbol{E}\cdot\boldsymbol{D} + \boldsymbol{B}\cdot\boldsymbol{H})\right] = -\int d^3x \nabla \cdot (\boldsymbol{E} \times \boldsymbol{H}) \tag{A.8}$$

を示せ．また，この式は物理的に何を表すか簡単に述べよ．必要なら以下のベクトルの積の公式を使え．

$$\nabla \cdot (\boldsymbol{L} \times \boldsymbol{M}) = \boldsymbol{M} \cdot (\nabla \times \boldsymbol{L}) - \boldsymbol{L} \cdot (\nabla \times \boldsymbol{M}) \tag{A.9}$$

(2) この荷電粒子の速さが光速 c に比べて十分小さいとき，この荷電粒子が作る電磁場は，十分遠方で

$$\boldsymbol{E}(\boldsymbol{r},t)=\frac{e}{4\pi\varepsilon_0 c^2 r^3}[\boldsymbol{r}\times(\boldsymbol{r}\times\dot{\boldsymbol{v}})], \tag{A.10}$$

$$\boldsymbol{B}(\boldsymbol{r},t)=\frac{\boldsymbol{r}\times\boldsymbol{E}}{rc} \tag{A.11}$$

で与えられる．ここで，$r=|\boldsymbol{r}|, \boldsymbol{v}=\dot{\boldsymbol{r}}_{\mathrm{e}}$ であり，ε_0 は真空の誘電率である．このとき，(A.8) 式の右辺を S とすると

$$S=-\frac{e^2\dot{v}^2}{6\pi\varepsilon_0 c^3}$$

となることを示せ．また，この荷電粒子が半径 a，角速度 ω の円運動をしているとき，S の表式を求めよ．（京都大学）

演習問題解答

第 2 章

2.1.1 (1) q_1, q_2, q_3 が x 軸上にあり，それぞれ $x=-d, x=0, x=d$ とする．各点電荷に働く力は x 軸方向であり，これを f_1, f_2, f_3 とすると，

$$\begin{aligned}
f_1 &= -\frac{1}{4\pi\varepsilon_0}\frac{q_1q_2}{d^2} - \frac{1}{4\pi\varepsilon_0}\frac{q_1q_3}{(2d)^2} \\
&= -\frac{1}{4\pi\varepsilon_0}\frac{q_1}{d^2}\left(q_2 + \frac{q_3}{4}\right), \\
f_2 &= \frac{1}{4\pi\varepsilon_0}\frac{q_1q_2}{d^2} - \frac{1}{4\pi\varepsilon_0}\frac{q_2q_3}{d^2} \\
&= \frac{1}{4\pi\varepsilon_0}\frac{q_2}{d^2}(q_1 - q_3), \\
f_3 &= \frac{1}{4\pi\varepsilon_0}\frac{q_1q_3}{(2d)^2} + \frac{1}{4\pi\varepsilon_0}\frac{q_2q_3}{d^2} \\
&= \frac{1}{4\pi\varepsilon_0}\frac{q_3}{d^2}\left(\frac{q_1}{4} + q_2\right)
\end{aligned}$$

(2) これら三つの静電気力が 0 であれば良いので，$f_1=0, f_2=0, f_3=0$ より

$$\begin{cases} q_2 + \frac{q_3}{4} = 0, \\ q_1 - q_3 = 0, \\ \frac{q_1}{4} + q_2 = 0 \end{cases}$$

これを解くと，

$$q_1 : q_2 : q_3 = 4 : -1 : 4$$

2.1.2 (1) 各点電荷の電気量はどれも等しく，さらに各頂点から正 12 角形の中心までの距離は等しいので，各点電荷による電場の大きさと静電ポテンシャルの値は中心で等しい．従って，対角同士の点電荷による電場は互いに打ち消し合うため電場は 0，静電ポテンシャル ϕ は，各電荷による静電ポテンシャル ϕ_i の和になるので

$$\phi = \sum_{i=1}^{12}\phi_i = \frac{12q}{4\pi\varepsilon_0 d} = \frac{3q}{\pi\varepsilon_0 d}$$

(2) 静電ポテンシャルは，点電荷が 1 個減ったので

$$\phi = \frac{11q}{4\pi\varepsilon_0 d}$$

電場の大きさは

$$E = \frac{q}{4\pi\varepsilon_0 d^2}$$

で，その方向は 12 角形中心から点電荷が取り除かれた頂点の方向である．

2.1.3 (1) 点電荷 3 が点電荷 1, 2 から受ける力は

$$\boldsymbol{F} = \frac{q_1q_3}{4\pi\varepsilon_0}\frac{\boldsymbol{r}_3 - \boldsymbol{r}_1}{|\boldsymbol{r}_3 - \boldsymbol{r}_1|^3} + \frac{q_2q_3}{4\pi\varepsilon_0}\frac{\boldsymbol{r}_3 - \boldsymbol{r}_2}{|\boldsymbol{r}_3 - \boldsymbol{r}_2|^3}$$

で与えられる．$q_1 = q_2 = q, q_3 = -q, \boldsymbol{r}_1 = (-a, 0, 0), \boldsymbol{r}_2 = (a, 0, 0), \boldsymbol{r}_3 = (0, y, 0)$ より

$$\begin{aligned}
\boldsymbol{r}_3 - \boldsymbol{r}_1 &= (a, y, 0), \\
\boldsymbol{r}_3 - \boldsymbol{r}_2 &= (-a, y, 0)
\end{aligned}$$

$$\therefore \quad |\boldsymbol{r}_3 - \boldsymbol{r}_1| = |\boldsymbol{r}_3 - \boldsymbol{r}_2| = \sqrt{a^2 + y^2}$$

これから $\boldsymbol{F}$ は

$$\begin{aligned}
\boldsymbol{F} &= \frac{-q^2}{4\pi\varepsilon_0}\frac{\boldsymbol{r}_3 - \boldsymbol{r}_1}{(a^2+y^2)^{\frac{3}{2}}} + \frac{-q^2}{4\pi\varepsilon_0}\frac{\boldsymbol{r}_3 - \boldsymbol{r}_2}{(a^2+y^2)^{\frac{3}{2}}} \\
&= \left(0, -\frac{q^2y}{2\pi\varepsilon_0(a^2+y^2)^{\frac{3}{2}}}, 0\right)
\end{aligned}$$

となり，y 成分のみ 0 でない．

(2) $y \ll a$ のとき，$\boldsymbol{F}$ の y 成分は

$$\begin{aligned}
F_y &= -\frac{q^2y}{2\pi\varepsilon_0(a^2+y^2)^{\frac{3}{2}}} \\
&= -\frac{q^2y}{2\pi\varepsilon_0 a^3}\left(1 - \frac{3y^2}{2a^2} + \cdots\right)
\end{aligned}$$

のように展開できる．ここで y の 1 次までとると

$$F_y = -\frac{q^2y}{2\pi\varepsilon_0 a^3}$$

運動方程式の y 成分は

$$m\ddot{y} = -\frac{q^2y}{2\pi\varepsilon_0 a^3}$$

これは単振動の方程式になっている．この単振

動の角振動数は

$$\omega = \sqrt{\frac{q^2}{2\pi\varepsilon_0 ma^3}}$$

2.1.4 球の中心を原点とする．簡単のため $\boldsymbol{r}$ は z 軸上にあるとし，xyz 成分は

$$\boldsymbol{r} = (0, 0, r) \quad (r > 0)$$

とする．球の表面に電荷が一様に分布しているので電荷面密度 σ は

$$\sigma = \frac{Q}{4\pi R^2}$$

球の表面上の点 $\boldsymbol{r}'$ における微小面積を dS とすると，そこに分布している電荷は $\sigma\, dS$ であり，この電荷による $\boldsymbol{r}$ での電場 $d\boldsymbol{E}(\boldsymbol{r})$ は

$$d\boldsymbol{E}(\boldsymbol{r}) = \frac{\sigma\, dS}{4\pi\varepsilon_0|\boldsymbol{r}-\boldsymbol{r}'|^2}\frac{\boldsymbol{r}-\boldsymbol{r}'}{|\boldsymbol{r}-\boldsymbol{r}'|}$$

ここで $\sigma\, dS$ による電場は微小なので $d\boldsymbol{E}$ とした．これを球の表面の電荷について積分すると

$$\boldsymbol{E}(\boldsymbol{r}) = \int_S \frac{\sigma\, dS}{4\pi\varepsilon_0|\boldsymbol{r}-\boldsymbol{r}'|^2}\frac{\boldsymbol{r}-\boldsymbol{r}'}{|\boldsymbol{r}-\boldsymbol{r}'|}$$

ここで，半径 R の球の表面の dS を 3 次元極座標を用いて表すと

$$dS = R^2 \sin\theta\, d\theta d\phi$$

また $\boldsymbol{r}'$ の xyz 座標は

$$\boldsymbol{r}' = (R\sin\theta\cos\phi, R\sin\theta\sin\phi, R\cos\theta)$$

$\boldsymbol{r}$ の xyz 座標は

$$\boldsymbol{r} = (0, 0, r)$$

であるので

$$\begin{aligned}\boldsymbol{r}-\boldsymbol{r}' &= (-R\sin\theta\cos\phi,\\ &\qquad -R\sin\theta\sin\phi, r-R\cos\theta)\end{aligned}$$

$$\begin{aligned}\therefore\quad &|\boldsymbol{r}-\boldsymbol{r}'|^2\\ &= (-R\sin\theta\cos\phi)^2 + (-R\sin\theta\sin\phi)^2\\ &\quad + (r-R\cos\theta)^2\\ &= R^2 + r^2 - 2Rr\cos\theta\end{aligned}$$

これらを使うと

$$\begin{aligned}&E_x(\boldsymbol{r})\\ &= \int_{\theta=0}^{\pi}\int_{\phi=0}^{2\pi}\frac{\sigma R^2\sin\theta\, d\theta d\phi}{4\pi\varepsilon_0(R^2+r^2-2Rr\cos\theta)^{\frac{3}{2}}}\\ &\qquad\times(-R\sin\theta\cos\phi),\end{aligned}$$

$$\begin{aligned}&E_y(\boldsymbol{r})\\ &= \int_{\theta=0}^{\pi}\int_{\phi=0}^{2\pi}\frac{\sigma R^2\sin\theta\, d\theta d\phi}{4\pi\varepsilon_0(R^2+r^2-2Rr\cos\theta)^{\frac{3}{2}}}\\ &\qquad\times(-R\sin\theta\sin\phi),\end{aligned}$$

$$\begin{aligned}&E_z(\boldsymbol{r})\\ &= \int_{\theta=0}^{\pi}\int_{\phi=0}^{2\pi}\frac{\sigma R^2\sin\theta\, d\theta d\phi}{4\pi\varepsilon_0(R^2+r^2-2Rr\cos\theta)^{\frac{3}{2}}}\\ &\qquad\times(r-R\cos\theta)\end{aligned}$$

E_x の被積分関数の中で ϕ に依存しているのは $\cos\phi$ だけである．

$$\int_{\phi=0}^{2\pi}\cos\phi\, d\phi = [\sin\phi]_0^{2\pi} = 0$$

$$\therefore\quad E_x = 0$$

E_y も被積分関数の中で ϕ に依存しているのは $\sin\phi$ だけである．

$$\int_{\phi=0}^{2\pi}\sin\phi\, d\phi = [-\cos\phi]_0^{2\pi} = 0$$

$$\therefore\quad E_y = 0$$

E_z は被積分関数は ϕ によらないので ϕ についての積分を先に行うことができ，θ だけの積分となる．$Z = R^2 + r^2 - 2Rr\cos\theta$ とおくと

$$dZ = 2Rr\sin\theta\, d\theta$$

なので

$$\begin{aligned}&E_z(\boldsymbol{r})\\ &= \int_{\theta=0}^{\pi}\int_{\phi=0}^{2\pi}\frac{\sigma R^2\sin\theta\, d\theta d\phi}{4\pi\varepsilon_0(R^2+r^2-2Rr\cos\theta)^{\frac{3}{2}}}\\ &\qquad\times(r-R\cos\theta)\\ &= 2\pi\int_{Z(\theta=0)}^{Z(\theta=\pi)}\frac{\sigma R\, dZ}{8\pi\varepsilon_0 rZ^{\frac{3}{2}}}\\ &\qquad\times\left(\frac{Z-R^2-r^2}{2r}+r\right)\\ &= \int_{Z(\theta=0)}^{Z(\theta=\pi)}\frac{\sigma R\, dZ}{4\varepsilon_0 r}\end{aligned}$$

2

$$\times \left\{ \frac{1}{Z^{\frac{1}{2}}} \frac{1}{2r} + \frac{1}{Z^{\frac{3}{2}}} \left(-\frac{R^2+r^2}{2r} + r \right) \right\}$$

$$= \left[\frac{\sigma R}{4\varepsilon_0 r} \left\{ Z^{\frac{1}{2}} \frac{1}{r} - \frac{1}{Z^{\frac{1}{2}}} \left(\frac{r^2-R^2}{r} \right) \right\} \right]_{Z(\theta=0)}^{Z(\theta=\pi)}$$

(1) $r > R$ のとき，今 $\boldsymbol{r} = (0,0,r)$ としたので

$$\begin{aligned} Z(\theta=0) &= R^2 + r^2 - 2Rr\cos 0 \\ &= (R-r)^2 \end{aligned}$$

$Z(\theta=0)^{\frac{1}{2}}$ は $r > R$ より

$$\{Z(\theta=0)\}^{\frac{1}{2}} = r - R,$$
$$\begin{aligned} Z(\theta=\pi) &= R^2 + r^2 - 2Rr\cos\pi \\ &= (R+r)^2 \end{aligned}$$

以上を上で求めた $E_z(\boldsymbol{r})$ に代入すると

$$\begin{aligned} &E_z(\boldsymbol{r}) \\ &= \left[\frac{\sigma R}{4\varepsilon_0 r} \left\{ Z^{\frac{1}{2}} \frac{1}{r} - \frac{1}{Z^{\frac{1}{2}}} \left(\frac{r^2-R^2}{r} \right) \right\} \right]_{Z(\theta=0)}^{Z(\theta=\pi)} \\ &= \frac{\sigma R}{4\varepsilon_0 r} \left[\{(r+R) - (r-R)\} \frac{1}{r} \right. \\ &\qquad \left. - \left(\frac{1}{r+R} - \frac{1}{r-R} \right) \left(\frac{r^2-R^2}{r} \right) \right] \\ &= \frac{\sigma R}{4\varepsilon_0 r} \left\{ \frac{2R}{r} + \left(\frac{2R}{r} \right) \right\} \\ &= \frac{\sigma R^2}{\varepsilon_0 r^2} \\ &= \frac{Q}{4\pi\varepsilon_0 r^2} \end{aligned}$$

ここで，$Q = 4\pi R^2 \sigma$ を使った．以上まとめると

$$\boldsymbol{E}(\boldsymbol{r}) = \frac{Q}{4\pi\varepsilon_0 r^3} \boldsymbol{r}$$

(2) $r < R$ のとき，同様に

$$\begin{aligned} Z(\theta=0) &= R^2 + r^2 - 2Rr\cos 0 \\ &= (R-r)^2 \end{aligned}$$

$Z(\theta=0)^{\frac{1}{2}}$ は $r < R$ より

$$\{Z(\theta=0)\}^{\frac{1}{2}} = R - r,$$
$$\begin{aligned} Z(\theta=\pi) &= R^2 + r^2 - 2Rr\cos\pi \\ &= (R+r)^2 \end{aligned}$$

以上を上で求めた $E_z(\boldsymbol{r})$ に代入すると

$$\begin{aligned} &E_z(\boldsymbol{r}) \\ &= \left[\frac{\sigma R}{4\varepsilon_0 r} \left\{ Z^{\frac{1}{2}} \frac{1}{r} - \frac{1}{Z^{\frac{1}{2}}} \left(\frac{r^2-R^2}{r} \right) \right\} \right]_{Z(\theta=0)}^{Z(\theta=\pi)} \\ &= \frac{\sigma R}{4\varepsilon_0 r} \left[\{(r+R) - (R-r)\} \frac{1}{r} \right. \\ &\qquad \left. - \left(\frac{1}{r+R} - \frac{1}{R-r} \right) \left(\frac{r^2-R^2}{r} \right) \right] \\ &= \frac{\sigma R}{4\varepsilon_0 r} \left\{ \frac{2r}{r} - \left(\frac{2r}{r} \right) \right\} = 0 \end{aligned}$$

以上まとめると

$$\boldsymbol{E}(\boldsymbol{r}) = 0$$

2.1.5 (1) 円環状に分布した電荷の線密度 λ は $\lambda = \frac{Q}{2\pi a}$ と書ける．円環の中心を xyz 座標系の原点とし，円環は xy 平面にあるとする．円環上の点 $\boldsymbol{r}' = (a\cos\theta, a\sin\theta, 0)$ の微小線素 $r\,d\theta$ 上の電荷による $\boldsymbol{r} = (0,0,z)$ における電場は，クーロンの法則を使うと

$$d\boldsymbol{E}(0,0,z) = \frac{\lambda a\,d\theta}{4\pi\varepsilon_0} \frac{\boldsymbol{r}-\boldsymbol{r}'}{|\boldsymbol{r}-\boldsymbol{r}'|^3}$$

ここで $\boldsymbol{r}-\boldsymbol{r}' = (-a\cos\theta, -a\sin\theta, z)$, $|\boldsymbol{r}-\boldsymbol{r}'| = \sqrt{a^2+z^2}$ であるので

$$\begin{aligned} &d\boldsymbol{E}(0,0,z) \\ &= \frac{\lambda a\,d\theta}{4\pi\varepsilon_0} \frac{1}{(a^2+z^2)^{\frac{3}{2}}} (-a\cos\theta, -a\sin\theta, z) \end{aligned}$$

$\boldsymbol{E}$ の x 成分と y 成分には三角関数の 1 次が含まれているので，電場 $\boldsymbol{E}(0,0,z)$ を求めるために θ について $\theta=0$ から $\theta=2\pi$ まで積分すると，x 成分と y 成分は 0 となる．z 成分は θ によらないので

$$\begin{aligned} \boldsymbol{E} &= \left(0, 0, \frac{2\pi a\lambda z}{4\pi\varepsilon_0 (a^2+z^2)^{\frac{3}{2}}} \right) \\ &= \left(0, 0, \frac{Qz}{4\pi\varepsilon_0 (a^2+z^2)^{\frac{3}{2}}} \right) \end{aligned}$$

(2) $\boldsymbol{r}$ にある $-q$ の点電荷に働く静電気力は，(1) の $\boldsymbol{E}$ を用いて，

$$\boldsymbol{F} = \left(0, 0, \frac{-qQz}{4\pi\varepsilon_0 (a^2+z^2)^{\frac{3}{2}}} \right)$$

$z \ll a$ のとき，

$$F_z = \frac{-qQz}{4\pi\varepsilon_0 a^3}\left(1 - \frac{3z^2}{2a^2} + \cdots\right)$$

と展開できるので，$\frac{z}{a}$ の 1 次までとると

$$F_z = \frac{-qQz}{4\pi\varepsilon_0 a^3}$$

と近似できる．これから運動方程式の z 成分は

$$m\ddot{z} = \frac{-qQz}{4\pi\varepsilon_0 a^3}$$

となり，点電荷が単振動すると，その角振動数 ω は

$$\omega = \sqrt{\frac{qQ}{4\pi\varepsilon_0 m a^3}}$$

となり，単振動の周期 T は

$$T = \frac{2\pi}{\omega} = 4\pi\sqrt{\frac{\pi\varepsilon_0 m a^3}{qQ}}$$

2.1.6 円筒座標系の原点を円盤の中心とし，z 軸を円盤と垂直にとる．半径 $r \sim r + dr$ の円環の中の電荷について考える．演習問題 2.1.5 で調べたように，この電荷による z 軸上の電場の r 成分は電荷分布の対称性から互いに打ち消し合い 0 となる．この電場の z 成分は，クーロンの法則を使うと

$$\begin{aligned} dE_z &= \frac{\sigma 2\pi r\,dr}{4\pi\varepsilon_0}\frac{z}{(r^2+z^2)^{\frac{3}{2}}} \\ &= \frac{\sigma r\,dr}{2\varepsilon_0}\frac{z}{(r^2+z^2)^{\frac{3}{2}}} \end{aligned}$$

ここで円環の面積が $2\pi r\,dr$ を使った．これを $r = 0$ から $r = R$ まで積分すると

$$\begin{aligned} E_z(z) &= \int_0^R \frac{\sigma r\,dr}{2\varepsilon_0}\frac{z}{(r^2+z^2)^{\frac{3}{2}}} \\ &= \left[-\frac{\sigma}{2\varepsilon_0}\frac{z}{(r^2+z^2)^{\frac{1}{2}}}\right]_0^R \\ &= \frac{\sigma}{2\varepsilon_0}\left\{1 - \frac{z}{(R^2+z^2)^{\frac{1}{2}}}\right\} \end{aligned}$$

(i)　$R \to \infty$ のとき，

$$E_z(z) = \frac{\sigma}{2\varepsilon_0}$$

となり，無限に広がる平板上の一様電荷分布の場合の結果と一致する．

(ii)　$z \gg R$ のとき，

$$\begin{aligned} E_z(z) &= \frac{\sigma}{2\varepsilon_0}\left\{1 - \frac{z}{(R^2+z^2)^{\frac{1}{2}}}\right\} \\ &= \frac{\sigma}{4\varepsilon_0}\frac{R^2}{z^2} + \cdots \end{aligned}$$

と展開され，円盤の全電荷を $Q = \sigma\pi R^2$ とおくと

$$E_z = \frac{Q}{4\pi\varepsilon_0}\frac{1}{z^2}$$

と書け，点電荷の結果と一致する．

2.1.7 半径 a の球の中心を原点とする 3 次元極座標 (r, θ, φ) を考え，対応する xyz 座標系の z 軸上の点 $(0, 0, z)$ における電場 $\boldsymbol{E}$ を求める．$0 < r < a$ の範囲の r について，半径 $r\sin\theta$ で r 軸方向に dr，θ 方向に $r\,d\theta$ の厚みを持った円環を考えると，多数の円環の集まりで半径 a の球を表すことができる．この円環は z 軸に対して垂直であり，体積は $2\pi r^2 \sin\theta\,dr d\theta$ であるので，ここに一様に分布している電荷による $(0, 0, z)$ における電場は，電荷分布の対称性によって z 成分のみを持つことがわかる．クーロンの法則から $\boldsymbol{r}'$ にある電荷 q による $\boldsymbol{r}$ における電場 $\boldsymbol{E}$ は

$$\boldsymbol{E} = \frac{q}{4\pi\varepsilon_0}\frac{\boldsymbol{r}-\boldsymbol{r}'}{|\boldsymbol{r}-\boldsymbol{r}'|^3}$$

となるので，この円環内の電荷による電場の z 成分 dE_z は

$$\begin{aligned} &dE_z \\ &= \frac{\rho 2\pi r^2 \sin\theta\,dr d\theta}{4\pi\varepsilon_0}\frac{z - r\cos\theta}{(z^2+r^2-2zr\cos\theta)^{\frac{3}{2}}} \end{aligned}$$

これを半径 a の球について次のように積分する．

(i)　$r < a < z$ のときには

$$\begin{aligned} E_z &= \int_0^a\int_0^\pi \frac{\rho 2\pi}{4\pi\varepsilon_0}\frac{(z - r\cos\theta)r^2\sin\theta\,dr d\theta}{(z^2+r^2-2zr\cos\theta)^{\frac{3}{2}}} \\ &= -\frac{\rho 2\pi}{4\pi\varepsilon_0}\frac{\partial}{\partial z}\int_0^a\int_0^\pi \frac{r^2\sin\theta\,dr d\theta}{(z^2+r^2-2zr\cos\theta)^{\frac{1}{2}}} \\ &= -\frac{\rho 2\pi}{4\pi\varepsilon_0}\frac{\partial}{\partial z} \end{aligned}$$

$$\times \int_0^a \left[\frac{r}{z}(z^2 + r^2 - 2zr\cos\theta)^{\frac{1}{2}} \right]_{\theta=0}^{\theta=\pi} dr$$

$$= -\frac{\rho 2\pi}{4\pi\varepsilon_0}\frac{\partial}{\partial z}\int_0^a \frac{r}{z}\{(z^2 + r^2 + 2zr)^{\frac{1}{2}}$$

$$-(z^2 + r^2 - 2zr)^{\frac{1}{2}}\}dr$$

$$= -\frac{\rho 2\pi}{4\pi\varepsilon_0}\frac{\partial}{\partial z}\int_0^a \frac{r}{z}\{(z+r) - (z-r)\}dr$$

$$= -\frac{\rho 2\pi}{4\pi\varepsilon_0}\frac{\partial}{\partial z}\int_0^a \frac{2r^2}{z}dr$$

$$= -\frac{\rho 2\pi}{4\pi\varepsilon_0}\frac{\partial}{\partial z}\frac{2a^3}{3z}$$

$$= \frac{\rho}{4\pi\varepsilon_0}\frac{4\pi a^3}{3z^2}$$

(ii) $z < a$ の場合について考える．途中までの計算は同じであるが，途中で積分の範囲を $0 < r < z$ と $z < r < a$ の二つに分ける必要があることに注意する．

$$E_z = \int_0^a \int_0^\pi \frac{\rho 2\pi}{4\pi\varepsilon_0}\frac{(z - r\cos\theta)r^2\sin\theta\, dr d\theta}{(z^2 + r^2 - 2zr\cos\theta)^{\frac{3}{2}}}$$

$$= -\frac{\rho 2\pi}{4\pi\varepsilon_0}\frac{\partial}{\partial z}\int_0^a \int_0^\pi \frac{r^2\sin\theta\, dr d\theta}{(z^2 + r^2 - 2zr\cos\theta)^{\frac{1}{2}}}$$

$$= -\frac{\rho 2\pi}{4\pi\varepsilon_0}\frac{\partial}{\partial z}$$

$$\times \int_0^a \left[\frac{r}{z}(z^2 + r^2 - 2zr\cos\theta)^{\frac{1}{2}} \right]_{\theta=0}^{\theta=\pi} dr$$

$$= -\frac{\rho 2\pi}{4\pi\varepsilon_0}\frac{\partial}{\partial z}\int_0^a \frac{r}{z}\{(z^2 + r^2 + 2zr)^{\frac{1}{2}}$$

$$-(z^2 + r^2 - 2zr)^{\frac{1}{2}}\}dr$$

$$= -\frac{\rho 2\pi}{4\pi\varepsilon_0}\frac{\partial}{\partial z}\left[\int_0^z \frac{r}{z}\{(z+r) - (z-r)\}dr \right.$$

$$\left. + \int_z^a \frac{r}{z}\{(z+r) - (r-z)\}dr \right]$$

$$= -\frac{\rho 2\pi}{4\pi\varepsilon_0}\frac{\partial}{\partial z}\left(\int_0^z \frac{2r^2}{z}dr + \int_z^a 2r\, dr\right)$$

$$= -\frac{\rho 2\pi}{4\pi\varepsilon_0}\frac{\partial}{\partial z}\left\{\frac{2z^3}{3z} + (a^2 - z^2)\right\}$$

$$= -\frac{\rho 2\pi}{4\pi\varepsilon_0}\left(\frac{4z}{3} - 2z\right)$$

$$= \frac{\rho}{4\pi\varepsilon_0}\frac{4\pi z}{3}$$

$$\therefore\quad E_z = \frac{\rho}{4\pi\varepsilon_0}\frac{4\pi z^3}{3z^2}$$

と書き換えられる．(i) と (ii) では，一様に電荷が分布している球を考えているので，z 軸方向は任意の動径方向と考えて良い．

ポイント (i) の結果は，電場は全電荷 $\frac{4\pi a^3\rho}{3}$ が球の中心にあるときの電場に等しい．

以上の結果は，一様に電荷が分布している球の外側の電場は，全電荷が球の中心にあるときの電場に等しく，球の内部の電場はその点より内側の電荷がすべて中心にあるときの電場に等しい．

2.1.8 xy 平面の原点が正方形の中心とする．また，各辺は x, y 軸と平行とする．z 軸上の点 $(0, 0, z)$ の電場の x, y 成分はこの正方形の向かい合った辺の電荷が作る電場で互いに打ち消し合うので z 成分のみを計算すれば良い．$x = \frac{a}{2}$ を通る辺の電荷による電場の z 成分は

$$E_z = \int_{-\frac{a}{2}}^{\frac{a}{2}} \frac{1}{4\pi\varepsilon_0}\frac{\lambda z\, dy}{\{(\frac{a}{2})^2 + y^2 + z^2\}^{\frac{3}{2}}}$$

これを積分する．$y = \sqrt{(\frac{a}{2})^2 + z^2}\tan\alpha$ と置くと

$$dy = \sqrt{\left(\frac{a}{2}\right)^2 + z^2}\,\frac{d\alpha}{\cos^2\alpha}$$

なので

$$E_z$$

$$= \int_{-\frac{a}{2}}^{\frac{a}{2}} \frac{1}{4\pi\varepsilon_0}\frac{\lambda z\, dy}{\{(\frac{a}{2})^2 + y^2 + z^2\}^{\frac{3}{2}}}$$

$$= \frac{\lambda z}{4\pi\varepsilon_0}\int_{-\alpha_0}^{\alpha_0} \frac{\sqrt{(\frac{a}{2})^2 + z^2}}{[\{(\frac{a}{2})^2 + z^2\}(1 + \tan^2\alpha)]^{\frac{3}{2}}}$$

$$\times \frac{d\alpha}{\cos^2\alpha}$$

$$= \frac{\lambda z}{4\pi\varepsilon_0\{(\frac{a}{2})^2 + z^2\}}\int_{-\alpha_0}^{\alpha_0}\cos\alpha\, d\alpha$$

$$= \frac{\lambda z}{4\pi\varepsilon_0\{(\frac{a}{2})^2 + z^2\}}(\sin\alpha_0 - \sin(-\alpha_0))$$

$$= \frac{\lambda z}{4\pi\varepsilon_0\{(\frac{a}{2})^2 + z^2\}}\frac{a}{\sqrt{2(\frac{a}{2})^2 + z^2}}$$

ここで，

$$\tan\alpha_0 = \frac{\frac{a}{2}}{\sqrt{(\frac{a}{2})^2 + z^2}}$$

四つの辺による電場はこの E_z の 4 倍になるので

$$\boldsymbol{E} = \frac{\lambda a z}{\pi\varepsilon_0(z^2+\frac{1}{4}a^2)\sqrt{z^2+\frac{1}{2}a^2}}\boldsymbol{e}_z$$

2.2.1 平板を xy 平面，それに垂直な方向を z 軸にとると電荷分布の対称性から，[1] 電場は平板に垂直で $\boldsymbol{E}=(0,0,E_z)$ と z 成分のみを持ち，[2]E_z は z のみに依存すると考えられる．ガウスの法則を適用する領域として z 軸を軸とする円柱を考え，その上面と下面は平板から同じ距離 a とする．電荷分布の対称性から $E_z(a)=-E_z(-a)$ の関係にある．この円柱の体積を V，表面積を S とするとガウスの法則から

$$\begin{aligned}&\int_S \boldsymbol{E}\cdot d\boldsymbol{S}\\&=\int_{上面}\boldsymbol{E}\cdot d\boldsymbol{S}+\int_{側面}\boldsymbol{E}\cdot d\boldsymbol{S}\\&\quad+\int_{下面}\boldsymbol{E}\cdot d\boldsymbol{S}\\&=\int_V \frac{\rho}{\varepsilon_0}\end{aligned}$$

円柱の側面で面素ベクトル $d\boldsymbol{S}$ は電場と垂直になるので面積分への寄与はなくなり

$$\begin{aligned}\int_S \boldsymbol{E}\cdot d\boldsymbol{S} &= \int_{上面}\boldsymbol{E}\cdot d\boldsymbol{S}+\int_{下面}\boldsymbol{E}\cdot d\boldsymbol{S}\\&=\int_V \frac{\rho}{\varepsilon_0}\end{aligned}$$

円柱の上面と下面の面積を S_u とすると

$$\int_{上面}\boldsymbol{E}\cdot d\boldsymbol{S}=E_z(a)S_u,$$

$$\int_{下面}\boldsymbol{E}\cdot d\boldsymbol{S}=-E_z(-a)S_u$$

ここで下面では $d\boldsymbol{S}$ は $-z$ 軸方向を向くことを考慮した．$E_z(a)=-E_z(-a)$ であるから

$$\begin{aligned}&\int_{上面}\boldsymbol{E}\cdot d\boldsymbol{S}+\int_{下面}\boldsymbol{E}\cdot d\boldsymbol{S}\\&=E_z(a)S_u+(-E_z(-a))S_u\\&=2E_z(a)S_u\end{aligned}$$

となるので，ガウスの法則から

$$2E_z(a)S_u=\frac{\sigma}{\varepsilon_0}S_u$$

これから

$$E_z(a)=\frac{\sigma}{2\varepsilon_0}$$

と $\boldsymbol{E}$ は z 成分のみを持ち

$$E_z=\begin{cases}\frac{\sigma}{2\varepsilon_0} & (z>0),\\ -\frac{\sigma}{2\varepsilon_0} & (z<0)\end{cases}$$

2.2.2 電荷は半径 a の球の表面に分布しているので，電荷分布の対称性から電場は 3 次元極座標の r 軸方向を向く．半径 r の球を考え，$0<r<a$ のとき，半径 r の球の内部に含まれる電荷は 0 なので，ガウスの法則から

$$\begin{aligned}\int_S \boldsymbol{E}\cdot d\boldsymbol{S} &= \int_S E_r\,dS=E_r(r)S\\&=\int_V\frac{\rho}{\varepsilon_0}dV=0\end{aligned}$$

ここで半径 r の球の表面を S，体積を V とした．この式から $S=4\pi r^2$ より $E_r=0$ となる．$r>a$ のとき，ガウスの法則から

$$\begin{aligned}\int_S \boldsymbol{E}\cdot d\boldsymbol{S} &= \int_S E_r\,dS=4\pi r^2E_r(r)\\&=\int_V\frac{\rho}{\varepsilon_0}dV=\frac{Q}{\varepsilon_0}\end{aligned}$$

$$\therefore\quad E_r(r)=\frac{Q}{4\pi\varepsilon_0 r^2}$$

静電ポテンシャル ϕ は，$r>a$ のとき，

$$\phi(r)=-\int_\infty^r \boldsymbol{E}\cdot d\boldsymbol{r}=-\int_\infty^r E_r dr=\frac{Q}{4\pi\varepsilon_0 r}$$

$r<a$ のとき，

$$\begin{aligned}\phi(r) &= -\int_\infty^r \boldsymbol{E}\cdot d\boldsymbol{r}\\&=-\int_\infty^a \boldsymbol{E}\cdot d\boldsymbol{r}-\int_a^r \boldsymbol{E}\cdot d\boldsymbol{r}\\&=-\int_\infty^a E_r dr=\frac{Q}{4\pi\varepsilon_0 a}\end{aligned}$$

ここで，$r<a$ で $\boldsymbol{E}=0$ を使った．

2.2.3 円柱の軸を z 軸とする円柱座標系をとる．電荷分布の対称性から，電場は r 成分のみになる．高さ l，半径が r の円柱を閉曲面 S として，ガウスの法則を適用すると，$0<r\le a$ では

$$\int_S \boldsymbol{E}\cdot d\boldsymbol{S} = \int_{側面} E_r\,dS=E_r 2\pi r l$$

2

2

$$= \int_V \frac{\rho}{\varepsilon_0} dV = \frac{\rho \pi r^2 l}{\varepsilon_0}$$

$$\therefore \quad \boldsymbol{E}(\boldsymbol{r}) = \frac{\rho r}{2\varepsilon_0} \boldsymbol{e}_r$$

$r > a$ では

$$\int_S \boldsymbol{E} \cdot d\boldsymbol{S} = \int_{\text{側面}} E_r \, dS = E_r 2\pi r l$$
$$= \int_V \frac{\rho}{\varepsilon_0} dV = \frac{\rho \pi a^2 l}{\varepsilon_0}$$

$$\therefore \quad \boldsymbol{E}(\boldsymbol{r}) = \frac{\rho a^2}{2\varepsilon_0 r} \boldsymbol{e}_r$$

2.2.4 電荷分布の対称性から，電場は円柱の軸を z 軸とする円筒座標系 r, θ, z を用いて，$\boldsymbol{E} = E\,\boldsymbol{e}_r$ と書ける．円柱と同じ中心軸を持つ半径 r，高さ l の円柱の表面を S，体積 V としてガウスの法則

$$\int_S \boldsymbol{E} \cdot d\boldsymbol{S} = \int_V \frac{\rho_0}{\varepsilon_0} dV$$

を適用する．

$0 < r < a$ のとき，

$$\int_S \boldsymbol{E} \cdot d\boldsymbol{S} = 2\pi r l E = \frac{\rho_0 \pi r^2 l}{\varepsilon_0}$$

$$\therefore \quad \boldsymbol{E} = \frac{\rho_0 r}{2\varepsilon_0} \boldsymbol{e}_r$$

$a < r \leq b$ とき，ガウスの法則から，

$$2\pi r l E = \frac{\rho_0 \pi a^2 l}{\varepsilon_0}$$

$$\therefore \quad \boldsymbol{E} = \frac{\rho_0 a^2}{2\varepsilon_0 r} \boldsymbol{e}_r$$

$b < r$ のとき，ガウスの法則から，

$$2\pi r l E = \frac{\rho_0 \pi a^2 l + \lambda_0 l}{\varepsilon_0}$$

$$\therefore \quad \boldsymbol{E} = \frac{\rho_0 \pi a^2 + \lambda_0}{2\pi \varepsilon_0 r} \boldsymbol{e}_r$$

2.2.5 無限平板の厚みの中間の面を xy 平面とすると $z = \pm l$ のところに無限平板の表面がある．電荷は無限平板内に一様に電荷密度 ρ_0 で分布している．電荷分布の対称性から電場 $\boldsymbol{E}$ は z 成分のみを持ち z にのみ依存し $z = 0$ に対して対称である．つまり

$$E_z(z) = -E_z(-z)$$

であるので，$z = 0$ で $E_z(0) = 0$ である．ガウスの法則の微分形

$$\nabla \cdot \boldsymbol{E} = \frac{\rho}{\varepsilon_0}$$

は $\boldsymbol{E}$ は z 成分のみであることを使うと

$$\frac{dE_z(z)}{dz} = \begin{cases} \frac{\rho_0}{\varepsilon_0} & (l > z > -l), \\ 0 & (z > l \text{ または } z < -l) \end{cases}$$

この一般解は

$$E_z(z) = \begin{cases} \frac{\rho_0}{\varepsilon_0} z + c_1 & (l > z > -l), \\ c_2 & (z > l), \\ c_3 & (z < -l) \end{cases}$$

ここで c_1, c_2, c_3 は任意定数である．$z = 0$ で $E_z(0) = 0$ であり，$z = \pm l$ で電場が連続であることを使うと

$$E_z = \begin{cases} \frac{\rho_0}{\varepsilon_0} z & (l > z > -l), \\ \frac{\rho_0}{\varepsilon_0} l & (z > l), \\ -\frac{\rho_0}{\varepsilon_0} l & (z < -l) \end{cases}$$

2.2.6 (1) $\boldsymbol{E} = -\nabla \phi$ より，

$$\boldsymbol{E} = -\nabla \left(A \frac{e^{-\lambda r}}{r} \right)$$
$$= -A \frac{\nabla e^{-\lambda r}}{r} - A e^{-\lambda r} \nabla \left(\frac{1}{r} \right)$$
$$= A e^{-\lambda r} \left(\frac{\lambda \boldsymbol{r}}{r^2} + \frac{\boldsymbol{r}}{r^3} \right)$$
$$= A e^{-\lambda r} (1 + \lambda r) \frac{\boldsymbol{r}}{r^3}$$

ここで，$\nabla r = \frac{\boldsymbol{r}}{r}$ を使った (第 1 章基本問題 1.1 (1) 参照)．

(2) $\rho = \varepsilon_0 \nabla \cdot \boldsymbol{E}$ より，

$$\rho = \varepsilon_0 \nabla \cdot \left\{ A e^{-\lambda r} (1 + \lambda r) \frac{\boldsymbol{r}}{r^3} \right\}$$
$$= \varepsilon_0 A \nabla \cdot \left(e^{-\lambda r} \frac{\boldsymbol{r}}{r^3} + \lambda e^{-\lambda r} \frac{\boldsymbol{r}}{r^2} \right)$$
$$= \varepsilon_0 A \left\{ e^{-\lambda r} \nabla \cdot \left(\frac{\boldsymbol{r}}{r^3} \right) + \frac{\boldsymbol{r}}{r^3} \cdot \nabla e^{-\lambda r} \right.$$
$$\left. + \boldsymbol{r} \cdot \nabla \left(\lambda e^{-\lambda r} \frac{1}{r^2} \right) \right.$$

$$+\ \lambda e^{-\lambda r}\frac{1}{r^2}\nabla\cdot\boldsymbol{r}\Bigg\}$$

$$= \varepsilon_0 A\left\{e^{-\lambda r}4\pi\delta(\boldsymbol{r}) - \frac{\lambda}{r^2}e^{-\lambda r} + \left(-\lambda^2 e^{-\lambda r}\frac{1}{r} - 2\lambda e^{-\lambda r}\frac{1}{r^2}\right) + 3\lambda e^{-\lambda r}\frac{1}{r^2}\right\}$$

$$= \varepsilon_0 A\left(4\pi e^{-\lambda r}\delta(\boldsymbol{r}) - \lambda^2 e^{-\lambda r}\frac{1}{r}\right)$$

ここで

$$\nabla^2\left(\frac{1}{r}\right) = \nabla\cdot\left(-\frac{\boldsymbol{r}}{r^3}\right) = -4\pi\delta(\boldsymbol{r})$$

を使った．

(3) 電荷密度を全空間にわたって積分する．

$$\int_V \rho\, dV = \int_V \varepsilon_0 A\left(4\pi e^{-\lambda r}\delta(\boldsymbol{r}) - \lambda^2 e^{-\lambda r}\frac{1}{r}\right)dV = \int_V \varepsilon_0 A 4\pi e^{-\lambda r}\delta(\boldsymbol{r})dV - \int_V \varepsilon_0 A\lambda^2 e^{-\lambda r}\frac{1}{r}dV$$

ここで，右辺第 1 項は

$$\int_V \varepsilon_0 A 4\pi e^{-\lambda r}\delta(\boldsymbol{r})dV = 4\pi\varepsilon_0 A$$

また，右辺第 2 項は被積分関数が r にのみよるので

$$\int_V \varepsilon_0 A\lambda^2 e^{-\lambda r}\frac{1}{r}dV = \int_0^\infty \varepsilon_0 A\lambda^2 e^{-\lambda r}\frac{1}{r}4\pi r^2\, dr = \varepsilon_0 A\lambda^2\int_0^\infty e^{-\lambda r}4\pi r\, dr = -\varepsilon_0 A\lambda^2\frac{\partial}{\partial\lambda}\int_0^\infty e^{-\lambda r}4\pi\, dr = -\varepsilon_0 A\lambda^2\frac{\partial}{\partial\lambda}\frac{4\pi}{\lambda} = 4\pi\varepsilon_0 A$$

$$\therefore\quad \int_V \rho\, dV = 4\pi\varepsilon_0 A - 4\pi\varepsilon_0 A = 0$$

2.2.7 (1) 全電荷は Q は，電荷分布 ρ が球対称であるので，原子核の体積を V とすると

$$Q = \int_V \rho\, dV = \int_0^a \rho_0\left(1 - \frac{r^2}{a^2}\right)4\pi r^2\, dr = 4\pi\rho_0\left(\frac{a^3}{3} - \frac{a^3}{5}\right) = \frac{8\pi\rho_0 a^3}{15}$$

(2) 原子核の外部の電場 $\boldsymbol{E}$ はガウスの法則

$$\int_S \boldsymbol{E}\cdot d\boldsymbol{S} = \int_V \frac{\rho}{\varepsilon_0}dV$$

を使って得られる．電荷分布は原子核の中心に対して球対称であるので V として半径 r の球，S としてその表面を考える．原子核の外部の電場を求めるので $r > a$ とする．電荷分布の対称性から，電場 $\boldsymbol{E}$ は r 成分のみを持ち，球の表面の微小面ベクトル $d\boldsymbol{S}$ も r 成分のみを持つ．よってガウスの法則の左辺は

$$\int_S \boldsymbol{E}\cdot d\boldsymbol{S} = \int_S E_r\, dS = 4\pi r^2 E_r$$

ガウスの法則の右辺は

$$\int_V \frac{\rho}{\varepsilon_0}dV = \frac{Q}{\varepsilon_0} = \frac{8\pi\rho_0 a^3}{15\varepsilon_0}$$

よって

$$4\pi r^2 E_r = \frac{8\pi\rho_0 a^3}{15\varepsilon_0}$$

$$\therefore\quad E_r = \frac{2\rho_0 a^3}{15\varepsilon_0 r^2},\qquad \boldsymbol{E} = \frac{2\rho_0 a^3}{15\varepsilon_0 r^2}\boldsymbol{e}_r$$

静電ポテンシャル ϕ も電荷分布の対称性から球対称であり，無限遠を基準点として

$$\phi(r) = -\int_\infty^r \frac{2\rho_0 a^3}{15\varepsilon_0 r^2}dr = \frac{2\rho_0 a^3}{15\varepsilon_0 r}$$

(3) 原子核内部の電場も電荷分布の対称性から，V として半径 r の球，S としてその表面を考え $r < a$ とする．ガウスの法則

$$\int_S \boldsymbol{E}\cdot d\boldsymbol{S} = \int_V \frac{\rho}{\varepsilon_0}dV$$

の左辺は

$$\int_S \boldsymbol{E}\cdot d\boldsymbol{S} = \int_S E_r\, dS = 4\pi r^2 E_r$$

ガウスの法則の右辺は

$$\int_V \frac{\rho}{\varepsilon_0}dV = \int_0^r \frac{\rho_0}{\varepsilon_0}\left(1-\frac{r^2}{a^2}\right)4\pi r^2\,dr = \frac{4\pi\rho_0}{\varepsilon_0}\left(\frac{r^3}{3}-\frac{r^5}{5a^2}\right)$$

よって

$$4\pi r^2 E_r = \frac{4\pi\rho_0}{\varepsilon_0}\left(\frac{r^3}{3}-\frac{r^5}{5a^2}\right)$$

$$\therefore\quad E_r = \frac{\rho_0 r}{3\varepsilon_0}\left(1-\frac{3r^2}{5a^2}\right),\qquad \boldsymbol{E} = \frac{\rho_0 r}{3\varepsilon_0}\left(1-\frac{3r^2}{5a^2}\right)\boldsymbol{e}_r$$

静電ポテンシャル ϕ も電荷分布の対称性から球対称であり，無限遠を基準点として

$$\begin{aligned}\phi(r) &= -\int_\infty^r E_r dr\\ &= -\int_\infty^a E_r dr - \int_a^r E_r\,dr\\ &= \frac{2\rho_0 a^3}{15\varepsilon_0 a} - \int_a^r \frac{\rho_0 r}{3\varepsilon_0}\left(1-\frac{3r^2}{5a^2}\right)dr\\ &= \frac{2\rho_0 a^2}{15\varepsilon_0} - \left[\frac{\rho_0 r}{3\varepsilon_0}\left(\frac{r}{2}-\frac{3r^3}{20a^2}\right)\right]_a^r\\ &= \frac{2\rho_0 a^2}{15\varepsilon_0} - \frac{\rho_0}{3\varepsilon_0}\left\{\frac{r^2}{2}\left(1-\frac{3r^2}{10a^2}\right)-\frac{7a^2}{20}\right\}\\ &= \frac{\rho_0 r^2}{6\varepsilon_0}\left(\frac{3r^2}{10a^2}-1\right)+\frac{\rho_0 a^2}{4\varepsilon_0}\end{aligned}$$

第 3 章

3.1.1 それぞれの球の電荷を Q_a, Q_b，それぞれの球の表面での電位を ϕ_a, ϕ_b とする．導線でつないだ後，切り離したので二つの導体球は等電位になっているので $\phi_a = \phi_b$ であり，導線でつないだので Q は $Q_a + Q_b = Q$ である．

(1) これから

$$\begin{cases} Q_a + Q_b = Q, \\ \phi_a = \frac{Q_a}{4\pi\varepsilon_0 a} = \phi_b = \frac{Q_b}{4\pi\varepsilon_0 b} \end{cases}$$

よって

$$\frac{Q_a}{4\pi\varepsilon_0 a} = \frac{Q-Q_a}{4\pi\varepsilon_0 b},$$

$$\therefore\quad Q_a = \frac{a}{a+b}Q$$

同様に

$$Q_b = \frac{b}{a+b}Q$$

(2) 半径 a の球の表面付近の電場の大きさ E_a は

$$E_a = \frac{Q_a}{4\pi\varepsilon_0 a^2} = \frac{Q}{4\pi\varepsilon_0 a(a+b)}$$

半径 b の球の表面付近の電場の大きさ E_b は

$$E_b = \frac{Q_b}{4\pi\varepsilon_0 b^2} = \frac{Q}{4\pi\varepsilon_0 b(a+b)}$$

これらを比較すると $a > b$ なので

$$E_a < E_b$$

3.1.2 (1) 半径 r（$a < r < b$）の球の領域に対してガウスの法則

$$\int_S \boldsymbol{E}\cdot d\boldsymbol{S} = \int_V \frac{\rho}{\varepsilon_0}dV$$

を適用すると，この球内の電荷は導体球の電荷 Q_1 なので，電場は，

$$\boldsymbol{E}(\boldsymbol{r}) = \frac{Q_1}{4\pi\varepsilon_0}\frac{\boldsymbol{r}}{r^3}$$

導体球殻と導体球間の電位差は，

$$V_{ab} = -\int_b^a \frac{Q_1}{4\pi\varepsilon_0}\frac{\boldsymbol{r}}{r^3}\cdot d\boldsymbol{r} = \frac{Q_1}{4\pi\varepsilon_0}\left(\frac{1}{a}-\frac{1}{b}\right)$$

(2) 細い導線でつなぐと，電荷は導体球殻と導体球間の電位差が 0 になるまで移動する．移動が終わったときの導体球，導体球殻に蓄えられている電荷をそれぞれ Q_1', Q_2' とおく．電位差が 0 なので

$$V_{ab} = \frac{Q_1'}{4\pi\varepsilon_0}\left(\frac{1}{a}-\frac{1}{b}\right) = 0$$

より，$Q_1' = 0$ である．また，導体球殻と導体球の系全体では電荷が保存されるので，

$$Q_1 + Q_2 = Q_1' + Q_2'$$

ここで，$Q_1' = 0$ であるので

$$Q_2' = Q_1 + Q_2$$

(3) 導体球殻を接地すると，導体球殻の静電ポテンシャルが 0 になる．接地により，このように導体球殻の電荷が変化する．これを Q_2'' と

する．電荷が変化した結果，導体球殻の外に電場がある場合，導体球殻の静電ポテンシャルが 0 と矛盾する．つまり，導体球殻の外で電場が 0 になるように電荷が移動するはずである．導体球殻の外における電場 $\boldsymbol{E}'$ は，ガウスの法則で $r > b$ 内の電荷は $Q_1 + Q_2''$ を使うと

$$\boldsymbol{E}' = \frac{Q_1 + Q_2''}{4\pi\varepsilon_0}\frac{\boldsymbol{r}}{r^3}$$

と書ける．よって $Q_1+Q_2'' = 0$ であれば $\boldsymbol{E}' = 0$ になるから

$$Q_2'' = -Q_1$$

3.1.3 (1) 点 $(-a, \pm b, 0)$ に鏡像電荷（3.4 節参照）$\mp q$ を置く．二つの電荷と二つの鏡像電荷による点 (x, y, z) における静電ポテンシャル ϕ は

$$\begin{aligned}
&\phi(x,y,z)\\
&= \frac{1}{4\pi\varepsilon_0}\left\{\frac{q}{\sqrt{(x-a)^2+(y-b)^2+z^2}}\right.\\
&\qquad + \frac{-q}{\sqrt{(x-a)^2+(y+b)^2+z^2}}\\
&\qquad + \frac{-q}{\sqrt{(x+a)^2+(y-b)^2+z^2}}\\
&\qquad \left. + \frac{q}{\sqrt{(x+a)^2+(y+b)^2+z^2}}\right\}
\end{aligned}$$

この ϕ による電場 $\boldsymbol{E}$ は

$$\boldsymbol{E}(x,y,z) = -\nabla\phi(x,y,z)$$

より

$$\begin{aligned}
&\boldsymbol{E}(x,y,z)\\
&= \frac{1}{4\pi\varepsilon_0}\left[\frac{q}{\{(x-a)^2+(y-b)^2+z^2\}^{\frac{3}{2}}}\right.\\
&\qquad \times (x-a, y-b, z)\\
&\qquad + \frac{-q}{\{(x-a)^2+(y+b)^2+z^2\}^{\frac{3}{2}}}\\
&\qquad \times (x-a, y+b, z)\\
&\qquad + \frac{-q}{\{(x+a)^2+(y-b)^2+z^2\}^{\frac{3}{2}}}\\
&\qquad \times (x+a, y-b, z)\\
&\qquad + \frac{q}{\{(x+a)^2+(y+b)^2+z^2\}^{\frac{3}{2}}}\\
&\qquad \left. \times (x+a, y+b, z)\right]
\end{aligned}$$

(2) 導体表面における電場は (1) で得られた式に $x = 0$ を代入して，

$$\begin{aligned}
&\boldsymbol{E}(0,y,z)\\
&= \frac{1}{4\pi\varepsilon_0}\left\{\frac{q}{\{a^2+(y-b)^2+z^2\}^{\frac{3}{2}}}\right.\\
&\qquad \times (-a, y-b, z)\\
&\qquad + \frac{-q}{\{a^2+(y+b)^2+z^2\}^{\frac{3}{2}}}\\
&\qquad \times (-a, y+b, z)\\
&\qquad + \frac{-q}{\{a^2+(y-b)^2+z^2\}^{\frac{3}{2}}}\\
&\qquad \times (a, y-b, z)\\
&\qquad + \frac{q}{\{a^2+(y+b)^2+z^2\}^{\frac{3}{2}}}\\
&\qquad \left. \times (a, y+b, z)\right\}\\
&= \frac{1}{4\pi\varepsilon_0}\left\{\frac{q}{\{a^2+(y-b)^2+z^2\}^{\frac{3}{2}}}\right.\\
&\qquad \times (-2a, 0, 0)\\
&\qquad + \frac{q}{\{a^2+(y+b)^2+z^2\}^{\frac{3}{2}}}\\
&\qquad \left. \times (2a, 0, 0)\right\}\\
&= \frac{qa}{2\pi\varepsilon_0}\left(\frac{1}{\{a^2+(y+b)^2+z^2\}^{\frac{3}{2}}}\right.\\
&\qquad \left. - \frac{1}{\{a^2+(y-b)^2+z^2\}^{\frac{3}{2}}}, 0, 0\right)
\end{aligned}$$

導体を挟むような円柱（高さは l で底面の面積は S_r とする）に対してガウスの法則を適用する．$x = 0$ の電場は導体表面と垂直であること，導体内（$x < 0$）には電場がないことを用いると，

$$E(0,y,z)S_r = \frac{\sigma(0,y,z)}{\varepsilon_0}S_r$$

従って，電荷の面密度は

$$\begin{aligned}
&\sigma(0,y,z)\\
&= \frac{qa}{2\pi}\left(\frac{1}{\{a^2+(y+b)^2+z^2\}^{\frac{3}{2}}}\right.
\end{aligned}$$

$$- \frac{1}{\{a^2+(y-b)^2+z^2\}^{\frac{3}{2}}}\Bigg)$$

(3) (2) で求めた σ を積分する．導体表面の全電荷 Q は

$$\begin{aligned}
Q &= \int_{-\infty}^{\infty}\int_{-\infty}^{\infty} \sigma(0,y,z)dydz \\
&= \int_{-\infty}^{\infty}\int_{-\infty}^{\infty} \frac{qa}{2\pi}\left[\frac{1}{\{a^2+(y+b)^2+z^2\}^{\frac{3}{2}}} - \frac{1}{\{a^2+(y-b)^2+z^2\}^{\frac{3}{2}}}\right] dydz \\
&= \int_{-\infty}^{\infty}\int_{-\infty}^{\infty} \frac{qa}{2\pi}\frac{1}{\{a^2+(y+b)^2+z^2\}^{\frac{3}{2}}} \times dydz \\
&\quad - \int_{-\infty}^{\infty}\int_{-\infty}^{\infty} \frac{qa}{2\pi}\frac{1}{\{a^2+(y-b)^2+z^2\}^{\frac{3}{2}}} \times dydz
\end{aligned}$$

ここで第 1 項目で $y' = y+b$，第 2 項目で $y'' = y-b$ と置くと

$$\begin{aligned}
Q &= \int_{-\infty}^{\infty}\int_{-\infty}^{\infty} \frac{qa}{2\pi}\frac{1}{(a^2+y'^2+z^2)^{\frac{3}{2}}}dy'dz \\
&\quad - \int_{-\infty}^{\infty}\int_{-\infty}^{\infty} \frac{qa}{2\pi}\frac{1}{(a^2+y''^2+z^2)^{\frac{3}{2}}} \times dy''dz \\
&= 0
\end{aligned}$$

3.2.1 導体円筒の中心軸を z 軸にとる．円筒の中心軸を z 軸に，底面の半径を r，高さを l とする円柱（表面を S，体積を V）にガウスの法則

$$\int_S \boldsymbol{E}\cdot d\boldsymbol{S} = \int_V \frac{\rho}{\varepsilon_0}dV$$

を適用し，電場を求める．電荷分布の対称性から，電場は z 軸とする円筒座標系 (r,θ,z) を用いて，$\boldsymbol{E} = E\boldsymbol{e}_r$ と書ける．

(i) $a<r<b$ では

$$\int_S \boldsymbol{E}\cdot d\boldsymbol{S} = 2\pi rlE = \int_V \frac{\rho}{\varepsilon_0}dV = \frac{\lambda l}{\varepsilon_0},$$

$$\boldsymbol{E} = \frac{\lambda l}{2\pi\varepsilon_0 r}\boldsymbol{e}_r$$

(ii) $r<a$ と $b<r$ では V 内の電荷は 0 なので

$$\boldsymbol{E} = 0$$

二つの導体円筒の電位差 V_{ab} は，

$$V_{ab} = -\int_b^a \frac{\lambda l}{2\pi\varepsilon_0 r}dr = \frac{\lambda l}{2\pi\varepsilon_0}\ln\frac{b}{a}$$

従って，単位長さ当たりの静電容量 C は

$$C = \frac{\lambda}{V_{ab}} = \frac{2\pi\varepsilon_0}{\ln\frac{b}{a}}$$

3.2.2 極板間隔を変えたときのエネルギー変化量から仕事を求める．極板間隔を x とする．このコンデンサーの静電容量 C と蓄えられているエネルギー U は基本問題 3.6 で求めたように，

$$C = \frac{\varepsilon_0 S}{x},$$
$$U = \frac{Q^2}{2\varepsilon_0 S}x$$

(1) コンデンサーに蓄えられている電荷は保存されたまま極板を移動した．従って，極板間隔を dx 増やしたときのエネルギーは

$$U' = \frac{Q^2}{2\varepsilon_0 S}(x+dx)$$

となり，必要な仕事 W は

$$\begin{aligned}
W &= U' - U \\
&= \frac{Q^2}{2\varepsilon_0 S}dx
\end{aligned}$$

(2) 電池に接続した状態では，極板間の電圧が一定に保たれるので，結果として電圧が一定になるように電荷が変化する．dx 縮めたときの静電容量 C' は

$$C' = \frac{\varepsilon_0 S}{x-dx}$$

なので，電圧 V_0 のときの電荷 Q' は

$$Q' = C'V_0 = \frac{\varepsilon_0 S}{x-dx}V_0$$

もともと

$$Q = CV_0 = \frac{\varepsilon_0 S}{x}V_0$$

$$\therefore\quad Q' = \frac{x}{x-dx}Q$$

従って，極板間隔を dx 縮めたときのエネルギーは

$$U' = \frac{1}{2C'}Q'^2 = \frac{1}{2}\frac{x-dx}{\varepsilon_0 S}\left(\frac{x}{x-dx}Q\right)^2$$
$$= \frac{Q^2}{2\varepsilon_0 S}\frac{x^2}{x-dx}$$

よって，必要な仕事 W は

$$W = U' - U$$
$$= \frac{Q^2}{2\varepsilon_0 S}\frac{x^2}{x-dx}Q^2 - \frac{Q^2}{2\varepsilon_0 S}x$$
$$= \frac{Q^2}{2\varepsilon_0 S}\frac{x\,dx}{x-dx}$$

3.2.3 (1) 導体球に蓄えられている電荷が q のとき，導体球と導体球殻の間の電場は

$$\boldsymbol{E}(\boldsymbol{r}) = \frac{q}{4\pi\varepsilon_0}\frac{\boldsymbol{r}}{r^3}$$

この電場に逆らって，導体球殻から導体球に微小電荷 dq を運ぶのに必要な仕事 dW は，

$$dW = -dq\int_b^a \boldsymbol{E}\cdot d\boldsymbol{r} = -dq\int_b^a E(r)dr$$
$$= -dq\int_b^a \frac{q}{4\pi\varepsilon_0}\frac{1}{r^2}dr = \frac{q\,dq}{4\pi\varepsilon_0}\left(\frac{1}{a}-\frac{1}{b}\right)$$

これを q について 0 から Q まで積分して，電場に逆らって電荷を移動させるのに必要な仕事 W は

$$W = \int_0^Q \frac{q\,dq}{4\pi\varepsilon_0}\left(\frac{1}{a}-\frac{1}{b}\right) = \frac{Q^2}{8\pi\varepsilon_0}\left(\frac{1}{a}-\frac{1}{b}\right)$$

(2) 静電場のエネルギー密度は $a<r<b$ の領域では，

$$U = \frac{1}{2}\varepsilon_0\boldsymbol{E}^2 = \frac{Q^2}{32\pi^2\varepsilon_0 r^4}$$

これを $a<r<b$ で体積積分することで静電場の全エネルギー

$$\int_a^b \frac{Q^2}{32\pi^2\varepsilon_0 r^4}\times 4\pi r^2\,dr = \frac{Q^2}{8\pi^2\varepsilon_0}\left(\frac{1}{a}-\frac{1}{b}\right)$$

これは (1) の結果に一致する．

3.2.4 (1) 解法は基本問題 3.5 と同じなので省略する．上方を x の正の向きにとると

$$E = -\frac{Q}{\varepsilon_0 S}$$

(2) 固定された極板がもう一方の極板の位置に及ぼす電場は，

$$E = -\frac{Q}{2\varepsilon_0 S}$$

従って，バネに接続された極板に働く力 F は

$$F = QE = -\frac{Q^2}{2\varepsilon_0 S}$$

よって F の大きさは

$$|F| = \frac{Q^2}{2\varepsilon_0 S}$$

向きは下向き．

(3) 力の釣り合いより，

$$-\frac{Q^2}{2\varepsilon_0 S} + k(d_0 - d) = 0$$

これから

$$d = d_0 - \frac{Q^2}{2\varepsilon_0 Sk}$$

極板間の電場は一様で変化しないので，電位差 V は

$$V = -\int_0^d E\,dx = \frac{Q}{\varepsilon_0 S}d$$
$$= \frac{Q}{\varepsilon_0 S}\left(d_0 - \frac{Q^2}{2\varepsilon_0 Sk}\right)$$

3.3.1 (1) 誘電体が挿入されている部分とされていない部分の静電容量をそれぞれ C_1, C_2 とすると，

$$C_1 = \frac{\varepsilon xl}{d}, \quad C_2 = \frac{\varepsilon_0(l^2 - xl)}{d}$$

この二つのコンデンサーが並列に配置されていると考えられるので，コンデンサー全体の静電容量は，

$$C = C_1 + C_2 = \frac{l\{\varepsilon x + \varepsilon_0(l-x)\}}{d}$$

(2) このコンデンサーに蓄えられているエネルギー U' は，

$$U' = \frac{1}{2}CV_0^2 = \frac{lV_0^2\{\varepsilon x + \varepsilon_0(l-x)\}}{2d}$$

誘電体挿入前（$x=0$）のエネルギー U は

$$U = \frac{1}{2}CV_0^2 = \frac{\varepsilon_0 l^2 V_0^2}{2d}$$

であるので，誘電体を挿入するのに必要な仕事 W

は

$$W = U' - U = \frac{(\varepsilon - \varepsilon_0)xlV_0^2}{2d}$$

3.3.2 一般に誘電率 ε の誘電体を挿入した面積 S，距離 d の平行平板コンデンサーの静電容量を求める．コンデンサーに電荷 Q を与える．電荷 Q が蓄えられている極板を挟むように垂直に置いた円柱にガウスの法則を適用すると，極板間の電束密度 $\boldsymbol{D}$ の大きさ D は，

$$D = \frac{Q}{S} \qquad ①$$

$D = \varepsilon E$ なので

$$E = \frac{Q}{\varepsilon S} \qquad ②$$

極板間の電場は一様なので，電位差 V は，$V = Ed$ と書ける．従って，静電容量 C は $Q = CV$ より

$$C = \frac{Q}{V} = \frac{Q}{\frac{Q}{\varepsilon S}d} = \frac{\varepsilon S}{d} \qquad ③$$

(1) 誘電体の間に薄い極板を入れたとき，このコンデンサーは誘電率 ε_1 のコンデンサーと誘電率 ε_2 のコンデンサーを直列につないだものとみなせる．ここで，挿入した極板はもともと電荷がなかったので各コンデンサーには同じ電荷 Q が蓄えらているとみなせる．このことと②より

$$E_1 = \frac{Q}{\varepsilon_1 S}, \quad E_2 = \frac{Q}{\varepsilon_2 S}$$

この二つのコンデンサーによる電圧 V はそれぞれのコンデンサーへの電圧の和なので，

$$V = \frac{Q}{C_1} + \frac{Q}{C_2}$$

③より

$$C_1 = \frac{\varepsilon_1 S}{d_1}, \quad C_2 = \frac{\varepsilon_2 S}{d_2}$$

を用いて書くことができる．従って，このコンデンサーの静電容量 C は

$$C = \frac{Q}{V} = \frac{Q}{\frac{Q}{C_1} + \frac{Q}{C_2}} = \frac{C_1 C_2}{C_1 + C_2}$$

$$= \frac{\frac{\varepsilon_1 S}{d_1}\frac{\varepsilon_2 S}{d_2}}{\frac{\varepsilon_1 S}{d_1} + \frac{\varepsilon_2 S}{d_2}} = \frac{\varepsilon_1 \varepsilon_2 S}{\varepsilon_1 d_2 + \varepsilon_2 d_1}$$

(2) この場合はコンデンサーを並列につないだものとみなせる．コンデンサーの電圧を V とすると

$$E_1 = E_2 = \frac{V}{d}$$

の関係がある．誘電率 ε_1 のコンデンサーと誘電率 ε_2 のコンデンサーにそれぞれ電荷 q_1, q_2 が蓄えられているとする．これは，$Q = q_1 + q_2$ を満たす．このコンデンサーによる電圧 V は，

$$V = \frac{q_1 d}{\varepsilon_1 S_1} = \frac{q_2 d}{\varepsilon_2 S_2}$$

これから q_2 を求めて $Q = q_1 + q_2$ に代入すると，

$$q_1 = \frac{\varepsilon_1 S_1}{\varepsilon_1 S_1 + \varepsilon_2 S_2} Q$$

従って，このコンデンサーの静電容量 $C = \frac{Q}{V}$ に以上の結果を代入すると

$$C = \frac{Q}{V} = \frac{\varepsilon_1 S_1 + \varepsilon_2 S_2}{d}$$

これから

$$E_1 = E_2 = \frac{V}{d} = \frac{Q}{\varepsilon_1 S_1 + \varepsilon_2 S_2}$$

3.3.3 電荷分布の対称性から，電束密度は球殻の中心を原点とする 3 次元極座標系を用いて $\boldsymbol{D} = D\boldsymbol{e}_r$ と書ける．半径 r の球に対してガウスの法則

$$\int_S \boldsymbol{D} \cdot d\boldsymbol{S} = \int_V \rho \, dV$$

を適用する．

(i) $0 < r < a$ のとき，半径 r の球の内部に含まれる真電荷は 0 であるので，ガウスの法則より電束密度 $\boldsymbol{D}$，電場 $\boldsymbol{E}$ ともに 0 である．

(ii) $a < r < b$ のとき，ガウスの法則より，

$$\int_S \boldsymbol{D} \cdot d\boldsymbol{S} = 4\pi r^2 D = \int_V \rho \, dV = Q_a$$

が得られ，これから

$$\boldsymbol{D} = \frac{Q_a}{4\pi r^2}\boldsymbol{e}_r$$

この領域では誘電率は ε_2 なので

$$\boldsymbol{E} = \frac{Q_a}{4\pi \varepsilon_2 r^2}\boldsymbol{e}_r$$

(iii) $b < r$ のとき，ガウスの法則より，

$$\int_S \boldsymbol{D} \cdot d\boldsymbol{S} = 4\pi r^2 D = \int_V \rho\, dV = Q_a + Q_b$$

が得られ，これから

$$\boldsymbol{D} = \frac{Q_a + Q_b}{4\pi r^2} \boldsymbol{e}_r$$

この領域では誘電率は ε_0 なので

$$\boldsymbol{E} = \frac{Q_a + Q_b}{4\pi\varepsilon_0 r^2} \boldsymbol{e}_r$$

3.3.4 (1) 誘電率 ε は極板 A から距離 x に比例して変化することから，誘電率 ε を

$$\varepsilon(x) = ax + b$$

と置くと（ここで a, b は定数），

$$\varepsilon(0) = \varepsilon_1, \quad \varepsilon(d) = \varepsilon_2$$

となるには，

$$\varepsilon(x) = \frac{(\varepsilon_2 - \varepsilon_1)}{d} x + \varepsilon_1$$

電荷分布の対称性から電場は極板間では極板に垂直で極板間の外では 0 である．x が増える方向を電場 $\boldsymbol{E}$ の方向とする．

図 1 のように極板 A に垂直な円柱を A を挟むように置き，これにガウスの法則

$$\int_S \boldsymbol{D} \cdot d\boldsymbol{S} = \int_V \rho\, dV$$

を適用する．

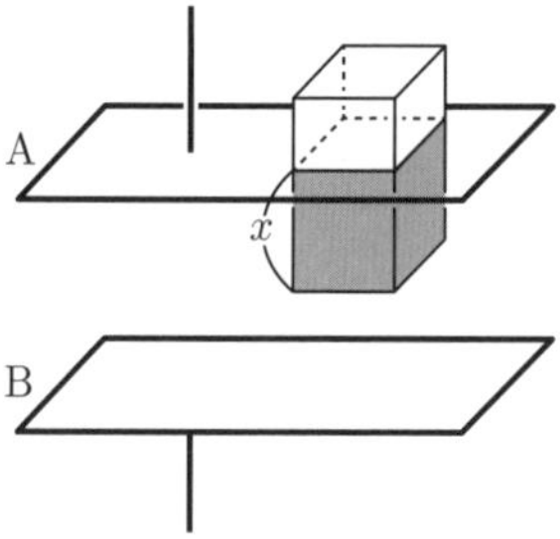

図 1

この円柱の下面は極板 A から距離 x にある．ただし，$0 < x < d$ とする．極板の上面はコンデンサーの外にあるので，そこでの電束密度 $\boldsymbol{D}$ は 0 である．円柱の下面の面積を単位面積とすると

$$D = \frac{Q}{S}$$

これから，

$$E = \frac{Q}{S\varepsilon(x)} = \frac{Qd}{S\{(\varepsilon_2 - \varepsilon_1)x + \varepsilon_1 d\}}$$

(2) 極板間の電位差 V_{AB} は，

$$\begin{aligned} V_{\mathrm{AB}} &= -\int_d^0 E(x)dx \\ &= -\int_d^0 \frac{Qd}{S\{(\varepsilon_2 - \varepsilon_1)x + \varepsilon_1 d\}} dx \\ &= \frac{Qd}{(\varepsilon_2 - \varepsilon_1)S} \ln \frac{\varepsilon_2}{\varepsilon_1} \end{aligned}$$

となり，これより静電容量は $C = \frac{Q}{V}$ より

$$C = \frac{Q}{V} = \frac{(\varepsilon_2 - \varepsilon_1)S}{d \ln \frac{\varepsilon_2}{\varepsilon_1}}$$

3.4.1 (1) 点 $\mathrm{P}(x_q, y_q, 0)$ に電荷 q が置かれているので $y = 0$ の面が等電位面になるには鏡像電荷として $(x_q, -y_q, 0)$ に電荷 $-q$ が必要である．これは $y = 0$ の面での電位が

$$\begin{aligned} \phi(x,0,z) &= \frac{q}{4\pi\varepsilon_0\sqrt{(x-x_q)^2 + (-y_q)^2 + z^2}} \\ &\quad + \frac{-q}{4\pi\varepsilon_0\sqrt{(x-x_q)^2 + y_q^2 + z^2}} = 0 \end{aligned}$$

となることから示すことができる．同様に $x = 0$ の面が等電位面になるには鏡像電荷として $(-x_q, y_q, 0)$ に電荷 $-q$ が必要である．ところがこの二つの鏡像電荷が同時に存在すると $y = 0$ の面での電位は

$$\begin{aligned} \phi(x,0,z) &= \frac{q}{4\pi\varepsilon_0\sqrt{(x-x_q)^2 + (-y_q)^2 + z^2}} \\ &\quad + \frac{-q}{4\pi\varepsilon_0\sqrt{(x-x_q)^2 + y_q^2 + z^2}} \\ &\quad + \frac{-q}{4\pi\varepsilon_0\sqrt{(x+x_q)^2 + (-y_q)^2 + z^2}} \\ &= \frac{-q}{4\pi\varepsilon_0\sqrt{(x+x_q)^2 + (-y_q)^2 + z^2}} \end{aligned}$$

となって等電位にならない．これを打ち消すには第三の鏡像電荷 q_{m} が必要になる．この座標を $(x_{\mathrm{m}}, y_{\mathrm{m}}, z_{\mathrm{m}})$ とすると $y=0$ が等電位となるためには $q_{\mathrm{m}} = q$ で $x_{\mathrm{m}} = -x_q, y_{\mathrm{m}} = -y_q, z_{\mathrm{m}} = 0$

であれば $y=0$ の電位を 0 にできる．実際この場合

$$\begin{aligned}\phi(x,0,z) &= \frac{q}{4\pi\varepsilon_0\sqrt{(x-x_q)^2+(-y_q)^2+z^2}} \\ &+\frac{-q}{4\pi\varepsilon_0\sqrt{(x-x_q)^2+y_q^2+z^2}} \\ &+\frac{-q}{4\pi\varepsilon_0\sqrt{(x+x_q)^2+(-y_q)^2+z^2}} \\ &+\frac{q}{4\pi\varepsilon_0\sqrt{(x+x_q)^2+y_q^2+z^2}} \\ &= 0\end{aligned}$$

$x=0$ の電位は

$$\begin{aligned}\phi(0,y,z) &= \frac{q}{4\pi\varepsilon_0\sqrt{(-x_q)^2+(y-y_q)^2+z^2}} \\ &+\frac{-q}{4\pi\varepsilon_0\sqrt{(-x_q)^2+(y+y_q)^2+z^2}} \\ &+\frac{-q}{4\pi\varepsilon_0\sqrt{x_q^2+(y-y_q)^2+z^2}} \\ &+\frac{q}{4\pi\varepsilon_0\sqrt{x_q^2+(y+y_q)^2+z^2}} \\ &= 0\end{aligned}$$

となって等電位となっている．まとめると鏡像電荷とその位置は，q は $(-x_q,-y_q,0)$ で，$-q$ は $(-x_q,y_q,0)$ と $(x_q,-y_q,0)$ である．これらの鏡像電荷から点 P の電荷が受ける静電気力 $\boldsymbol{F}$ は

$$\begin{aligned}F_x &= \frac{-q^2}{16\pi\varepsilon_0 x_q^2}+\frac{q^2x_q}{8\pi\varepsilon_0(x_q^2+y_q^2)^{\frac{3}{2}}}, \\ F_y &= \frac{-q^2}{16\pi\varepsilon_0 y_q^2}+\frac{q^2y_q}{8\pi\varepsilon_0(x_q^2+y_q^2)^{\frac{3}{2}}}\end{aligned}$$

(2)　(1) で求めた鏡像電荷も含めた静電ポテンシャル ϕ は

$$\begin{aligned}\phi(x,y,z) &= \frac{q}{4\pi\varepsilon_0\sqrt{(x-x_q)^2+(y-y_q)^2+z^2}} \\ &+\frac{-q}{4\pi\varepsilon_0\sqrt{(x-x_q)^2+(y+y_q)^2+z^2}} \\ &+\frac{-q}{4\pi\varepsilon_0\sqrt{(x+x_q)^2+(y-y_q)^2+z^2}} \\ &+\frac{q}{4\pi\varepsilon_0\sqrt{(x+x_q)^2+(y+y_q)^2+z^2}}\end{aligned}$$

$x=0$ の面での電場は

$$\begin{aligned}E_x(0,y,z) &= -\frac{\partial}{\partial x}\phi(0,y,z) \\ &= \frac{q(-x_q)}{4\pi\varepsilon_0\{(-x_q)^2+(y-y_q)^2+z^2\}^{\frac{3}{2}}} \\ &+\frac{-q(-x_q)}{4\pi\varepsilon_0\{(-x_q)^2+(y+y_q)^2+z^2\}^{\frac{3}{2}}} \\ &+\frac{-q(x_q)}{4\pi\varepsilon_0\{x_q^2+(y-y_q)^2+z^2\}^{\frac{3}{2}}} \\ &+\frac{q(x_q)}{4\pi\varepsilon_0\{x_q^2+(y+y_q)^2+z^2\}^{\frac{3}{2}}} \\ &= \frac{-qx_q}{2\pi\varepsilon_0\{(-x_q)^2+(y-y_q)^2+z^2\}^{\frac{3}{2}}} \\ &+\frac{qx_q}{2\pi\varepsilon_0\{(-x_q)^2+(y+y_q)^2+z^2\}^{\frac{3}{2}}},\end{aligned}$$

$$\begin{aligned}E_y(0,y,z) &= -\frac{\partial}{\partial y}\phi(0,y,z) \\ &= \frac{q(y-y_q)}{4\pi\varepsilon_0\{(-x_q)^2+(y-y_q)^2+z^2\}^{\frac{3}{2}}} \\ &+\frac{-q(y+y_q)}{4\pi\varepsilon_0\{(-x_q)^2+(y+y_q)^2+z^2\}^{\frac{3}{2}}} \\ &+\frac{-q(y-y_q)}{4\pi\varepsilon_0\{x_q^2+(y-y_q)^2+z^2\}^{\frac{3}{2}}} \\ &+\frac{q(y+y_q)}{4\pi\varepsilon_0\{x_q^2+(y+y_q)^2+z^2\}^{\frac{3}{2}}} \\ &= 0\end{aligned}$$

上面と下面が単位面積で高さが十分小さい $y=0$ に垂直な円柱についてガウスの法則を適用すると円柱の表面積を S とし下面は導体の中とすると電荷面密度は

$$\begin{aligned}\sigma(0,y,z) &= \varepsilon_0\int_S \boldsymbol{E}\cdot d\boldsymbol{S} \\ &= \frac{1}{2\pi}\left[\frac{-qx_q}{\{x_q^2+(y+y_q)^2+z^2\}^{\frac{3}{2}}}\right. \\ &\qquad\left.+\frac{qx_q}{\{x_q^2+(y-y_q)^2+z^2\}^{\frac{3}{2}}}\right]\end{aligned}$$

$y=0$ の面での電場は

$$E_x(x,0,z) = -\frac{\partial}{\partial x}\phi(x,0,z)$$

$$= \frac{q(x-x_q)}{4\pi\varepsilon_0\{(x-x_q)^2+y_q^2+z^2\}^{\frac{3}{2}}} + \frac{-q(x-x_q)}{4\pi\varepsilon_0\{(x-x_q)^2+y_q^2+z^2\}^{\frac{3}{2}}} + \frac{-q(x+x_q)}{4\pi\varepsilon_0\{(x+x_q)^2+(-y_q)^2+z^2\}^{\frac{3}{2}}} + \frac{q(x+x_q)}{4\pi\varepsilon_0\{(x+x_q)^2+y_q^2+z^2\}^{\frac{3}{2}}} = 0,$$

$$E_y(x,0,z) = -\frac{\partial}{\partial y}\phi(x,0)$$
$$= \frac{q(-y_q)}{4\pi\varepsilon_0\{(x-x_q)^2+(-y_q)^2+z^2\}^{\frac{3}{2}}} + \frac{-q(y_q)}{4\pi\varepsilon_0\{(x-x_q)^2+y_q^2+z^2\}^{\frac{3}{2}}} + \frac{-q(-y_q)}{4\pi\varepsilon_0\{(x+x_q)^2+(-y_q)^2+z^2\}^{\frac{3}{2}}} + \frac{q(y_q)}{4\pi\varepsilon_0\{(x+x_q)^2+y_q^2+z^2\}^{\frac{3}{2}}}$$
$$= \frac{-qy_q}{2\pi\varepsilon_0\{(x-x_q)^2+y_q^2+z^2\}^{\frac{3}{2}}} + \frac{qy_q}{2\pi\varepsilon_0\{(x+x_q)^2+y_q^2+z^2\}^{\frac{3}{2}}}$$

この結果にガウスの法則の積分形を適用すると電荷面密度は

$$\sigma(x,0,z) = \varepsilon_0\int_S \boldsymbol{E}\cdot d\boldsymbol{S} = \frac{1}{2\pi}\left[\frac{-qy_q}{\{(x-x_q)^2+y_q^2+z^2\}^{\frac{3}{2}}} + \frac{qy_q}{\{(x+x_q)^2+y_q^2+z^2\}^{\frac{3}{2}}}\right]$$

3.4.2 電荷分布が軸対称であるので ϕ も軸対称である．電荷は球の表面に分布しているので球の中と外には軸対称なラプラス方程式の解

$$\phi(r,\theta) = \sum_{l=0}^{\infty}\left(A_l r^l + \frac{B_l}{r^{l+1}}\right)P_l(\cos\theta)$$

が使える．球の中では $r=0$ で ϕ が発散しないことから $B_l=0$ であり球の外では $r\to\infty$ で ϕ が発散しないために $A_l=0$ である．球の表面での電位の連続性から

$$\sum_{l=0}^{\infty}(A_l a^l)\,P_l(\cos\theta) = \sum_{l=0}^{\infty}\left(\frac{B_l}{a^{l+1}}\right)P_l(\cos\theta)$$

$$\therefore\quad A_l a^l = \frac{B_l}{a^{l+1}}$$

また球面を挟むような十分薄い円柱に対してガウスの法則を適用すると

$$-\left\{\frac{-(l+1)B_l}{a^{l+2}} - lA_l a^{l-1}\right\}P_l(\cos\theta) = \frac{\sigma_0\cos\theta}{\varepsilon_0}$$

これに上で求めた

$$A_l a^l = \frac{B_l}{a^{l+1}}$$

を使うと

$$-\left\{\frac{-(l+1)B_l}{a^{l+2}} - l\frac{B_l}{a^{l+2}}\right\}P_l(\cos\theta) = \frac{\sigma_0\cos\theta}{\varepsilon_0}$$

$l=1$ のとき $P_l(\cos\theta)=\cos\theta$ なので任意の θ に対してこれが成り立つには

$$B_1 = \frac{\sigma_0 a^3}{3\varepsilon_0},\quad A_1 = \frac{\sigma_0}{3\varepsilon_0},\quad A_l = B_l = 0\quad (l\neq 1)$$

よって ϕ は

$$\phi(r,\theta) = \begin{cases}\frac{\sigma_0}{3\varepsilon_0}r\cos\theta & (r<a),\\ \frac{\sigma_0}{3\varepsilon_0 r^2}a^3\cos\theta & (r>a)\end{cases}$$

3.4.3 (1) 静電ポテンシャルは

$$\phi(x,y,z) = \frac{1}{4\pi\varepsilon_0}\left(\frac{q}{\sqrt{(x-a)^2+y^2+z^2}} + \frac{-q'}{\sqrt{(x-b)^2+y^2+z^2}}\right)$$

(2) 球の表面を表すには 3 次元極座標が便利なので，(r,θ,φ) に書き換えると，

3

$$\phi(r,\theta,\varphi)$$
$$=\frac{1}{4\pi\varepsilon_0}[q\{(r\sin\theta\cos\varphi-a)^2 + (r\sin\theta\sin\varphi)^2+(r\cos\theta)^2\}^{-\frac{1}{2}} + (-q')\{(r\sin\theta\cos\varphi-b)^2 + (r\sin\theta\sin\varphi)^2+(r\cos\theta)^2\}^{-\frac{1}{2}}]$$
$$=\frac{1}{4\pi\varepsilon_0}\{q(r^2-2ra\sin\theta\cos\varphi+a^2)^{-\frac{1}{2}} + (-q')(r'^2-2r'b\sin\theta\cos\varphi+b^2)^{-\frac{1}{2}}\}$$

$r = R$ で θ, φ によらず静電ポテンシャルが 0 になるためには,

$$\phi(R,\theta,\varphi)$$
$$= \frac{1}{4\pi\varepsilon_0}\{q(R^2-2Ra\sin\theta\cos\varphi+a^2)^{-\frac{1}{2}} + (-q')(R^2-2Rb\sin\theta\cos\varphi+b^2)\}$$
$$=0$$

を満たせば良い．これから

$$q^2(R^2-2Rb\sin\theta\cos\varphi+b^2) -q'^2(R^2-2Ra\sin\theta\cos\varphi+a^2)=0$$

整理して,

$$q^2(R^2+b^2)-q'^2(R^2+a^2) -2R(q^2b-q'^2a)\sin\theta\cos\varphi=0$$

この式が θ, φ によらず成り立つためには

$$\begin{cases}(q^2b-q'^2a)=0, & ①\\ q^2(R^2+b^2)-q'^2(R^2+a^2)=0 & ②\end{cases}$$

①から

$$b=\frac{q'^2a}{q^2}$$

②に代入して

$$q^2\left\{R^2+\left(\frac{q'^2a}{q^2}\right)^2\right\}-q'^2(R^2+a^2)=0,$$
$$\frac{a^2}{q^2}q'^4-(R^2+a^2)q'^2+q^2R^2=0$$

より

$$q'^2=\frac{(R^2+a^2)\pm(-R^2+a^2)}{2\frac{a^2}{q^2}}$$

ここで $a > R$ を使った．これから

$$q'^2=q^2 \quad \text{または} \quad q'^2=\frac{R^2}{a^2}q^2$$

$q'^2=q^2$ なら $b=\frac{q'^2a}{q^2}$ より $b=a$ となり，鏡像電荷を置いたことにならない．よって

$$q'^2=\frac{R^2}{a^2}q^2$$

q' と q は同符号でなければ $r=R$ で静電ポテンシャルを 0 とできないので

$$q'=\frac{R}{a}q$$

このとき，$b=\frac{q'^2a}{q^2}$ より

$$b=\frac{R^2}{a}$$

(3) $r=R$ における電場が球の表面に対して垂直であることを示すには電場 $\boldsymbol{E}$ の θ 成分と φ 成分が 0 であることを示せば良い．

$$E_\theta=-\frac{1}{R}\frac{\partial}{\partial\theta}\phi$$
$$=-\frac{q}{4\pi\varepsilon_0}\frac{1}{R}\frac{\partial}{\partial\theta} \times\left\{\frac{1}{\sqrt{R^2-2Ra\sin\theta\cos\varphi+a^2}} + \frac{-\frac{R}{a}}{\sqrt{R^2-2R\frac{R^2}{a}\sin\theta\cos\varphi+(\frac{R^2}{a})^2}}\right\}$$
$$=-\frac{q}{4\pi\varepsilon_0}\left\{\frac{a\cos\theta\cos\varphi}{(R^2-2Ra\sin\theta\cos\varphi+a^2)^{\frac{3}{2}}} + \frac{-a\cos\theta\cos\varphi}{(a^2-2aR\sin\theta\cos\varphi+R^2)^{\frac{3}{2}}}\right\}$$
$$=0$$

また,

$$E_\varphi = \frac{1}{R\sin\theta}\frac{\partial}{\partial\varphi}\phi$$
$$= -\frac{q}{4\pi\varepsilon_0}\frac{1}{R\sin\theta}\frac{\partial}{\partial\varphi} \times\left\{\frac{1}{\sqrt{R^2-2Ra\sin\theta\cos\varphi+a^2}} + \frac{-\frac{R}{a}}{\sqrt{R^2-2R\frac{R^2}{a}\sin\theta\cos\varphi+(\frac{R^2}{a})^2}}\right\}$$

$$= -\frac{q}{4\pi\varepsilon_0}\frac{1}{R\sin\theta} \times \left\{ \frac{-Ra\sin\theta\sin\varphi}{(R^2-2Ra\sin\theta\cos\varphi+a^2)^{\frac{3}{2}}} + \frac{Ra\sin\theta\sin\varphi}{(a^2-2aR\sin\theta\cos\varphi+R^2)^{\frac{3}{2}}} \right\}$$

$$= 0$$

以上から，電場は導体球の表面に対して垂直である．

3.4.4 3 次元極座標を使う．誘電体球がないときの原点を基準とする静電ポテンシャル ϕ' は，

$$\phi' = -\int_0^z E_0 dz' = -E_0 z = -E_0 r\cos\theta = -E_0 r P_1(\cos\theta)$$

球内外での静電ポテンシャルの一般解は

$$\phi(r,\theta) = \sum_{n=0}^{\infty}\left(A_n r^n + \frac{B_n}{r^{n+1}}\right)P_n(\cos\theta)$$

$r\to\infty$ では

$$\phi' = -E_0 r P_1(\cos\theta)$$

になるので，A_n は

$$A_1 = -E_0$$

のみ 0 でなく他の n は $A_n = 0$ である．

(i) $r > R$ での静電ポテンシャル $\phi_{\rm out}$ は

$$\phi_{\rm out}(r,\theta) = -E_0 r P_1(\cos\theta) + \sum_{n=0}^{\infty}\left(\frac{B_n}{r^{n+1}}\right)P_n(\cos\theta)$$

(ii) $r < R$ での静電ポテンシャル $\phi_{\rm in}$ は $r=0$ で発散しないため

$$\phi_{\rm in}(r,\theta) = \sum_{n=0}^{\infty} A_n r^n P_n(\cos\theta)$$

$r = R$ における境界条件から係数を決定する．誘電体の境界では，電場 $\boldsymbol{E}$ の境界面の接線方向（θ 方向）が連続

$$-\frac{1}{r}\frac{\partial}{\partial\theta}\phi_{\rm in}\bigg|_{r=R} = -\frac{1}{r}\frac{\partial}{\partial\theta}\phi_{\rm out}\bigg|_{r=R}$$

と，電束密度 $\boldsymbol{D}$ の法線方向（r 方向）が連続

$$-\varepsilon_1\frac{\partial}{\partial r}\phi_{\rm in}\bigg|_{r=R} = -\varepsilon_2\frac{\partial}{\partial r}\phi_{\rm out}\bigg|_{r=R}$$

が，球の表面で成り立つ．これらから

$$\sum_{n=0}^{\infty} A_n R^n \frac{\partial P_n(\cos\theta)}{\partial\theta} = -E_0 R\frac{\partial P_1(\cos\theta)}{\partial\theta} + \sum_{n=0}^{\infty}\left(\frac{B_n}{R^{n+1}}\right)\frac{\partial P_n(\cos\theta)}{\partial\theta},$$

$$-\varepsilon_1\sum_{n=1}^{\infty} A_n n R^{n-1}P_n(\cos\theta) = \varepsilon_2 E_0 P_1(\cos\theta) - \varepsilon_2\sum_{n=0}^{\infty}\left\{\frac{-(n+1)B_n}{R^{n+2}}\right\}P_n(\cos\theta)$$

$P_0(x) = 1$ を考慮してルジャンドル多項式とその偏微分について整理すると，これらの式はそれぞれ

$$\left(A_1 R + E_0 R - \frac{B_1}{R^2}\right)\frac{\partial P_1(\cos\theta)}{\partial\theta} + \sum_{n=2}^{\infty}\left(A_n R^n - \frac{B_n}{R^{n+1}}\right)\frac{\partial P_n(\cos\theta)}{\partial\theta} = 0,$$

$$\varepsilon_2\frac{B_0}{R^2} + \left(\varepsilon_1 A_1 + \varepsilon_2 E_0 + \varepsilon_2\frac{2B_1}{R^3}\right)P_1(\cos\theta) + \sum_{n=2}^{\infty}\left\{\varepsilon_1 A_n n R^{n-1} - \varepsilon_2\frac{(n+1)B_n}{R^{n+2}}\right\} \times P_n(\cos\theta) = 0$$

各項の係数が 0 となれば良いので，

$$A_1 R + E_0 R - \frac{B_1}{R^2} = 0,$$

$$A_n R^n - \frac{B_n}{R^{n+1}} = 0 \quad (n \geq 2),$$

$$B_0 = 0,$$

$$\varepsilon_1 A_1 + \varepsilon_2 E_0 + \varepsilon_2\frac{2B_1}{R^3} = 0,$$

$$\varepsilon_1 A_n n R^{n-1} - \varepsilon_2\frac{(n+1)B_n}{R^{n+2}} = 0 \quad (n \geq 2)$$

以上から，

$$A_1 = -\frac{3\varepsilon_2}{\varepsilon_1 + 2\varepsilon_2}E_0,$$

$$
\begin{aligned}
B_1 &= \frac{\varepsilon_1 - \varepsilon_2}{\varepsilon_1 + 2\varepsilon_2} R^3 E_0, \\
A_n &= 0 \quad (n \neq 1), \\
B_n &= 0 \quad (n \neq 1)
\end{aligned}
$$

であれば良い．よって，静電ポテンシャルは，

$$
\begin{aligned}
\phi_{\mathrm{out}} &= \left(\frac{\varepsilon_1 - \varepsilon_2}{\varepsilon_1 + 2\varepsilon_2} \frac{R^3}{r^2} - r \right) E_0 \cos\theta, \\
\phi_{\mathrm{in}} &= -\frac{3\varepsilon_2}{\varepsilon_1 + 2\varepsilon_2} E_0 r \cos\theta
\end{aligned}
$$

第 4 章

4.1.1 物体の体積を V，表面を S とする．電荷密度 ρ と電流密度 $\boldsymbol{j}$ は Q と I と

$$
\begin{aligned}
Q &= \int_V \rho\, dV, \\
I &= \int_S \boldsymbol{j} \cdot d\boldsymbol{S}
\end{aligned}
$$

の関係がある．これらを

$$
I = -\frac{dQ}{dt}
$$

に代入すると

$$
-\int_S \boldsymbol{j} \cdot d\boldsymbol{S} = \frac{d}{dt} \int_V \rho\, dV
$$

ここで，V は時間変化しないとし，ガウスの定理を使うと

$$
-\int_V \nabla \cdot \boldsymbol{j}\, dV = \int_V \frac{\partial \rho}{\partial t} dV
$$

$$
\therefore \quad \int_V \left(\frac{\partial \rho}{\partial t} + \nabla \cdot \boldsymbol{j} \right) dV = 0
$$

この式が任意の V に対して成り立つには

$$
\frac{\partial \rho}{\partial t} + \nabla \cdot \boldsymbol{j} = 0
$$

よって電荷保存の式が得られる．

4.1.2 オームの法則

$$
\boldsymbol{j} = \sigma_{\mathrm{c}} \boldsymbol{E}
$$

を定常電流の式

$$
\nabla \cdot \boldsymbol{j} = 0
$$

に代入すると

$$
\nabla \cdot (\sigma_{\mathrm{c}} \boldsymbol{E}) = 0
$$

σ_{c} は場所によらないので

$$
\sigma_{\mathrm{c}} \nabla \cdot \boldsymbol{E} = 0
$$

$\boldsymbol{E} = -\nabla \phi$ を代入して，

$$
\sigma_{\mathrm{c}} \nabla \cdot (-\nabla \phi) = 0
$$

これはラプラス方程式

$$
\nabla^2 \phi = 0
$$

に一致している．

4.1.3 電流 I が半径 a の球から半径 b の球殻へ定常に流れるので電流密度 $\boldsymbol{j}$ は球の中心に対して球対称であり $\boldsymbol{j} = j(r)\boldsymbol{e}_r$ のように表せる．$\boldsymbol{r}$ は球の中心からの位置ベクトルである．これから

$$
\boldsymbol{j} = \frac{I}{4\pi r^2} \boldsymbol{e}_r
$$

これは次のように示すこともできる．定常電流なので

$$
\nabla \cdot \boldsymbol{j} = 0
$$

$\boldsymbol{j} = j(r)\boldsymbol{e}_r$ から

$$
\begin{aligned}
&\nabla \cdot \boldsymbol{j} \\
&= \boldsymbol{e}_x \cdot \frac{\partial}{\partial x}(j(r)\boldsymbol{e}_r) + \boldsymbol{e}_y \cdot \frac{\partial}{\partial y}(j(r)\boldsymbol{e}_r) \\
&\quad + \boldsymbol{e}_z \cdot \frac{\partial}{\partial z}(j(r)\boldsymbol{e}_r)
\end{aligned}
$$

の右辺第 1 項で

$$
\begin{aligned}
\frac{\partial}{\partial x} j(r) &= \frac{\partial r}{\partial x} \frac{dj(r)}{dr} = \frac{x}{r} \frac{dj(r)}{dr}, \\
\frac{\partial}{\partial x} \boldsymbol{e}_r &= \frac{\partial}{\partial x} \left(\frac{\boldsymbol{r}}{r} \right) = \frac{\boldsymbol{e}_x}{r} - \frac{x\boldsymbol{r}}{r^3}, \\
\boldsymbol{e}_x \cdot \boldsymbol{e}_r &= \frac{x}{r}
\end{aligned}
$$

を使い右辺第 2 項，第 3 項についても同様に計算することで

$$
\begin{aligned}
\nabla \cdot \boldsymbol{j} = &\ \frac{x^2}{r^2} \frac{dj(r)}{dr} + \frac{j(r)}{r} - \frac{x^2 j(r)}{r^3} \\
&+ \frac{y^2}{r^2} \frac{dj(r)}{dr} + \frac{j(r)}{r} - \frac{y^2 j(r)}{r^3} \\
&+ \frac{z^2}{r^2} \frac{dj(r)}{dr} + \frac{j(r)}{r} - \frac{z^2 j(r)}{r^3} \\
= &\ \frac{dj(r)}{dr} + \frac{2}{r} j(r) = \frac{1}{r^2} \frac{d}{dr}(r^2 j(r))
\end{aligned}
$$

よって球対称定常電流の条件は

$$\frac{1}{r^2}\frac{d}{dr}(r^2 j(r)) = 0$$

この解は

$$j(r) = \frac{c}{r^2}$$

ここで c は任意定数．$r = a$ で

$$I = j(a)4\pi a^2$$

から $c = \frac{I}{4\pi}$．よって

$$\boldsymbol{j} = \frac{I}{4\pi r^2}\boldsymbol{e}_r$$

電場 $\boldsymbol{E}$ は $\boldsymbol{j} = \frac{I}{4\pi r^2}\boldsymbol{e}_r$ をオームの法則 $\boldsymbol{j} = \sigma \boldsymbol{E}$ に代入して

$$\boldsymbol{E} = \frac{I}{4\pi r^2 \sigma_{\mathrm{c}}}\boldsymbol{e}_r$$

4.2.1 ビオ-サヴァールの法則から

$$\boldsymbol{H}(\boldsymbol{r}_{\mathrm{P}}) = \frac{1}{4\pi}\int_{\boldsymbol{r}_{\mathrm{A}}}^{\boldsymbol{r}_{\mathrm{B}}} \frac{I\,d\boldsymbol{r}' \times (\boldsymbol{r}_{\mathrm{P}} - \boldsymbol{r}')}{|\boldsymbol{r}_{\mathrm{P}} - \boldsymbol{r}'|^3}$$

図 4.4 のように xyz 座標系をとり，電流を y 軸上，点 P を x 軸上にとると，磁場の方向は図 4.4 より z 軸方向であり

$$\begin{aligned}
\boldsymbol{r}_{\mathrm{P}} &= (R, 0, 0),\\
\boldsymbol{r}' &= \left(0, R\tan\left(\frac{\pi}{2} - \theta\right), 0\right),\\
\boldsymbol{r}_{\mathrm{A}} &= \left(0, R\tan\left(\frac{\pi}{2} - \theta_1\right), 0\right),\\
\boldsymbol{r}_{\mathrm{B}} &= \left(0, R\tan\left(\frac{\pi}{2} - \theta_2\right), 0\right)
\end{aligned}$$

である．

$$\begin{aligned}
\boldsymbol{r}_{\mathrm{P}} - \boldsymbol{r}' &= \left(R, -R\tan\left(\frac{\pi}{2} - \theta\right), 0\right),\\
d\boldsymbol{r}' &= \left(0, -\frac{R\,d\theta}{\cos^2(\frac{\pi}{2} - \theta)}, 0\right)
\end{aligned}$$

このとき

$$\begin{aligned}
&H_z(\boldsymbol{r}_{\mathrm{P}})\\
&= \frac{1}{4\pi}\\
&\quad \times \int_{\theta_1}^{\theta_2} \frac{IR^2\,d\theta}{\cos^2(\frac{\pi}{2} - \theta)\{R^2 + R^2\tan^2(\frac{\pi}{2} - \theta)\}^{\frac{3}{2}}}\\
&= \frac{I}{4\pi}\int_{\theta_1}^{\theta_2} \frac{R^2\,d\theta}{\sin^2\theta\{R^2\cos^{-2}(\frac{\pi}{2} - \theta)\}^{\frac{3}{2}}}\\
&= \frac{I}{4\pi R}\int_{\theta_1}^{\theta_2} \sin\theta\,d\theta\\
&= \frac{I}{4\pi R}(\cos\theta_1 - \cos\theta_2)
\end{aligned}$$

4.2.2 回転軸を z 軸とする．3 次元極座標をとる．電荷面密度は

$$\sigma = \frac{Q}{4\pi R^2}$$

である．球の表面の θ と $\theta + d\theta$ の間の円環の回転速度は $v_\phi = \omega R\sin\theta$．この回転による電流は

$$dI = \sigma v_\phi R\,d\theta = \frac{\omega Q}{4\pi}\sin\theta\,d\theta$$

円電流による中心軸上の z の点の磁場は，基本問題 4.3 で求めた結果

$$d\boldsymbol{H} = \frac{a^2 dI}{2(a^2 + z^2)^{\frac{3}{2}}}\boldsymbol{e}_z$$

で円電流の半径は $a = R\sin\theta, z = R\cos\theta$ であるので

$$d\boldsymbol{H} = \frac{a^2 dI}{2(a^2 + z^2)^{\frac{3}{2}}}\boldsymbol{e}_z = \frac{\omega Q}{8\pi R}\sin^3\theta\,d\theta\,\boldsymbol{e}_z$$

これを $\theta = 0$ から π まで積分すると

$$\begin{aligned}
\boldsymbol{H} &= \int_0^{\pi} \frac{a^2 dI}{2(a^2 + z^2)^{\frac{3}{2}}}\boldsymbol{e}_z\\
&= \int_0^{\pi} \frac{\omega Q}{8\pi R}\sin^3\theta\,d\theta\,\boldsymbol{e}_z = \frac{\omega Q}{6\pi R}\boldsymbol{e}_z
\end{aligned}$$

ここで

$$\begin{aligned}
&\int_0^{\pi} \sin^3\theta\,d\theta\\
&= \int_0^{\pi} \sin\theta\frac{1 - \cos 2\theta}{2}d\theta\\
&= \int_0^{\pi} \frac{\sin\theta - (\sin 3\theta - \cos\theta\sin 2\theta)}{2}d\theta\\
&= \int_0^{\pi} \frac{\sin\theta - (\sin 3\theta - 2\cos^2\theta\sin\theta)}{2}d\theta\\
&= \int_0^{\pi} \frac{3\sin\theta - \sin 3\theta - 2\sin^3\theta}{2}d\theta\\
&= \int_0^{\pi} \frac{1}{4}(3\sin\theta - \sin 3\theta)d\theta\\
&= \frac{4}{3}
\end{aligned}$$

を使った．

4.2.3 有限な長さの線電流から垂直に R 離れた点の磁場の大きさ H は演習問題 4.2.1 で求めた

$$H = \frac{I}{4\pi R}(\cos\theta_1 - \cos\theta_2)$$

ここで，この問題では $\theta_2 = \pi - \theta_1$ で $a = 2R\tan(\frac{\pi}{2} - \theta_1)$ である．これから

$$R^2 + \left(\frac{a}{2}\right)^2 = R^2\cos^{-2}\left(\frac{\pi}{2} - \theta_1\right) = R^2\sin^{-2}\theta_1 = R^2\sin^{-2}\theta_2$$

よって一つの辺による磁場 H_1 は

$$H_1 = \frac{I}{2\pi R}\left\{1 - \frac{R^2}{R^2 + (\frac{a}{2})^2}\right\}^{\frac{1}{2}} = \frac{I}{4\pi R}\frac{a}{\sqrt{R^2 + (\frac{a}{2})^2}}$$

向かい合った線電流同士の図 2 で示した組を考えると z 成分のみが残る．

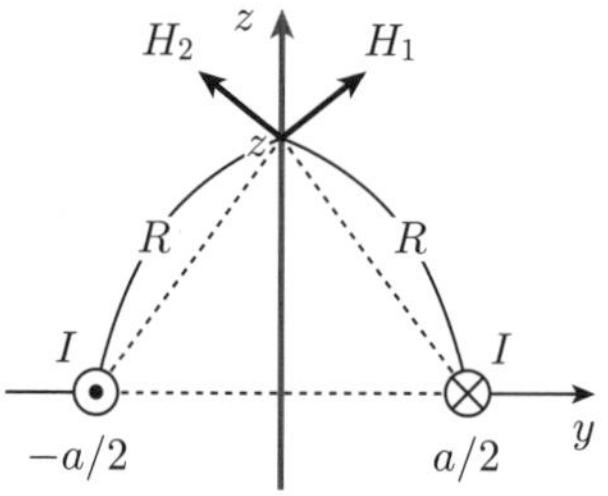

図 2

これは

$$H_{1z} = H_1\frac{a}{2R}$$

4 辺あるので，これを 4 倍すると

$$H = 4H_{1z} = 4\frac{I}{4\pi R}\frac{a}{\sqrt{R^2 + (\frac{a}{2})^2}}\frac{a}{2R} = \frac{I}{2\pi R^2}\frac{a^2}{\sqrt{R^2 + (\frac{a}{2})^2}}$$

ここで，$R^2 = z^2 + (\frac{a}{2})^2$ なので

$$H = 4H_{1z} = \frac{Ia^2}{2\pi\left\{z^2 + (\frac{a}{2})^2\right\}}\frac{1}{\sqrt{z^2 + \frac{a^2}{2}}}$$

$$\therefore \quad \boldsymbol{H} = \frac{Ia^2}{2\pi\left\{z^2 + (\frac{a}{2})^2\right\}}\frac{1}{\sqrt{z^2 + \frac{a^2}{2}}}\boldsymbol{e}_z$$

4.2.4 (1) 基本問題 4.2 で求めたように，直線電流による点 $(x, y, 0)$ の磁場の大きさは $x > 0$ では，

$$H = \frac{I}{2\pi x}$$

であり，磁場の向きは $-z$ 軸方向である．円形電流上の点 $\boldsymbol{r}$ の xyz 成分は

$$\boldsymbol{r} = (d + a\cos\theta, a\sin\theta, 0)$$

と表せる．よって，円形電流上の点における磁場は，

$$\boldsymbol{H} = -\frac{I}{2\pi(d + a\cos\theta)}\boldsymbol{e}_z$$

(2) $\boldsymbol{r} = (d + a\cos\theta, a\sin\theta, 0)$ での I_2 の向きは $\boldsymbol{e}_\theta = (-\sin\theta, \cos\theta, 0)$ 方向である．電流 I_1 による磁場によって円形電流上の電流素片 $I_2 d\boldsymbol{r} = I_2 a\,d\theta\,\boldsymbol{e}_\theta$ に働く力 $d\boldsymbol{F}$ は，

$$d\boldsymbol{F} = \mu_0 I_2 a\,d\theta\,\boldsymbol{e}_\theta \times \boldsymbol{H} = -\left\{\frac{\mu_0 I_1 I_2 a\,d\theta}{2\pi(d + a\cos\theta)}\right\}(\cos\theta, \sin\theta, 0)$$

(3) (2) の結果を θ について積分する．このとき，x 成分は θ について偶関数，y 成分は奇関数なので，積分範囲を $\theta = 0$ を挟んで $-\pi \leq \theta \leq \pi$ とると y 成分の積分は 0 になるので x 成分のみを計算すれば良い．

$$F_x = -\int_{-\pi}^{\pi}\frac{\mu_0 I_1 I_2 a\cos\theta\,d\theta}{2\pi(d + a\cos\theta)} = -\frac{\mu_0 I_1 I_2}{2\pi}\int_{-\pi}^{\pi}\left(1 - \frac{d}{d + a\cos\theta}\right)d\theta$$

ここで非積分関数は偶関数なので

$$F_x = -\frac{\mu_0 I_1 I_2}{\pi}\int_0^{\pi}\left(1 - \frac{d}{d + a\cos\theta}\right)d\theta$$

また，上で示したように

$$F_y = 0$$

(4)

$$\int_{-\pi}^{\pi}\frac{d}{d + a\cos\theta}d\theta = \int_{-\pi}^{\pi}\frac{1}{1 + \frac{a}{d}\cos\theta}d\theta$$

$t = \tan\frac{\theta}{2}$ と置き

$$\cos\theta = \frac{1}{1 + \tan^2\frac{\theta}{2}} - \frac{\tan^2\frac{\theta}{2}}{1 + \tan^2\frac{\theta}{2}} = \frac{1 - t^2}{1 + t^2}$$

であり

$$dt = \frac{1}{2}\cos^{-2}\frac{\theta}{2}d\theta = \frac{1}{2}(1+t^2)d\theta$$

を使うと

$$\int_{-\pi}^{\pi}\frac{d}{d+a\cos\theta}d\theta = \int_{-\infty}^{\infty}\frac{1}{1+\frac{a}{d}\frac{1-t^2}{1+t^2}}\frac{2\,dt}{1+t^2}$$
$$= \int_{-\infty}^{\infty}\frac{2}{1+\frac{a}{d}+t^2(1-\frac{a}{d})}dt$$

ここで，さらに $t = \sqrt{\frac{1+\frac{a}{d}}{1-\frac{a}{d}}}\tan\theta'$ と置くと

$$\int_{-\infty}^{\infty}\frac{2}{1+\frac{a}{d}+t^2(1-\frac{a}{d})}dt$$
$$= \frac{2}{\sqrt{1-(\frac{a}{d})^2}}\int_{-\frac{\pi}{2}}^{\frac{\pi}{2}}\frac{1}{\cos^{-2}\theta'}\frac{1}{\cos^2\theta'}d\theta'$$
$$= \frac{2\pi}{\sqrt{1-(\frac{a}{d})^2}}$$

これを使うと (3) で求めた F_x は

$$F_x = -\frac{\mu_0 I_1 I_2}{2\pi}\int_{-\pi}^{\pi}\left(1-\frac{d}{d+a\cos\theta}\right)d\theta$$
$$= \mu_0 I_1 I_2\left(\frac{1}{\sqrt{1-(\frac{a}{d})^2}}-1\right)$$

4.2.5 (1) 基本問題 4.3 より，原点に置かれた n 回巻きの円電流 I による z での磁場は，

$$\boldsymbol{H} = \frac{na^2 I}{2(a^2+z^2)^{\frac{3}{2}}}\boldsymbol{e}_z$$

この問題では，上下のコイルが作る磁場は z を $z \mp \frac{d}{2}$ とすれば良い．よって

$$H_z = \frac{na^2 I}{2}\left[\frac{1}{\{a^2+(z-\frac{d}{2})^2\}^{\frac{3}{2}}} + \frac{1}{\{a^2+(z+\frac{d}{2})^2\}^{\frac{3}{2}}}\right]$$

(2) $z=0$ の周りのテイラー展開は

$$H_z(z) = H_z(0) + \left.\frac{\partial H_z}{\partial z}\right|_{z=0} z + \frac{1}{2!}\left.\frac{\partial^2 H_z}{\partial z^2}\right|_{z=0} z^2 + \cdots$$

ここで

$$\left.\frac{\partial}{\partial z}\frac{1}{\{a^2+(z\mp\frac{d}{2})^2\}^{\frac{3}{2}}}\right|_{z=0} = \left.-\frac{3(z\mp\frac{d}{2})}{\{a^2+(z\mp\frac{d}{2})^2\}^{\frac{5}{2}}}\right|_{z=0} = \pm\frac{3d}{2\{a^2+(\frac{d}{2})^2\}^{\frac{5}{2}}}$$

より

$$\left.\frac{\partial H_z}{\partial z}\right|_{z=0} = 0$$

これが z の項の係数である．

$$\left.\frac{\partial^2}{\partial z^2}\frac{1}{\{a^2+(z\mp\frac{d}{2})^2\}^{\frac{3}{2}}}\right|_{z=0} = -\frac{3}{\{a^2+(\frac{d}{2})^2\}^{\frac{5}{2}}} + \frac{15d^2}{4\{a^2+(\frac{d}{2})^2\}^{\frac{7}{2}}}$$

より

$$\frac{1}{2!}\left.\frac{\partial^2 H_z}{\partial z^2}\right|_{z=0} = \frac{naI^2}{2}\left[-\frac{3}{\{a^2+(\frac{d}{2})^2\}^{\frac{5}{2}}} + \frac{15d^2}{4\{a^2+(\frac{d}{2})^2\}^{\frac{7}{2}}}\right]$$

これが z^2 の項の係数である．
$d=a$ のとき，z^2 の項の係数は

$$\frac{1}{2!}\left.\frac{\partial^2 H_z}{\partial z^2}\right|_{z=0} = \frac{naI^2}{2}\left\{-\frac{3}{(\frac{5a^2}{4})^{\frac{5}{2}}} + \frac{15a^2}{4(\frac{5a^2}{4})^{\frac{7}{2}}}\right\} = 0$$

$d=a$ のとき，原点付近での磁場は z の 2 次まで一定となる．

4.3.1 (1)

$$\nabla\cdot\boldsymbol{B} = \frac{\partial a}{\partial x} = 0$$

となり磁場のガウスの法則を満たしている．この磁場は x 軸方向を向いた一様な磁場である．

(2)

$$\nabla\cdot\boldsymbol{B} = \frac{\partial ax}{\partial x} = a$$

となり磁場のガウスに関する法則を満たしていない．

(3)

$$\nabla \cdot \boldsymbol{B} = \frac{\partial ax}{\partial x} + \frac{\partial(-ay)}{\partial y} = a - a = 0$$

となり磁場に関するガウスの法則を満たしている．この磁場は $y > 0$ では $B_y < 0$ であり $y < 0$ では $B_y > 0$ である．$x > 0$ では $B_x > 0$，$x < 0$ では $B_x < 0$ である．概要は図 3 に示した．

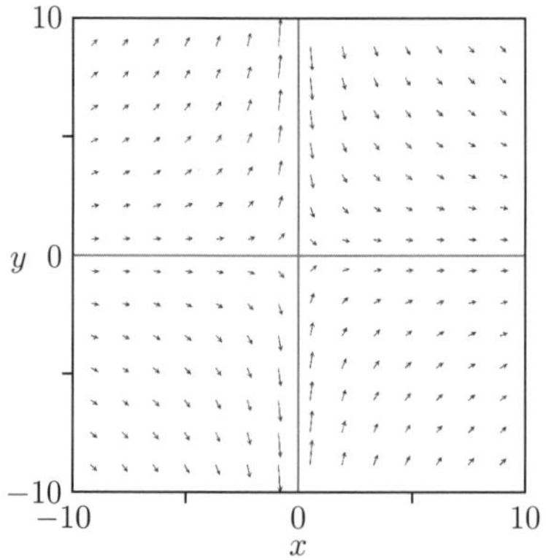

図 3　演習問題 4.3.1(3) の $\boldsymbol{B}$ の概要

(4)

$$\nabla \cdot \boldsymbol{B} = \frac{\partial(-ay)}{\partial x} + \frac{\partial ax}{\partial y} = 0$$

となり磁場に関するガウスの法則を満たしている．磁場は z 軸の周りを x 軸から y 軸へ回転する向きを持ち，大きさは原点からの距離に比例している．

(5)

$$\frac{\partial r}{\partial x} = \frac{\partial}{\partial x}\sqrt{x^2 + y^2 + z^2} = \frac{x}{r}$$

となるので

$$\begin{aligned}\nabla \cdot \boldsymbol{B} &= \frac{\partial}{\partial x}\frac{-ay}{r} + \frac{\partial}{\partial y}\frac{ax}{r} = \frac{axy}{r^3} - \frac{axy}{r^3} \\ &= 0\end{aligned}$$

となり磁場に関するガウスの法則を満たしている．磁場は z 軸の周りを x 軸から y 軸へ回転する向きを持ち，大きさは一定である．

4.3.2

$$\boldsymbol{B} = \nabla \times \boldsymbol{A}$$

$$= \left(\frac{\partial A_z}{\partial y} - \frac{\partial A_y}{\partial z}, \frac{\partial A_x}{\partial z} - \frac{\partial A_z}{\partial z}, \frac{\partial A_y}{\partial x} - \frac{\partial A_x}{\partial y}\right)$$

より

(1)

$$\boldsymbol{B} = \nabla \times \boldsymbol{A} = \boldsymbol{e}_z\left\{-\frac{\partial}{\partial y}(-ay)\right\} = a\,\boldsymbol{e}_z$$

$\boldsymbol{B}$ は一定で z 成分のみを持つ．

(2)

$$\begin{aligned}\boldsymbol{B} &= \nabla \times \boldsymbol{A} \\ &= \boldsymbol{e}_z\left\{\frac{\partial}{\partial x}\left(\frac{1}{2}ax\right) - \frac{\partial}{\partial y}\left(-\frac{1}{2}ay\right)\right\} \\ &= a\,\boldsymbol{e}_z\end{aligned}$$

$\boldsymbol{B}$ は一定で z 成分のみを持つ．

(3)

$$\begin{aligned}&\boldsymbol{B} \\ &= \nabla \times \boldsymbol{A} \\ &= -\,\boldsymbol{e}_x\frac{\partial}{\partial z}\left(\frac{ax}{r^3}\right) + \boldsymbol{e}_y\frac{\partial}{\partial z}\left(\frac{-ay}{r^3}\right) \\ &\quad + \boldsymbol{e}_z\left\{\frac{\partial}{\partial x}\left(\frac{ax}{r^3}\right) - \frac{\partial}{\partial y}\left(\frac{-ay}{r^3}\right)\right\} \\ &= \frac{3axz}{r^5}\boldsymbol{e}_x + \frac{3ayz}{r^5}\boldsymbol{e}_y \\ &\quad + \left\{\left(\frac{a}{r^3} - \frac{3ax^2}{r^5}\right) - \left(-\frac{a}{r^3} + \frac{3ay^2}{r^5}\right)\right\}\boldsymbol{e}_z \\ &= \frac{3axz}{r^5}\boldsymbol{e}_x + \frac{3ayz}{r^5}\boldsymbol{e}_y \\ &\quad + \left\{\frac{a(2z^2 - x^2 - y^2)}{r^5}\right\}\boldsymbol{e}_z \\ &= \frac{3az\boldsymbol{r}}{r^5} - \frac{a}{r^3}\boldsymbol{e}_z\end{aligned}$$

4.3.3 基本問題 4.5 から，原点に置かれた磁気双極子が作る磁場は，

$$\boldsymbol{H} = \frac{\pi a^2 I}{4\pi}\left(\frac{3z}{|\boldsymbol{r}|^5}\boldsymbol{r} - \frac{\boldsymbol{e}_z}{|\boldsymbol{r}|^3}\right)$$

ここで $\boldsymbol{m} = m\,\boldsymbol{e}_z$ であるので，3 次元極座標系では

$$\boldsymbol{m} \cdot \boldsymbol{r} = mr\cos\theta$$

また，

$$\boldsymbol{r} = r\,\boldsymbol{e}_r,$$
$$\boldsymbol{e}_z = \boldsymbol{e}_r\cos\theta - \boldsymbol{e}_\theta\sin\theta$$

であるので，

$$
\begin{aligned}
&\boldsymbol{H}\\
&= \frac{\pi a^2 I}{4\pi}\left(\frac{3\cos\theta}{|\boldsymbol{r}|^3}\boldsymbol{e}_r - \frac{\boldsymbol{e}_r\cos\theta - \boldsymbol{e}_\theta\sin\theta}{|\boldsymbol{r}|^3}\right)\\
&= \frac{\pi a^2 I}{4\pi|\boldsymbol{r}|^3}(2\cos\theta\,\boldsymbol{e}_r + \sin\theta\,\boldsymbol{e}_\theta)
\end{aligned}
$$

4.4.1 円柱の軸を z とする円筒座標系をとる．電流は z 軸方向なので対称性から磁場は $\boldsymbol{H} = H\,\boldsymbol{e}_\theta$ となる．中心が z 軸で z 軸に垂直な半径 r の円にアンペールの法則

$$\oint_C \boldsymbol{H}\cdot d\boldsymbol{r} = \int_S \boldsymbol{j}\cdot d\boldsymbol{S}$$

を適用すると $d\boldsymbol{r}$ の方向は $\boldsymbol{e}_\theta$ の方向である．

(1) (i) $r < a$ のとき，円内の電流は 0 なので

$$\boldsymbol{H} = 0$$

(ii) $r > a$ のとき，

$$\oint_C \boldsymbol{H}\cdot d\boldsymbol{r} = 2\pi r H = I$$

$$\therefore\quad H = \frac{I}{2\pi r}$$

よって磁束密度は

$$\boldsymbol{B} = \begin{cases} 0 & (r < a), \\ \frac{1}{2\pi r}\mu_0 I\,\boldsymbol{e}_\theta & (r > a) \end{cases}$$

(2) (i) $r < a$ のとき，電流は円柱内を一様に流れているので，電流密度 $\boldsymbol{j}$ は

$$\boldsymbol{j} = \frac{I}{\pi a^2}\boldsymbol{e}_\theta$$

半径 r の円内に含まれる電流は，

$$\int_S \boldsymbol{j}\cdot d\boldsymbol{S} = \frac{r^2}{a^2}I$$

従って，アンペールの法則は

$$\oint_C \boldsymbol{H}\cdot d\boldsymbol{r} = 2\pi r H = \frac{r^2}{a^2}I$$

これから

$$H = \frac{r}{2\pi a^2}I$$

(ii) $r > a$ は (1) と一致する．以上から磁束密度は

$$\boldsymbol{B} = \begin{cases} \frac{r}{2\pi a^2}\mu_0 I\,\boldsymbol{e}_\theta & (r < a), \\ \frac{1}{2\pi r}\mu_0 I\,\boldsymbol{e}_\theta & (r > a) \end{cases}$$

(3) (i) $r < a$ のとき，電流密度 $\boldsymbol{j}$ は

$$\boldsymbol{j} = Ar\,\boldsymbol{e}_\theta$$

と置くと，ここで A は定数である．A は

$$\int_0^a Ar2\pi r\,dr = \frac{2}{3}A\pi a^3 = I$$

より

$$A = \frac{3I}{2\pi a^3}$$

これよりアンペールの法則は

$$
\begin{aligned}
\oint_C \boldsymbol{H}\cdot d\boldsymbol{r} &= 2\pi r H = \int_S \boldsymbol{j}\cdot d\boldsymbol{S}\\
&= \int_0^r \left(\frac{3I}{2\pi a^3}r\right)2\pi r\,dr = \frac{I}{a^3}r^3\pi
\end{aligned}
$$

よって

$$H = \frac{I}{2\pi a^3}r^2$$

(ii) $a > r$ では (1) の答えに一致するので，まとめると

$$\boldsymbol{B} = \begin{cases} \frac{r^2}{2\pi a^3}\mu_0 I\,\boldsymbol{e}_\theta & (r < a), \\ \frac{1}{2\pi r}\mu_0 I\,\boldsymbol{e}_\theta & (r > a) \end{cases}$$

4.4.2 ビオ-サヴァールの法則を使って解く．z 軸上の点の磁場を考える．電流は xy 平面上の x 軸方向に流れる多数の線電流の集まりを見ることができる．

$$\boldsymbol{J} = J\,\boldsymbol{e}_x$$

である．この線電流の大きさは dy 当たり $|\boldsymbol{J}|dy$ である．z 軸に対して対称な位置にある線電流による磁場は，図 4 のように z 成分は互いに打ち消し合って y 成分だけが残る．

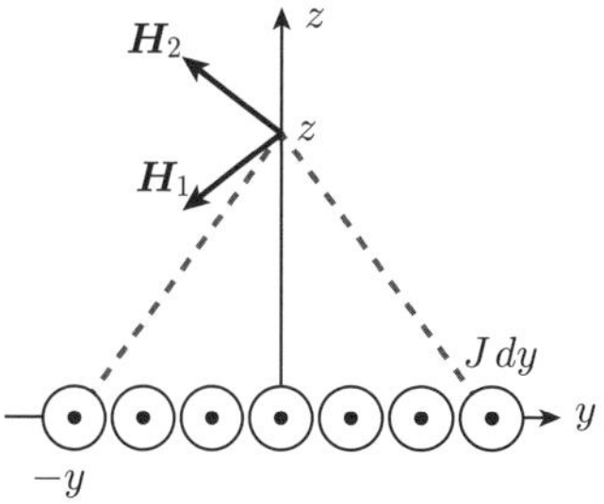

図 4

平面から垂直に z 離れた場所に $\pm y$ の位置にある直線電流 $J\,dy$ が作る磁場は，ビオ-サヴァールの法則より，

$$dH = \int_{x'=-\infty}^{x'=\infty} \frac{1}{4\pi} \frac{J\,dx'dy \times (r - r')}{|r - r'|^3}$$

ここで $\boldsymbol{r} = (0,0,z), \boldsymbol{r}' = (x', y, 0)$

$$dH_y = -\int_{x'=-\infty}^{x'=\infty} \frac{1}{4\pi} \frac{J\,dx'dy \times z}{(x'^2 + y^2 + z^2)^{\frac{3}{2}}} = -\frac{Jz\,dy}{2\pi(y^2+z^2)}$$

これをさらに y について積分する．

$$H_y = -\int_{-\infty}^{\infty} \frac{Jz\,dy}{2\pi(y^2+z^2)} = -\frac{J}{2}\frac{z}{|z|}$$

ここで，z は負の場合もあるので，$y = |z|\tan\theta$ と変数変換して積分した．よって

$$\boldsymbol{H} = \left(0, -\frac{J}{2}\frac{z}{|z|}, 0\right)$$

アンペールの法則を使って解く．電流分布の対称性から，磁場は y 成分のみを持ち，それは $z > 0$ では負，$z < 0$ で正であり，

$$H(z) = -H(-z)$$

図 5 のように経路をとる．

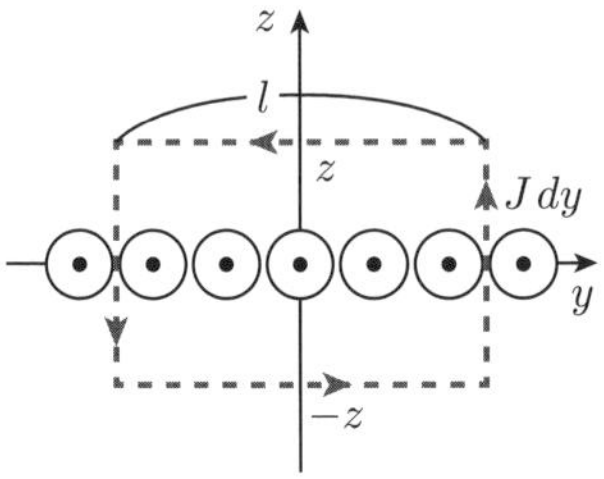

図 5

アンペールの法則より，$z > 0$ より

$$\oint_C \boldsymbol{H} \cdot d\boldsymbol{r} = H_y(z) \times (-l) + H_y(-z) \times l = -2H_y(z)l = Jl$$

より

$$H_y(z) = -\frac{J}{2}$$

また

$$H_y(-z) = \frac{J}{2}$$

まとめると

$$\boldsymbol{H} = \left(0, -\frac{J}{2}\frac{z}{|z|}, 0\right)$$

4.4.3 ビオ-サヴァールの法則の回転をとると

$$\nabla \times \boldsymbol{H}(\boldsymbol{r}) = \nabla \times \frac{1}{4\pi}\int_{V'} \frac{\boldsymbol{j}(\boldsymbol{r}') \times (\boldsymbol{r} - \boldsymbol{r}')}{|\boldsymbol{r} - \boldsymbol{r}'|^3} dV'$$

ここで ∇ は $\boldsymbol{r}$ に関する微分であることに注意すると

$$\begin{aligned}
\nabla \times \boldsymbol{H}(\boldsymbol{r}) &= \nabla \times \frac{1}{4\pi}\int_{V'} \frac{\boldsymbol{j}(\boldsymbol{r}') \times (\boldsymbol{r} - \boldsymbol{r}')}{|\boldsymbol{r} - \boldsymbol{r}'|^3} dV' \\
&= \nabla \times \frac{1}{4\pi}\int_{V'} \boldsymbol{j}(\boldsymbol{r}') \times \nabla \frac{-1}{|\boldsymbol{r} - \boldsymbol{r}'|} dV' \\
&= \frac{1}{4\pi}\int_{V'} \left\{ \boldsymbol{j}(\boldsymbol{r}')\nabla^2 \frac{-1}{|\boldsymbol{r} - \boldsymbol{r}'|} - (\boldsymbol{j}(\boldsymbol{r}') \cdot \nabla)\nabla \frac{-1}{|\boldsymbol{r} - \boldsymbol{r}'|} \right\} dV' \\
&= \frac{1}{4\pi}\int_{V'} \left\{ \boldsymbol{j}(\boldsymbol{r}')\nabla^2 \frac{-1}{|\boldsymbol{r} - \boldsymbol{r}'|} - \nabla\left(\boldsymbol{j}(\boldsymbol{r}') \cdot \nabla \frac{-1}{|\boldsymbol{r} - \boldsymbol{r}'|}\right) \right\} dV'
\end{aligned}$$

ここで

$$\nabla^2 \frac{1}{|\boldsymbol{r} - \boldsymbol{r}'|} = -4\pi\delta(\boldsymbol{r} - \boldsymbol{r}')$$

と勾配定理から

$$\int_{V'} \nabla\left(\boldsymbol{j}(\boldsymbol{r}') \cdot \nabla \frac{-1}{|\boldsymbol{r} - \boldsymbol{r}'|}\right) dV' = \int_{S'} \boldsymbol{j}(\boldsymbol{r}') \cdot \nabla \frac{-1}{|\boldsymbol{r} - \boldsymbol{r}'|} d\boldsymbol{S}'$$

S' は V' の表面で S' は電流分布を取り囲むので，この面積分は 0 となる．これらを使うと

$$\nabla \times \boldsymbol{H}(\boldsymbol{r}) = \boldsymbol{j}(\boldsymbol{r})$$

これはアンペールの法則の微分形である．

4.5.1 (1) 問題から

$$\boldsymbol{A}(\boldsymbol{r}) = \frac{\mu_0}{4\pi}\int_{V'} \frac{\boldsymbol{M}(\boldsymbol{r}') \times (\boldsymbol{r} - \boldsymbol{r}')}{|\boldsymbol{r} - \boldsymbol{r}'|^3} dV'$$

ここで $\boldsymbol{r}'$ についての ∇' を使い

$$\nabla' \frac{1}{|\boldsymbol{r} - \boldsymbol{r}'|} = \frac{\boldsymbol{r} - \boldsymbol{r}'}{|\boldsymbol{r} - \boldsymbol{r}'|^3}$$

となることから

となることから

$$\boldsymbol{A}(\boldsymbol{r}) = \frac{\mu_0}{4\pi}\int_{V'} \boldsymbol{M}(\boldsymbol{r}') \times \left(\nabla' \frac{1}{|\boldsymbol{r}-\boldsymbol{r}'|}\right) dV'$$

(2)

$$\nabla' \times \frac{\boldsymbol{M}(\boldsymbol{r}')}{|\boldsymbol{r}-\boldsymbol{r}'|} = \frac{\nabla' \times \boldsymbol{M}(\boldsymbol{r}')}{|\boldsymbol{r}-\boldsymbol{r}'|} - \boldsymbol{M}(\boldsymbol{r}') \times \left(\nabla' \frac{1}{|\boldsymbol{r}-\boldsymbol{r}'|}\right)$$

となることから

$$\boldsymbol{M}(\boldsymbol{r}') \times \left(\nabla' \frac{1}{|\boldsymbol{r}-\boldsymbol{r}'|}\right) = \frac{\nabla' \times \boldsymbol{M}(\boldsymbol{r}')}{|\boldsymbol{r}-\boldsymbol{r}'|} - \nabla' \times \frac{\boldsymbol{M}(\boldsymbol{r}')}{|\boldsymbol{r}-\boldsymbol{r}'|}$$

(3) ガウスの定理

$$\int_{V'} \nabla' \cdot \boldsymbol{N}(\boldsymbol{r}') dV' = \int_{S'} \boldsymbol{N}(\boldsymbol{r}') \cdot d\boldsymbol{S}'$$

でベクトル $\boldsymbol{N}(\boldsymbol{r}')$ を定ベクトル $\boldsymbol{c}$ を使って $\boldsymbol{N}(\boldsymbol{r}') \times \boldsymbol{c}$ で置き換えれば

$$\boldsymbol{c} \cdot \int_{V'} \nabla' \times \boldsymbol{N}(\boldsymbol{r}') dV' = -\boldsymbol{c} \cdot \int_{S'} \boldsymbol{N}(\boldsymbol{r}') \times d\boldsymbol{S}'$$

これから

$$\int_{V'} \nabla' \times \boldsymbol{N}(\boldsymbol{r}') dV' = -\int_{S'} \boldsymbol{N}(\boldsymbol{r}') \times d\boldsymbol{S}'$$

(4) (1) で示した式に (2) と (3) の結果を使うと

$$\begin{aligned} \boldsymbol{A}(\boldsymbol{r}) &= \frac{\mu_0}{4\pi}\int_{V'} \frac{\nabla' \times \boldsymbol{M}(\boldsymbol{r}')}{|\boldsymbol{r}-\boldsymbol{r}'|} dV' \\ &\quad + \frac{\mu_0}{4\pi}\int_{S'} \frac{\boldsymbol{M}(\boldsymbol{r}')}{|\boldsymbol{r}-\boldsymbol{r}'|} \times d\boldsymbol{S}' \end{aligned}$$

S' は V' を囲む閉曲面である．$\boldsymbol{j}_{\mathrm{M}} = \nabla \times \boldsymbol{M}$ を使うと

$$\begin{aligned} \boldsymbol{A}(\boldsymbol{r}) &= \frac{\mu_0}{4\pi}\int_{V'} \frac{\boldsymbol{j}_{\mathrm{M}}(\boldsymbol{r}')}{|\boldsymbol{r}-\boldsymbol{r}'|} dV' \\ &\quad + \frac{\mu_0}{4\pi}\int_{S'} \frac{\boldsymbol{M}(\boldsymbol{r}')}{|\boldsymbol{r}-\boldsymbol{r}'|} \times d\boldsymbol{S}' \end{aligned}$$

右辺第 1 項は V' 内の磁化電流密度による項，右辺第 2 項は V' の表面の磁化による寄与である．

4.5.2 円柱の軸を z 軸とする円筒座標系 (r, φ, z) をとり，円柱の上面を $z = l$，下面を $z = -l$ とする．$\boldsymbol{M}$ の方向を $+z$ 軸方向とする．演習問題 4.5.1 より

$$\begin{aligned} \boldsymbol{A}(\boldsymbol{r}) &= \frac{\mu_0}{4\pi}\int_{V'} \frac{\boldsymbol{j}_{\mathrm{M}}(\boldsymbol{r}')}{|\boldsymbol{r}-\boldsymbol{r}'|} dV' \\ &\quad + \frac{\mu_0}{4\pi}\int_{S'} \frac{\boldsymbol{M}(\boldsymbol{r}')}{|\boldsymbol{r}-\boldsymbol{r}'|} \times d\boldsymbol{S}' \qquad ① \end{aligned}$$

円柱内の磁化は一定なので

$$\boldsymbol{j}_{\mathrm{M}} = \nabla \times \boldsymbol{M} = 0$$

であるので①式の右辺第 1 項は 0 となる．右辺第 2 項では円柱の上面 S_1' と下面 S_3' の寄与は 0 であり，円柱の側面 S_2' では

$$\boldsymbol{M}(\boldsymbol{r}') \times d\boldsymbol{S}' = M\,\boldsymbol{e}_\varphi dS'$$

であるので

$$\begin{aligned} \boldsymbol{A}(\boldsymbol{r}) &= \frac{\mu_0}{4\pi}\int_{S'} \frac{\boldsymbol{M}(\boldsymbol{r}')}{|\boldsymbol{r}-\boldsymbol{r}'|} \times d\boldsymbol{S}' \\ &= \frac{\mu_0}{4\pi}\int_{S_2'} \frac{M\,\boldsymbol{e}_\varphi}{|\boldsymbol{r}-\boldsymbol{r}'|} dS' \end{aligned}$$

ここで，$M = |\boldsymbol{M}|$ とした．この $\boldsymbol{A}(\boldsymbol{r})$ は円柱の側面に単位面積当たり M の表面電流が $\boldsymbol{e}_\varphi$ 方向に流れているときのベクトルポテンシャルに等しい．
このベクトルポテンシャルから磁束密度を求めると

$$\begin{aligned} \boldsymbol{B}(\boldsymbol{r}) &= \nabla \times \boldsymbol{A}(\boldsymbol{r}) \\ &= \frac{\mu_0}{4\pi}\int_{S_2'} \nabla \times \frac{M\,\boldsymbol{e}_\varphi}{|\boldsymbol{r}-\boldsymbol{r}'|} dS' \\ &= -\frac{\mu_0}{4\pi}\int_{S_2'} M\,\boldsymbol{e}_\varphi \times \nabla \frac{1}{|\boldsymbol{r}-\boldsymbol{r}'|} dS' \\ &= \frac{\mu_0}{4\pi}\int_{S_2'} M\,\boldsymbol{e}_\varphi \times \frac{\boldsymbol{r}-\boldsymbol{r}'}{|\boldsymbol{r}-\boldsymbol{r}'|^3} dS' \end{aligned}$$

対称性から z 軸上の $\boldsymbol{B}$ は z 成分のみになるので B_z のみを計算する．$\boldsymbol{r}$ は z 軸上なので

$$\boldsymbol{r}' = a\,\boldsymbol{e}_r + z'\,\boldsymbol{e}_z, \quad \boldsymbol{r} = z\,\boldsymbol{e}_z$$

から

$$\boldsymbol{r}-\boldsymbol{r}' = -a\,\boldsymbol{e}_r + (z - z')\,\boldsymbol{e}_z,$$

$$\begin{aligned}&\boldsymbol{e}_\varphi \times (\boldsymbol{r}-\boldsymbol{r}')\\&= -a\,\boldsymbol{e}_\varphi \times \boldsymbol{e}_r + (z-z')\,\boldsymbol{e}_\varphi \times \boldsymbol{e}_z\\&= a\,\boldsymbol{e}_z + (z-z')\,\boldsymbol{e}_r\end{aligned}$$

なので

$$\begin{aligned}&B_z(0,0,z)\\&= \frac{\mu_0}{4\pi}\int_{S_2'} M\frac{a^2}{\{a^2+(z-z')^2\}^{\frac{3}{2}}}d\varphi' dz'\\&= \frac{\mu_0}{2}\int_{-l}^{l} M\frac{a^2}{\{a^2+(z-z')^2\}^{\frac{3}{2}}}dz'\end{aligned}$$

ここで

$$z-z' = \frac{a}{\tan\theta}$$

と置くと

$$-dz' = -\frac{a}{\sin^2\theta}d\theta,$$

$$\begin{aligned}\therefore\ \ &B_z(0,0,z)\\&= \frac{\mu_0}{2}\int_{\theta_1}^{\theta_2} M\frac{a^2}{\{a^2+(z-z')^2\}^{\frac{3}{2}}}dz'\\&= \frac{\mu_0 M}{2}\int_{\theta_1}^{\theta_2}\frac{1}{(1+\frac{1}{\tan^2\theta})^{\frac{3}{2}}}\frac{1}{\sin^2\theta}d\theta\\&= \frac{\mu_0 M}{2}\int_{\theta_1}^{\theta_2}\sin\theta\, d\theta\\&= -\frac{\mu_0 M}{2}[\cos\theta]_{\theta_1}^{\theta_2}\end{aligned}$$

ここで θ_1 は $z'=-l$ に対応し θ_2 は $z'=l$ に対応する．

(1) $\boldsymbol{r}$ を円柱の上面とすると $\theta_2=\frac{\pi}{2}$ となり

$$\cos\theta_1 = \frac{2l}{\sqrt{4l^2+a^2}}$$

となるので

$$B_z(0,0,l) = \frac{\mu_0 M}{2}\cos\theta_1 = \frac{\mu_0 Ml}{\sqrt{4l^2+a^2}}$$

$z=l$ に近い点で円柱内の点を z_{in}，円柱外の点を z_{out} と表すと円柱内の磁化は M であるので

$$\begin{aligned}H_z(0,0,z_{\mathrm{in}}) &= \frac{B_z}{\mu_0} - M\\&= M\left(\frac{l}{\sqrt{4l^2+a^2}}-1\right) < 0\end{aligned}$$

円柱外では

$$H_z(0,0,z_{\mathrm{out}}) = \frac{B_z}{\mu_0} = \frac{Ml}{\sqrt{4l^2+a^2}}$$

よって磁場は円柱内では $-z$ 軸方向，円柱外では $+z$ 軸方向を向いている．

(2) $\boldsymbol{r}$ を円柱の中間とすると $\theta_2=\pi-\theta_1$ であり $\cos\theta_1=\frac{l}{\sqrt{l^2+a^2}}$ となるので

$$\begin{aligned}B_z(0,0,0) &= -\frac{\mu_0 M}{2}[\cos\theta]_{\theta_1}^{\theta_2} = \mu_0 M\cos\theta_1\\&= \mu_0 M\frac{l}{\sqrt{l^2+a^2}}\end{aligned}$$

円柱内では磁化は M であるので

$$\begin{aligned}H_z(0,0,0) &= \frac{B_z}{\mu_0} - M = M(\cos\theta_1 - 1)\\&= M\left(\frac{l}{\sqrt{l^2+a^2}}-1\right) < 0\end{aligned}$$

以上から $z=0$ では $B_z>0$ で $H_z<0$ である．

(3) $\boldsymbol{r}$ を円柱の下面とすると $z=-l$ であり $\theta_1=\frac{\pi}{2}, \theta_2>\frac{\pi}{2}$ で $\cos\theta_2=-\frac{2l}{\sqrt{4l^2+a^2}}$ となるので

$$\begin{aligned}B_z(0,0,-l) &= -\frac{\mu_0 M}{2}\cos\theta_2\\&= \mu_0 M\frac{l}{\sqrt{4l^2+a^2}}\end{aligned}$$

$z=-a$ 付近の円柱内の点を z_{in}，円柱外の点を z_{out} と表すと，円柱内の磁化は M であるので

$$\begin{aligned}H_z(0,0,z_{\mathrm{in}}) &= \frac{B_z}{\mu_0} - M\\&= M\left(\frac{l}{\sqrt{4l^2+a^2}}-1\right) < 0\end{aligned}$$

円柱外では

$$H_z(0,0,z_{\mathrm{out}}) = \frac{B_z}{\mu_0} = M\frac{l}{\sqrt{4l^2+a^2}}$$

よって磁場は円柱内では $-z$ 軸方向，円柱外では $+z$ 軸方向を向いている．

第 5 章

5.1.1 直線電流の方向を円筒座標系の z 軸にとる．この電流による磁束密度は

$$\boldsymbol{B} = \frac{\mu_0 I}{2\pi r}\boldsymbol{e}_\theta$$

直線電流に一番近い正方形回路の位置は

$$r = d + vt$$

のように変化する．t のときに正方形回路を通る磁束は

$$\begin{aligned}\Phi &= \int_{d+vt}^{d+a+vt} Ba\,dr = \int_{d+vt}^{d+a+vt} \frac{\mu_0 I}{2\pi r} a\,dr \\ &= \frac{\mu_0 aI}{2\pi} \ln \frac{d+a+vt}{d+vt}\end{aligned}$$

誘導起電力 $V(t)$ は

$$\begin{aligned}V(t) &= -\frac{d\Phi}{dt} = -\frac{\mu_0 aI}{2\pi}\frac{d}{dt}\ln\frac{d+a+vt}{d+vt} \\ &= \frac{\mu_0 aI}{2\pi}\frac{av}{(d+a+vt)(d+vt)}\end{aligned}$$

正方形回路を通る磁束は減少するので起電力の方向は図 5.4 の時計回りである．

5.1.2 (1) 1 次コイルに交流電源をつなぐと 1 次コイルに電流が流れ 1 次コイルに磁束 Φ_1 が通る．交流電源なので電圧が変化して電流が変化し，1 次コイルの磁束も変化する．そうするとコイルに起電力が発生するがそれは交流電源の電圧と等しくなるように電流が流れる．よって

$$V_1 = -\frac{d\Phi_1}{dt}$$

の関係がある．次に，2 次コイルは同じ鉄心にコイルが巻かれており，鉄心から磁束は漏れないのでコイル 1 巻き当たりの磁束は 1 次コイルと同じであるから

$$\Phi_2 = \frac{N_2}{N_1}\Phi_1$$

の関係がある．

(2) 2 次コイルに発生する起電力 V_2 は

$$V_2 = -\frac{d\Phi_2}{dt} = -\frac{N_2}{N_1}\frac{d\Phi_1}{dt} = \frac{N_2}{N_1}V_1$$

(1) の結果から

$$\frac{V_2}{V_1} = \frac{N_2}{N_1}$$

(3) $V_1 = 200\,\mathrm{V}$, $V_2 = 100\,\mathrm{V}$ を代入して，

$$\frac{N_2}{N_1} = \frac{100}{200}$$

従って，2 次コイルの巻き数を 1 次コイルの $\frac{1}{2}$ 倍にすれば良い．

5.1.3 同軸ケーブルの軸を z 軸とする円筒座標系をとる．図 5.6 の内側の円筒の電流の方向を $+z$ 軸方向とする．電流の対称性から，磁束密度は内側の円筒と外側の円筒の間にのみ存在し，$\boldsymbol{B} = B(r)\,\boldsymbol{e}_\theta$ と書ける．中心を原点とし半径 r の xy 平面上の円を閉曲線 C とし，この円の面積を S としてアンペールの法則

$$\oint_C \boldsymbol{B}\cdot d\boldsymbol{r} = \int_S \mu_0 \boldsymbol{j}\cdot d\boldsymbol{S}$$

を適用する．$r < a, r > b$ では S を通る電流は 0 となるので磁束密度は 0 となる．$a < r < b$ では

$$\oint_C \boldsymbol{B}\cdot d\boldsymbol{r} = 2\pi rB = \int_S \mu_0 \boldsymbol{j}\cdot d\boldsymbol{S} = \mu_0 I$$

これから

$$\boldsymbol{B} = \frac{\mu_0 I}{2\pi r}\boldsymbol{e}_\theta$$

(1) 図 5.6 の水色の部分を通る磁束は，z 軸方向で単位長さ当たり

$$\Phi = \int_a^b B\,dr = \int_a^b \frac{\mu_0 I}{2\pi r}dr = \frac{\mu_0 I}{2\pi}\ln\frac{b}{a}$$

$\Phi = LI$ と比較して

$$L = \frac{\mu_0}{2\pi}\ln\frac{b}{a}$$

(2) 単位体積当たりの磁場のエネルギー e_{m} は

$$e_{\mathrm{m}} = \frac{1}{2\mu_0}\boldsymbol{B}^2$$

であるので，e_{m} を z 軸方向の単位長さで $a < r < b$ の体積で積分するとこの体積の中の磁場エネルギー E_{m} は

$$E_{\mathrm{m}} = \int_a^b \frac{1}{2\mu_0}\left(\frac{\mu_0 I}{2\pi r}\right)^2 2\pi r\,dr = \frac{\mu_0 I^2}{4\pi}\ln\frac{b}{a}$$

従ってこれと $E_{\mathrm{m}} = \frac{1}{2}LI^2$ を比較すると

$$L = \frac{\mu_0}{2\pi}\ln\frac{b}{a}$$

5.1.4 (1) 中心が原点で xy 平面上の円電流による z 軸上の磁束密度は，第 4 章基本例題 4.3 で導出したので省略．この結果を使って，リング

5

2 が xy 平面にあり中心が原点とすると，z における磁束密度 $\boldsymbol{B}_2$ は

$$\boldsymbol{B}_2 = \frac{\mu_0 b^2 I_2}{2(b^2+z^2)^{\frac{3}{2}}}\boldsymbol{e}_z$$

リング 1 の z 座標は $z=l$ であり，リング 1 を通る磁束密度は一様として良いので，リング 1 を貫く磁束 Φ_1 は,

$$\Phi_1 = \frac{\mu_0 \pi a^2 b^2 I_2}{2(b^2+l^2)^{\frac{3}{2}}}$$

(2)　図 6 のようにリング 1 を中心とした半径 $\sqrt{b^2+l^2}$ の球を考える.

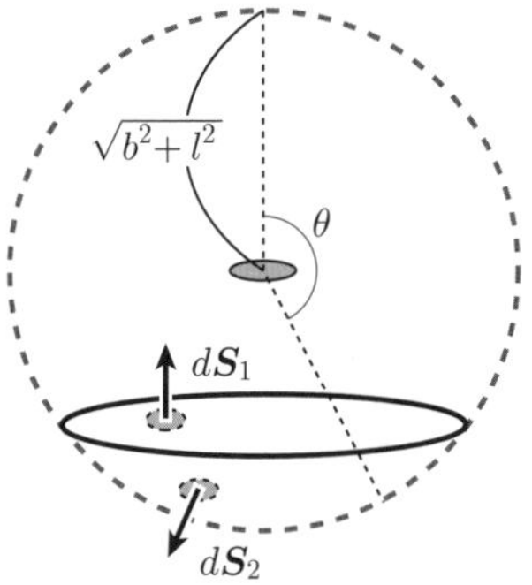

図 6

リング 2 の円の面積を S_1，リング 2 がこの球を切り取る曲面を S_2 とする．また，S_1 と S_2 を足してできる閉曲面を S とする．リング 2 を通る磁束 Φ_2 は

$$\Phi_2 = \int_{S_1} \boldsymbol{B}_{\rm dip}\cdot d\boldsymbol{S}_1 = \int_S \boldsymbol{B}_{\rm dip}\cdot d\boldsymbol{S} - \int_{S_2} \boldsymbol{B}_{\rm dip}\cdot d\boldsymbol{S}_2$$

と書ける．ここで $\boldsymbol{B}_{\rm dip}$ は原点に磁気双極子 m があるときの磁束密度である．磁場についてのガウスの法則を使うと S は閉曲面なので

$$\int_S \boldsymbol{B}_{\rm dip}\cdot d\boldsymbol{S} = 0$$

$d\boldsymbol{S}_2$ は球面上の微小面ベクトルなので,

$$d\boldsymbol{S}_2 = (b^2+l^2)\sin\theta\, d\theta d\varphi\, \boldsymbol{e}_r$$

と $\cos\theta_2 = \frac{-l}{\sqrt{b^2+l^2}}$ を満たす θ_2 を使うと

$$-\int_{S_2} \boldsymbol{B}_{\rm dip}\cdot d\boldsymbol{S}_2 = -\int_{\varphi=0}^{2\pi}\int_{\theta_2}^{2\pi} \frac{\mu_0 m}{4\pi\sqrt{b^2+l^2}} 2\cos\theta\sin\theta\, d\theta d\varphi = \frac{\mu_0 m b^2}{2(b^2+l^2)^{\frac{3}{2}}}$$

$$m = \pi a^2 I_1$$

を使うと

$$\Phi_2 = \frac{\mu_0 \pi a^2 b^2 I_1}{2(b^2+l^2)^{\frac{3}{2}}}$$

(3)　(1)(2) から,

$$\Phi_1 = \frac{\mu_0 \pi a^2 b^2 I_2}{2(b^2+l^2)^{\frac{3}{2}}} = M_{12} I_2,$$

$$\Phi_2 = \frac{\mu_0 \pi a^2 b^2 I_1}{2(b^2+l^2)^{\frac{3}{2}}} = M_{21} I_1$$

$$\therefore\quad M_{12} = M_{21} = \frac{\mu_0 \pi a^2 b^2}{2(b^2+l^2)^{\frac{3}{2}}}$$

5.2.1　(1)　円形回路を貫く磁束は，外部磁場と自己誘導による磁場の両方であるので

$$\Phi = B(t)S + LI(t)$$

円形回路に生じる誘導起電力は,

$$V = -\frac{d\Phi}{dt} = -\frac{dB}{dt}S - L\frac{dI}{dt}$$

この起電力で電流が流れるのでオームの法則から

$$V = RI$$

に代入して

$$-\frac{dB}{dt}S - L\frac{dI}{dt} = RI$$

(2)　$B(t)=\beta t$ を代入すると

$$-\beta S - L\frac{dI}{dt} = RI$$

これを解くと，一般解は

$$I(t) = I_0 e^{-\frac{R}{L}t} - \frac{\beta S}{R}$$

ここで，I_0 は任意定数．$t=0$ で $I=0$ より

$$I(t) = \frac{\beta S}{R}(e^{-\frac{R}{L}t} - 1)$$

5.2.2 並列であるので，コンデンサーとコイル両方に電圧 $V(t) = V_0 \cos \omega t$ がかかる．

(1) $V(t) = -L\frac{dI}{dt}$ より，

$$L\frac{dI}{dt} = -V_0 \cos \omega t$$

この一般解は

$$I(t) = -\frac{V_0}{L\omega} \sin \omega t + c$$

ここで，c は任意定数．$t = 0$ で $I = 0$ より $c = 0$ であり

$$I(t) = -\frac{V_0}{L\omega} \sin \omega t$$

(2) $U_L = \frac{1}{2}LI^2$ より

$$U_L = \frac{V_0^2}{2\omega^2 L} \sin^2 \omega t$$

(3) $U_C = \frac{1}{2}CV^2$ より

$$U_C = \frac{1}{2}CV_0^2 \cos^2 \omega t$$

(4)

$$\begin{aligned} U &= U_L + U_C \\ &= \frac{V_0^2}{2\omega^2 L} \sin^2 \omega t + \frac{1}{2}CV_0^2 \cos^2 \omega t \end{aligned}$$

U が時間によらないことから，

$$\frac{dU}{dt} = \left(\frac{1}{\omega L} - \omega C\right) V_0^2 (\sin \omega t \cos \omega t) = 0$$

これが成り立つには $\omega > 0$ なので

$$\omega = \sqrt{\frac{1}{LC}}$$

この ω を**共振角振動数**と呼ぶ．このとき

$$U = U_L + U_C = \frac{1}{2}CV_0^2$$

5.2.3 (1) キルヒホフ第 2 法則より，

$$\frac{Q}{C} - L\frac{dI}{dt} = RI$$

これを時間微分してコンデンサーの電荷と電流の関係

$$I = -\frac{dQ}{dt}$$

を使うと

$$-\frac{I}{C} - L\frac{d^2 I}{dt^2} = R\frac{dI}{dt}$$

(2) (1) の方程式に

$$I(t) = I_0 e^{\lambda t}$$

仮定して代入すると

$$L\lambda^2 + R\lambda + \frac{1}{C} = 0$$

この解は

$$\lambda = \frac{-R \pm \sqrt{R^2 - 4\frac{L}{C}}}{2L}$$

λ が複素数になると減衰振動するので，減衰振動する条件は

$$R^2 - 4\frac{L}{C} < 0$$

このときの角振動数 ω は λ の虚数部なので

$$\omega = \pm \frac{\sqrt{4\frac{L}{C} - R^2}}{2L} = \pm\sqrt{\frac{1}{LC} - \frac{R^2}{4L^2}}$$

5.3.1 荷電粒子の電荷を q，速度を $\boldsymbol{v}$ とし，それが磁束密度 $\boldsymbol{B}$ 中を運動している．この荷電粒子が受けるローレンツ力 $\boldsymbol{F}$ は，電場がないので

$$\boldsymbol{F} = q\boldsymbol{v} \times \boldsymbol{B}$$

この力による仕事率は

$$\boldsymbol{F} \cdot \boldsymbol{v} = (q\boldsymbol{v} \times \boldsymbol{B}) \cdot \boldsymbol{v} = 0$$

これは磁場のみが存在するときのローレンツ力の方向は速度ベクトルと直交しているからである．このため磁場のみのローレンツ力は仕事をしない．

5.3.2 v_z は変化しないとみなせるとしたのでイオンが $z = l$ を通る時刻 t_1 は

$$t_1 = \frac{l}{v}$$

$z = L$ に達する時刻 t_2 は

$$t_2 = \frac{L}{v}$$

(1)　電場は x 軸方向，磁場は y 軸方向を向いているので $\boldsymbol{E} = (E, 0, 0), \boldsymbol{H} = (0, H, 0)$ と置く．この電場と磁場中をイオンが $\boldsymbol{v} = (v_x, v_y, v_z)$ で運動しているときに受けるローレンツ力 $\boldsymbol{F}$ は，$\boldsymbol{B} = \mu_0 \boldsymbol{H}$ と置いて

$$\boldsymbol{F} = q(\boldsymbol{E} + \boldsymbol{v} \times \boldsymbol{B}) = (qE - qv_z B, 0, qv_x B)$$

よって運動方程式は

$$\begin{cases} m\frac{dv_x}{dt} = qE - qv_z B, & ① \\ m\frac{dv_y}{dt} = 0, & ② \\ m\frac{dv_z}{dt} = qv_x B & ③ \end{cases}$$

③式を時間微分して①式を代入すると

$$m\frac{d^2 v_z}{dt^2} = qB\frac{dv_x}{dt} = -\frac{q^2 B^2}{m}v_z + \frac{q^2 EB}{m}$$

この解は初期条件 $t = 0$ で $v_x = 0, v_z = v$ を使うと

$$v_z = \left(v - \frac{E}{B}\right)\cos\frac{qB}{m}t + \frac{E}{B},$$
$$v_x = -\left(v - \frac{E}{B}\right)\sin\frac{qB}{m}t$$

また②式から初期条件 $t = 0$ で $v_y = 0$ を使うと

$$v_y = 0$$

以上がイオンが $0 < z < l$ を通過しているときの速度である．

(2)　$\frac{\mu_0 qHl}{mv} \ll 1$ の左辺は①式の解の中の変数 $\frac{qB}{m}t$ で $t = \frac{l}{v}$ と置いたものになっている．よって

$$\theta = \frac{qBl}{mv}$$

と置くと，$\theta \ll 1$ なので $t = \frac{l}{v}$ と置き

$$\begin{aligned} v_x &= -\left(v - \frac{E}{B}\right)\sin\frac{qB}{m}t \\ &= -\left(v - \frac{E}{B}\right)\sin\theta \\ &= -\left(v - \frac{E}{B}\right)\left(\theta - \frac{1}{3!}\theta^3 + \cdots\right) \end{aligned}$$

v_y は $\theta \ll 1$ と関係ない．

$$\begin{aligned} v_z &= \left(v - \frac{E}{B}\right)\cos\frac{qB}{m}t + \frac{E}{B} \\ &= \left(v - \frac{E}{B}\right)\cos\theta + \frac{E}{B} \\ &= \left(v - \frac{E}{B}\right)\left(1 - \frac{1}{2}\theta^2 + \cdots\right) + \frac{E}{B} \end{aligned}$$

θ の 2 次以上を無視し $\frac{l}{v}$ を t に戻すと

$$v_x = -\left(v - \frac{E}{B}\right)\frac{qBt}{m},$$
$$v_y = 0,$$
$$v_z = \left(v - \frac{E}{B}\right) + \frac{E}{B} = v$$

(3)　$0 < t < \frac{l}{v}$ では (2) の解を使い，イオンが $z > l$ では力を受けないため速度は変化しない．よって，イオンがスクリーンに到達する時間 t_2 ではイオンのスクリーン上の位置 x_L, y_L は，

$$\begin{aligned} x_L &= -\frac{1}{2}\left(v - \frac{E}{B}\right)\frac{qBl^2}{mv^2} \\ &\quad -\left(v - \frac{E}{B}\right)\frac{qB}{m}\frac{l}{v}\left(\frac{L}{v} - \frac{l}{v}\right) \\ &= -\left(v - \frac{E}{B}\right)\frac{qBl}{mv^2}\left(L + \frac{1}{2}l\right), \\ y_L &= 0 \end{aligned}$$

これから $x_L = 0$ となる条件は $v = \frac{E}{B}$ である．

5.3.3　t における q_1 の位置は $\boldsymbol{r}_1 = (v_0 t, 0, 0)$，$q_2$ の位置は $\boldsymbol{r}_2 = (0, v_0 t, 0)$ である．q_1 の運動によって $\boldsymbol{r}_2$ に発生する磁束密度 $\boldsymbol{B}_1$ は

$$\begin{aligned} \boldsymbol{B}_1(\boldsymbol{r}_2) &= \frac{\mu_0 q_1 \boldsymbol{v}_1}{4\pi} \times \frac{\boldsymbol{r}_2 - \boldsymbol{r}_1}{|\boldsymbol{r}_2 - \boldsymbol{r}_1|^3} \\ &= \frac{\mu_0 q_1 v_0}{4\pi}\frac{v_0 t}{|\sqrt{2}\,v_0 t|^3}\boldsymbol{e}_z \end{aligned}$$

同様に，q_2 の運動によって位置 $\boldsymbol{r}_1$ に発生する磁束密度 $\boldsymbol{B}_2$ は

$$\begin{aligned} \boldsymbol{B}_2(\boldsymbol{r}_1) &= \frac{\mu_0 q_2 \boldsymbol{v}_2}{4\pi} \times \frac{\boldsymbol{r}_1 - \boldsymbol{r}_2}{|\boldsymbol{r}_1 - \boldsymbol{r}_2|^3} \\ &= -\frac{\mu_0 q_2 v_0}{4\pi}\frac{v_0 t}{|\sqrt{2}\,v_0 t|^3}\boldsymbol{e}_z \end{aligned}$$

q_1 が受けるローレンツ力 $\boldsymbol{F}_1$ は，

$$\begin{aligned} \boldsymbol{F}_1 &= q_1 \boldsymbol{v}_1 \times \boldsymbol{B}_2(\boldsymbol{r}_1) \\ &= q_1 \boldsymbol{v}_1 \times \left(-\frac{\mu_0 q_2 v_0}{4\pi}\frac{v_0 t}{|\sqrt{2}\,v_0 t|^3}\boldsymbol{e}_z\right) \\ &= \frac{\mu_0 q_1 q_2}{8\sqrt{2}\,\pi}\frac{1}{t^2}\boldsymbol{e}_y \end{aligned}$$

5

q_2 が受けるローレンツ力 $\boldsymbol{F}_2$ は,

$$\begin{aligned}\boldsymbol{F}_2 &= q_2\boldsymbol{v}_2 \times \boldsymbol{B}_1(\boldsymbol{r}_2)\\ &= q_2\boldsymbol{v}_2 \times \left(\frac{\mu_0 q_1 v_0}{4\pi}\frac{v_0 t}{|\sqrt{2}\,v_0 t|^3}\boldsymbol{e}_z\right)\\ &= \frac{\mu_0 q_1 q_2}{8\sqrt{2}\,\pi}\frac{1}{t^2}\boldsymbol{e}_x\end{aligned}$$

$\boldsymbol{F}_1$ と $\boldsymbol{F}_2$ は大きさは同じで方向は異なる．次に静電気力の大きさ $F_{\rm e}$ は

$$F_{\rm e} = \frac{1}{4\pi\varepsilon_0}\frac{|q_1 q_2|}{|\boldsymbol{r}_2 - \boldsymbol{r}_1|^2} = \frac{1}{4\pi\varepsilon_0}\frac{|q_1 q_2|}{2(v_0 t)^2}$$

よってローレンツ力と静電気力の比は,

$$\frac{|\boldsymbol{F}_1|}{F_{\rm e}} = \frac{\varepsilon_0\mu_0 v_0^2}{\sqrt{2}} = \frac{v_0^2}{c^2\sqrt{2}}$$

より，ローレンツ力の方が静電気力より $\frac{v_0^2}{c^2\sqrt{2}}$ 小さい．

ポイント $\boldsymbol{F}_1$ と $\boldsymbol{F}_2$ は大きさは同じで方向は異なることから，この二つの荷電粒子の間では力学の作用反作用の法則が成り立っていないように見えます．これは荷電粒子の力学を考えるにあたって，磁場によるローレンツ力を考えるだけでは十分ではないことを示しています．電磁場が存在するときの荷電粒子の力学については，各荷電粒子の運動による電場と磁場も考慮する必要を示しています．(第 6 章基本問題 6.7 参照)

5.3.4 (1) 電流密度は $\boldsymbol{j} = qn\boldsymbol{v}$ であるから，電流密度が定常ということは荷電粒子の速度が時間的に一定に成っている．よって，運動方程式で荷電粒子の加速度が 0 なので

$$q\boldsymbol{E} - \frac{m\boldsymbol{v}}{\tau} = 0$$

$$\therefore \quad \boldsymbol{v} = \frac{\tau q}{m}\boldsymbol{E}$$

(2) $\boldsymbol{j} = qn\boldsymbol{v}$ に (1) の結果を代入すると

$$\boldsymbol{j} = qn\frac{\tau q}{m}\boldsymbol{E} = \frac{nq^2\tau}{m}\boldsymbol{E}$$

これとオームの法則の式 $\boldsymbol{j} = \sigma\boldsymbol{E}$ と比較すると

$$\sigma = \frac{nq^2\tau}{m}$$

(3) 電流の方向が $+x$ 軸方向なので，$q > 0$ では $+x$ 軸方向，$q < 0$ では $-x$ 軸方向に荷電粒子が移動する．従って，それぞれの場合に働く磁場によるローレンツ力の向きは図 7 のとおり．

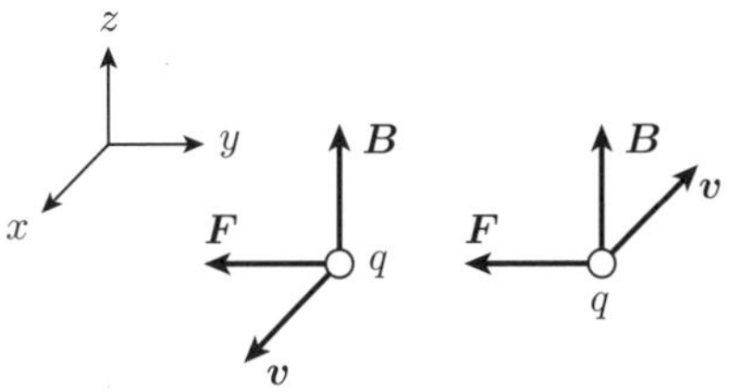

$q > 0$　　$q < 0$

図 7

$q > 0$ のとき，ローレンツ力に押されて S_2 に正電荷が過剰になり，その分 S_1 の正電荷が減るので負の電荷が過剰になる．$q < 0$ のとき，ローレンツ力に押されて S_2 に負電荷が過剰になり，その分 S_1 の負電荷が減るので正の電荷が過剰になる．

(4) 定常状態では，ホール電場と磁場によるローレンツ力の和の y 成分が 0 となるので,

$$q(\boldsymbol{E}_{\rm H} + \boldsymbol{v} \times \boldsymbol{B})_y = 0$$

これから

$$E_{\rm H} = vB$$

ここで $j = qnv$ なので

$$E_{\rm H} = \frac{jB}{qn}$$

(5) (4) より，ホール定数は

$$R_{\rm H} = \frac{E_{\rm H}}{jB} = \frac{1}{qn}$$

と (2) より $\sigma = \frac{nq^2\tau}{m}$ であり，この二つから

$$R_{\rm H}\sigma = \frac{q\tau}{m}$$

ポイント これは (1) で求めた単位電場をかけたときの荷電粒子の速度が得られ (これを**移動度**という)，導体の性質を特徴付ける量である．

5.3.5 (1) 荷電粒子はローレンツ力を受けるので，運動方程式は

$$m\frac{d\boldsymbol{v}}{dt} = q(\boldsymbol{E} + \boldsymbol{v} \times \boldsymbol{B})$$

電場がないので運動方程式の各成分は

$$\begin{cases} m\frac{dv_x}{dt} = qv_y B, & ① \\ m\frac{dv_y}{dt} = -qv_x B, & ② \\ m\frac{dv_z}{dt} = 0 & ③ \end{cases}$$

$t=0$ で $\boldsymbol{v}=(v_0,0,0)$ なので $m\frac{dv_z}{dt}=0$ より $v_z=0$ であり，運動は xy 平面内にとどまる．運動方程式の①式を微分して②式を代入すると

$$m\frac{d^2v_x}{dt^2} = -\frac{q^2B^2}{m}v_x$$

$t=0$ で $v_x=v_0, v_y=0$ を満たし①式と②式を満たす解は

$$v_x = v_0\cos\frac{qB}{m}t,$$
$$v_y = -v_0\sin\frac{qB}{m}t$$

これから $t=0$ で $(x,y)=(0,0)$ を満たす解は

$$x = \frac{mv_0}{qB}\sin\frac{qB}{m}t,$$
$$y = \frac{mv_0}{qB}\left(-1+\cos\frac{qB}{m}t\right)$$

これから x,y は

$$x^2 + \left(y+\frac{mv_0}{qB}\right)^2 = \left(\frac{mv_0}{qB}\right)^2$$

を満たす．これは中心が $(0,-\frac{mv_0}{qB},0)$ で半径が $\frac{mv_0}{qB}$ の xy 平面内の円の方程式であり，荷電粒子は円運動することを示している．

(2) 一様な電場と磁場中を荷電粒子が $\boldsymbol{v}=(v_x,v_y,v_z)$ で運動しているとき受けるローレンツ力 $\boldsymbol{F}$ は

$$\boldsymbol{F} = q(\boldsymbol{E}+\boldsymbol{v}\times\boldsymbol{B}) = (qv_yB, qE-qv_xB, 0)$$

よって運動方程式は

$$\begin{cases} m\frac{dv_x}{dt} = qv_y B, & ① \\ m\frac{dv_y}{dt} = qE - qv_x B, & ② \\ m\frac{dv_z}{dt} = 0 & ③ \end{cases}$$

①式を時間微分して②式を代入すると

$$m\frac{d^2v_x}{dt^2} = qB\frac{dv_y}{dt} = -\frac{q^2B^2}{m}v_x + \frac{q^2EB}{m}$$

ここで

$$v_x' = v_x - \frac{E}{B}$$

と置くと運動方程式は

$$m\frac{d^2v_x'}{dt^2} = -\frac{q^2B^2}{m}v_x'$$

となり，一般解は容易に得られる．初期条件 $t=0$ で $v_x=v_0, v_y=0$ を満たす解は

$$v_x = \left(v_0-\frac{E}{B}\right)\cos\frac{qB}{m}t + \frac{E}{B},$$
$$v_y = -\left(v_0-\frac{E}{B}\right)\sin\frac{qB}{m}t$$

また③式から初期条件 $t=0$ で $v_z=0$ を使うと

$$v_z = 0$$

以上が初期条件を満たす速度である．

(3) (2) で得られた速度

$$\begin{cases} \frac{dx}{dt} = \left(v_0-\frac{E}{B}\right)\cos\frac{qB}{m}t + \frac{E}{B}, \\ \frac{dy}{dt} = -\left(v_0-\frac{E}{B}\right)\sin\frac{qB}{m}t, \\ \frac{dz}{dt} = 0 \end{cases}$$

を解き初期条件を使うと

$$\begin{cases} x = \left(v_0-\frac{E}{B}\right)\frac{m}{qB}\sin\frac{qB}{m}t + \frac{E}{B}t, \\ y = \left(v_0-\frac{E}{B}\right)\frac{m}{qB}\left(-1+\cos\frac{qB}{m}t\right), \\ z = 0 \end{cases}$$

これから x,y は

$$\left(x-\frac{E}{B}t\right)^2 + \left\{y+\left(v_0+\frac{E}{B}\right)\frac{m}{qB}\right\}^2$$
$$= \left\{\left(v_0-\frac{E}{B}\right)\frac{m}{qB}\right\}^2$$

を満たすので，中心が $(x,y)=(\frac{E}{B}t, (v_0-\frac{E}{B})\frac{m}{qB})$ で半径が $|(v_0-\frac{E}{B})\frac{m}{qB}|$ の円軌道になっている．この式から円軌道の中心は速度 $\boldsymbol{v}=(\frac{E}{B},0,0)$ で移動している（この運動は**ドリフト運動**と呼ばれる）．

第 6 章

6.1.1 (1) 図 8 のようにコンデンサーの極板と同じ大きさで極板に平行な平面を考える．

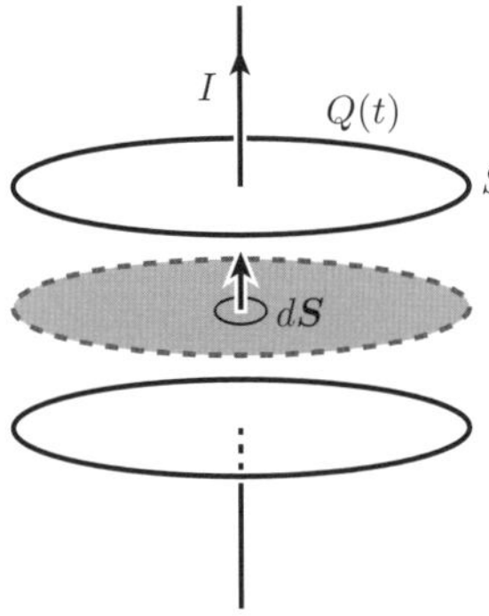

図 8

面積は S とする．電場は極板間で一様でガウスの法則から

$$E = \frac{Q}{\varepsilon_0 S}$$

変位電流 $\frac{\partial \boldsymbol{D}}{\partial t}$ の S での積分は

$$\int_S \frac{\partial \boldsymbol{D}}{\partial t} \cdot d\boldsymbol{S} = \frac{d}{dt}\int_S \boldsymbol{D} \cdot d\boldsymbol{S} = \frac{d}{dt}Q$$
$$= C\frac{d}{dt}V$$

(2) 振動数を f，交流電圧を

$$V = V_0 \cos(2\pi f t)$$

と置くと，

$$\int_S \frac{\partial \boldsymbol{D}}{\partial t} \cdot d\boldsymbol{S} = C\frac{dV}{dt}$$
$$= -C2\pi f V_0 \sin(2\pi f t)$$

この最大値は

$$C2\pi f V_0$$

これが 1 A なので

$$C2\pi f V_0 = 1$$

より

$$V_0 = \frac{1}{C2\pi f}$$

$C = 1\,\mu\mathrm{F}$ であるので

$$V_0 = \frac{1}{2\pi f} \times 10^6\,\mathrm{V}$$

$f = 50\,\mathrm{Hz}$ のときは

$$V_0 = \frac{1}{\pi} \times 10^4\,\mathrm{V}$$

$f = 1\,\mathrm{MHz}$ のときは

$$V_0 = \frac{1}{2\pi}\,\mathrm{V}$$

6.1.2 (1)

$$\boldsymbol{j} = \boldsymbol{j}_0 \sin\omega t$$

であるので，オームの法則 $\boldsymbol{j} = \sigma_c \boldsymbol{E}$ より

$$\boldsymbol{E} = \frac{\boldsymbol{j}}{\sigma_c} = \frac{\boldsymbol{j}_0 \sin\omega t}{\sigma_c}$$

変位電流は

$$\frac{\partial \boldsymbol{D}}{\partial t} = \frac{\varepsilon_0}{\sigma_c}\frac{\partial \boldsymbol{j}}{\partial t} = \varepsilon_0 \omega \frac{\boldsymbol{j}_0 \cos\omega t}{\sigma_c}$$

(2) (1) で求めた変位電流

$$\frac{\partial \boldsymbol{D}}{\partial t} = \varepsilon_0 \omega \frac{\boldsymbol{j}_0 \cos\omega t}{\sigma_c}$$

と電流密度の振幅の大きさ $\boldsymbol{j}_0$ から変位電流が無視できる条件は

$$\varepsilon_0 \omega \frac{\boldsymbol{j}_0}{\sigma_c} \ll \boldsymbol{j}_0$$

これを ω の条件に直すと

$$\omega \ll \frac{\sigma_c}{\varepsilon_0}$$

$\sigma_c = 6 \times 10^7\,\Omega^{-1}\,\mathrm{m}^{-1}$ で $\varepsilon_0 = 8.854 \times 10^{-12}\,\mathrm{F/m}$ を使うと

$$\omega \ll \frac{6 \times 10^7}{8.854 \times 10^{-12}} = 0.678 \times 10^{19}\,\mathrm{s}^{-1}$$

となり，50 Hz の場合 ω はこの条件を満たすので，変位電流を無視できる．

6.1.3 (1) 電流による導体円筒間の空間の磁場を求める．

導体円筒の中心軸を z 軸とする円筒座標系をとる．内側の導体円筒の電流の方向を z 軸方向とする．$I = I_0 \cos\omega t$ より導線円筒間の磁場 $\boldsymbol{H}$ はアンペールの法則より

$$\boldsymbol{H}(r) = \frac{I}{2\pi r}\boldsymbol{e}_\theta = \frac{I_0 \cos\omega t}{2\pi r}\boldsymbol{e}_\theta$$

同様にアンペールの法則より，半径 a の円筒の内側と $r > b$ で磁場は 0 である．

(2) (1) の結果と電磁誘導の法則から $a <$

$r < b$ で

$$\nabla \times \boldsymbol{E} = -\frac{\partial \boldsymbol{B}}{\partial t} = \frac{\mu_0 I_0 \omega \sin \omega t}{2\pi r} \boldsymbol{e}_\theta \qquad ①$$

$\frac{\partial \boldsymbol{B}}{\partial t}$ は θ 成分のみを持ち z によらないので，この対称性から $\boldsymbol{E}$ は z 成分のみを持ち z によらない．よって

$$(\nabla \times \boldsymbol{E})_\theta = \frac{\partial E_r}{\partial z} - \frac{\partial E_z}{\partial r}$$

を使って①式は

$$-\frac{\partial E_z}{\partial r} = \frac{\mu_0 I_0 \omega \sin \omega t}{2\pi r}$$

これから

$$E_z(r) = \frac{\mu_0 I_0 \omega \sin \omega t}{2\pi} \ln \frac{a}{r}$$

ここで $r = a$ で $E_z = 0$ を使った．これから変位電流は

$$\frac{\partial \boldsymbol{D}(r)}{\partial t} = \frac{\varepsilon_0 \mu_0 I_0 \omega^2 \cos \omega t}{2\pi} \ln \frac{a}{r} \boldsymbol{e}_z$$

(3) (2) の変位電流を二つの導体円筒で挟まれた断面 S_1 で面積積分すると

$$\begin{aligned} I_\mathrm{d} &= \int_{S_1} \frac{\partial \boldsymbol{D}}{\partial t} \cdot d\boldsymbol{S} \\ &= -\int_{S_1} \frac{\varepsilon_0 \mu_0 I_0 \omega^2 \cos \omega t}{2\pi} \ln \frac{r}{a} \boldsymbol{e}_z \cdot d\boldsymbol{S} \\ &= -\varepsilon_0 \mu_0 I_0 \omega^2 \cos \omega t \\ &\quad \times \left[\frac{1}{4} r^2 (2 \ln r - 1) - \frac{1}{2} r^2 \ln a \right]_a^b \\ &= -\varepsilon_0 \mu_0 I_0 \omega^2 \cos \omega t \\ &\quad \times \left\{ \frac{1}{2} b^2 \ln \frac{b}{a} - \frac{1}{4}(b^2 - a^2) \right\} \end{aligned}$$

これが I_0 に比べて無視できるためには

$$\varepsilon_0 \mu_0 \omega^2 \left\{ \frac{b^2}{2} \ln \frac{b}{a} - \frac{1}{4}(b^2 - a^2) \right\} \ll 1$$

であれば良いので

$$\begin{aligned} \omega &\ll \sqrt{\frac{2}{\varepsilon_0 \mu_0 b^2 \left\{ \ln \frac{b}{a} - \frac{1}{2}(1 - \frac{a^2}{b^2}) \right\}}} \\ &= \frac{c}{b} \sqrt{\frac{2}{\ln \frac{b}{a} - \frac{1}{2}(1 - \frac{a^2}{b^2})}} \end{aligned}$$

ここで c は光速である．

6.2.1 スカラーポテンシャル ϕ，ベクトルポテンシャル $\boldsymbol{A}$ は電場と磁場と

$$\boldsymbol{E} = -\nabla \phi - \frac{\partial \boldsymbol{A}}{\partial t}, \quad \boldsymbol{B} = \nabla \times \boldsymbol{A}$$

の関係がある．電場の式を真空中の電場に関するガウスの法則

$$\nabla \cdot \boldsymbol{E} = 0$$

に代入すると

$$\nabla \cdot \left(-\nabla \phi - \frac{\partial \boldsymbol{A}}{\partial t} \right) = 0$$

ここで，ローレンツ条件

$$\nabla \cdot \boldsymbol{A} + \varepsilon_0 \mu_0 \frac{\partial \phi}{\partial t} = 0$$

から

$$\nabla \cdot \boldsymbol{A} = -\varepsilon_0 \mu_0 \frac{\partial \phi}{\partial t}$$

を代入すると

$$-\nabla^2 \phi + \varepsilon_0 \mu_0 \frac{\partial^2 \phi}{\partial t^2} = 0$$

となり，波動方程式は

$$\frac{\partial^2 \phi}{\partial t^2} - \frac{1}{\varepsilon_0 \mu_0} \nabla^2 \phi = 0$$

次に真空中の電磁場について，アンペール-マクスウェルの法則

$$\nabla \times \boldsymbol{H} = \frac{\partial \boldsymbol{D}}{\partial t}$$

をスカラーポテンシャル ϕ とベクトルポテンシャル $\boldsymbol{A}$ で書き換えると

$$\frac{1}{\mu_0} \nabla \times \nabla \times \boldsymbol{A} = \varepsilon_0 \frac{\partial}{\partial t} \left(-\nabla \phi - \frac{\partial \boldsymbol{A}}{\partial t} \right)$$

$$\begin{aligned} \therefore \quad & \frac{1}{\mu_0} \{ \nabla (\nabla \cdot \boldsymbol{A}) - \nabla^2 \boldsymbol{A} \} \\ & = -\varepsilon_0 \frac{\partial}{\partial t} (\nabla \phi) - \varepsilon_0 \frac{\partial^2 \boldsymbol{A}}{\partial t^2} \end{aligned}$$

ここで，ローレンツ条件から得られる

$$\nabla \cdot \boldsymbol{A} = -\varepsilon_0 \mu_0 \frac{\partial \phi}{\partial t}$$

6

を代入すると

$$-\frac{1}{\mu_0}\nabla^2 \boldsymbol{A} = -\varepsilon_0 \frac{\partial^2 \boldsymbol{A}}{\partial t^2}$$

となり，波動方程式は

$$\frac{\partial^2 \boldsymbol{A}}{\partial t^2} - \frac{1}{\varepsilon_0\mu_0}\nabla^2 \boldsymbol{A} = 0$$

6.2.2 (1) ファラデーの法則

$$\nabla \times \boldsymbol{E} = -\frac{\partial \boldsymbol{B}}{\partial t}$$

の両辺の回転をとると

$$\nabla \times \nabla \times \boldsymbol{E} = -\nabla \times \frac{\partial \boldsymbol{B}}{\partial t}$$

$$\therefore \quad \nabla(\nabla \cdot \boldsymbol{E}) - \nabla^2 \boldsymbol{E} = -\frac{\partial \nabla \times \boldsymbol{B}}{\partial t}$$

この式の左辺第 1 項を電場のガウスの法則

$$\nabla \cdot \boldsymbol{E} = \frac{\rho}{\varepsilon_0}$$

右辺をアンペール-マクスウェルの法則

$$\nabla \times \boldsymbol{H} = \boldsymbol{j} + \frac{\partial \boldsymbol{D}}{\partial t}$$

を用いて書き換えると

$$\nabla \frac{\rho}{\varepsilon_0} - \nabla^2 \boldsymbol{E} = -\mu_0 \frac{\partial}{\partial t}\left(\boldsymbol{j} + \varepsilon_0 \frac{\partial \boldsymbol{E}}{\partial t}\right)$$

となり，電場の波動方程式は

$$\frac{\partial^2 \boldsymbol{E}}{\partial t^2} - \frac{1}{\varepsilon_0\mu_0}\nabla^2 \boldsymbol{E} = -\frac{1}{\varepsilon_0}\frac{\partial}{\partial t}\boldsymbol{j} - \nabla \frac{\rho}{\varepsilon_0^2\mu_0}$$

アンペール-マクスウェルの法則

$$\nabla \times \boldsymbol{H} = \boldsymbol{j} + \frac{\partial \boldsymbol{D}}{\partial t}$$

の両辺の回転をとると

$$\nabla \times (\nabla \times \boldsymbol{H}) = \nabla \times \left(\boldsymbol{j} + \frac{\partial \boldsymbol{D}}{\partial t}\right),$$

$$\nabla(\nabla \cdot \boldsymbol{H}) - \nabla^2 \boldsymbol{H} = \nabla \times \left(\boldsymbol{j} + \frac{\partial \boldsymbol{D}}{\partial t}\right)$$

この式の左辺第 1 項は磁場に関するガウスの法則，右辺第 2 項にファラデーの法則を用いて書き換えると，

$$-\nabla^2 \boldsymbol{H} = \nabla \times \boldsymbol{j} - \varepsilon_0\mu_0 \frac{\partial^2 \boldsymbol{H}}{\partial t^2}$$

となり，磁場の波動方程式は

$$\frac{\partial^2 \boldsymbol{H}}{\partial t^2} - \frac{1}{\varepsilon_0\mu_0}\nabla^2 \boldsymbol{H} = \frac{1}{\varepsilon_0\mu_0}\nabla \times \boldsymbol{j}$$

(2) 電場 $\boldsymbol{E}$ とスカラーポテンシャル ϕ，ベクトルポテンシャル $\boldsymbol{A}$ は

$$\boldsymbol{E} = -\nabla\phi - \frac{\partial \boldsymbol{A}}{\partial t}$$

の関係がある．これを電場のガウスの法則

$$\nabla \cdot \boldsymbol{E} = \frac{\rho}{\varepsilon_0}$$

に代入すると

$$\nabla \cdot \left(-\nabla\phi - \frac{\partial \boldsymbol{A}}{\partial t}\right) = \frac{\rho}{\varepsilon_0}$$

となり，整理すると

$$-\nabla^2\phi - \frac{\partial}{\partial t}\nabla \cdot \boldsymbol{A} = \frac{\rho}{\varepsilon_0}$$

この式にローレンツ条件から

$$\nabla \cdot \boldsymbol{A} = -\varepsilon_0\mu_0 \frac{\partial \phi}{\partial t}$$

を代入すると

$$-\nabla^2\phi + \varepsilon_0\mu_0 \frac{\partial^2 \phi}{\partial t^2} = \frac{\rho}{\varepsilon_0}$$

これはスカラーポテンシャル ϕ の波動方程式である．

次に，磁場 $\boldsymbol{B}$ とベクトルポテンシャル $\boldsymbol{A}$ の関係

$$\boldsymbol{B} = \nabla \times \boldsymbol{A}$$

と

$$\boldsymbol{E} = -\nabla\phi - \frac{\partial \boldsymbol{A}}{\partial t}$$

をアンペール-マクスウェルの法則

$$\nabla \times \boldsymbol{H} = \boldsymbol{j} + \frac{\partial \boldsymbol{D}}{\partial t}$$

に代入する．

$$\frac{1}{\mu_0}\nabla \times (\nabla \times \boldsymbol{A})$$
$$= \boldsymbol{j} + \varepsilon_0 \frac{\partial}{\partial t}\left(-\nabla\phi - \frac{\partial \boldsymbol{A}}{\partial t}\right),$$

$$\nabla(\nabla \cdot \boldsymbol{A}) - \nabla^2 \boldsymbol{A}$$

6

$$= \mu_0 \boldsymbol{j} + \mu_0 \varepsilon_0 \frac{\partial}{\partial t}\left(-\nabla\phi - \frac{\partial \boldsymbol{A}}{\partial t}\right)$$

この式にローレンツ条件から

$$\varepsilon_0 \mu_0 \frac{\partial \phi}{\partial t} = -\nabla \cdot \boldsymbol{A}$$

を右辺に代入すると

$$\varepsilon_0 \mu_0 \frac{\partial^2 \boldsymbol{A}}{\partial t^2} - \nabla^2 \boldsymbol{A} = \mu_0 \boldsymbol{j}$$

これはベクトルポテンシャル $\boldsymbol{A}$ の波動方程式である．

6.2.3 (1) 磁束密度 $\boldsymbol{B}$ は磁場に関するガウスの法則

$$\nabla \cdot \boldsymbol{B} = 0$$

を満たすことから，ベクトルポテンシャル $\boldsymbol{A}$ との関係は

$$\boldsymbol{B} = \nabla \times \boldsymbol{A}$$

これを電磁誘導の法則の式に

$$\nabla \times \boldsymbol{E} = -\frac{\partial \boldsymbol{B}}{\partial t}$$

を代入すると

$$\nabla \times \boldsymbol{E} = -\frac{\partial}{\partial t}(\nabla \times \boldsymbol{A})$$

$$\therefore \quad \nabla \times \left(\boldsymbol{E} + \frac{\partial \boldsymbol{A}}{\partial t}\right) = 0$$

この関係を満たすことから

$$\boldsymbol{E} + \frac{\partial \boldsymbol{A}}{\partial t} = -\nabla\phi$$

と置ける．これから

$$\boldsymbol{E} = -\nabla\phi - \frac{\partial \boldsymbol{A}}{\partial t}$$

ϕ がスカラーポテンシャルである．

(2) ϕ' と $\boldsymbol{A}'$ が (1) と同様の関係を満たすことを示す．

$$\phi' = \phi - \frac{\partial \chi}{\partial t},$$

$$\boldsymbol{A}' = \boldsymbol{A} + \nabla\chi$$

を

$$\boldsymbol{E} = -\nabla\phi' - \frac{\partial \boldsymbol{A}'}{\partial t}$$

に代入すると

$$\begin{aligned}\boldsymbol{E} &= -\nabla\left(\phi - \frac{\partial \chi}{\partial t}\right) - \frac{\partial}{\partial t}(\boldsymbol{A} + \nabla\chi) \\ &= -\nabla\phi - \frac{\partial}{\partial t}\boldsymbol{A}\end{aligned}$$

となり (1) と同じ結果を与える．
同じく

$$\boldsymbol{B} = \nabla \times \boldsymbol{A}' = \nabla \times (\boldsymbol{A} + \nabla\chi) = \nabla \times \boldsymbol{A}$$

となり (1) と同じ結果を与える．

(3) 電磁ポテンシャルは (1) で示したように，磁場に関するガウスの法則と電磁誘導の法則を満たしている．電場に関するガウスの法則に電磁ポテンシャルに代入すると

$$\nabla \cdot \left(-\nabla\phi - \frac{\partial \boldsymbol{A}}{\partial t}\right) = \frac{\rho}{\varepsilon_0}$$

これから

$$-\nabla^2\phi - \frac{\partial}{\partial t}\nabla \cdot \boldsymbol{A} = \frac{\rho}{\varepsilon_0} \qquad ①$$

アンペール-マクスウェルの法則に電磁ポテンシャルを代入すると

$$\frac{1}{\mu_0}\nabla \times \nabla \times \boldsymbol{A} = \boldsymbol{j} + \varepsilon_0 \frac{\partial}{\partial t}\left(-\nabla\phi - \frac{\partial \boldsymbol{A}}{\partial t}\right)$$

整理すると

$$\begin{aligned}&\nabla(\nabla \cdot \boldsymbol{A}) - \nabla^2 \boldsymbol{A} \\ &\quad = \mu_0 \boldsymbol{j} - \varepsilon_0 \mu_0 \frac{\partial}{\partial t}(\nabla\phi) - \varepsilon_0 \mu_0 \frac{\partial^2 \boldsymbol{A}}{\partial t^2},\end{aligned}$$

$$\begin{aligned}&\varepsilon_0 \mu_0 \frac{\partial^2 \boldsymbol{A}}{\partial t^2} - \nabla^2 \boldsymbol{A} \\ &\quad = \mu_0 \boldsymbol{j} - \varepsilon_0 \mu_0 \frac{\partial}{\partial t}(\nabla\phi) - \nabla(\nabla \cdot \boldsymbol{A}) \qquad ②\end{aligned}$$

(4) ローレンツゲージ

$$\nabla \cdot \boldsymbol{A} + \varepsilon_0 \mu_0 \frac{\partial \phi}{\partial t} = 0$$

を使うと，(3) で求めた①式

$$-\nabla^2\phi - \frac{\partial}{\partial t}\nabla \cdot \boldsymbol{A} = \frac{\rho}{\varepsilon_0}$$

は

$$-\nabla^2\phi + \varepsilon_0 \mu_0 \frac{\partial^2 \phi}{\partial t^2} = \frac{\rho}{\varepsilon_0}$$

と波動方程式となる．同様に，②式

$$\varepsilon_0\mu_0\frac{\partial^2 \boldsymbol{A}}{\partial t^2}-\nabla^2\boldsymbol{A}$$
$$=\mu_0\boldsymbol{j}-\varepsilon_0\mu_0\frac{\partial}{\partial t}(\nabla\phi)-\nabla(\nabla\cdot\boldsymbol{A})$$

にローレンツゲージを使うと，

$$\varepsilon_0\mu_0\frac{\partial^2 \boldsymbol{A}}{\partial t^2}-\nabla^2\boldsymbol{A}$$
$$=\mu_0\boldsymbol{j}-\nabla(-\nabla\cdot\boldsymbol{A})-\nabla(\nabla\cdot\boldsymbol{A})$$

これは整理すると

$$\varepsilon_0\mu_0\frac{\partial^2 \boldsymbol{A}}{\partial t^2}-\nabla^2\boldsymbol{A}=\mu_0\boldsymbol{j}$$

と波動方程式となる．

6.2.4 (1) 電場の平面波に $\boldsymbol{k}=k\,\boldsymbol{e}_z$，$\boldsymbol{E}_0=E_0(\boldsymbol{e}_x\pm i\,\boldsymbol{e}_y)$ を代入すると

$$\boldsymbol{E}=\mathrm{Re}\left\{E_0(\boldsymbol{e}_x\pm i\,\boldsymbol{e}_y)e^{i(kz-\omega t)}\right\}$$
$$=E_0\,\boldsymbol{e}_x\cos(kz-\omega t)\mp E_0\,\boldsymbol{e}_y\sin(kz-\omega t)$$

これは，

$$\boldsymbol{E}=(E_0\cos(kz-\omega t),\mp E_0\sin(kz-\omega t),0)$$

であるので，ある z のところで見ると E_x と E_y の位相が $\frac{\pi}{2}$ ずれて時間的に振動している．$\mp$ の $-$ をとると電場の振動面は xy 平面内で時計回りになり，$+$ をとると反時計回りになる．この電場は振幅が一定なので円偏光である．$k>0$ より平面波の進行方向は z 軸方向なので，「右ネジの回転と進行方向の関係」と同じものを右円偏光と呼ぶと $\mp$ の $+$ の符号をとったものが右円偏光，$-$ の符号をとったものが左円偏光である．
次に磁束密度については電磁誘導の法則

$$\nabla\times\boldsymbol{E}=-\frac{\partial \boldsymbol{B}}{\partial t}$$

に代入して，

$$\mathrm{Re}\left\{ik\,\boldsymbol{e}_z\times\boldsymbol{E}_0e^{i(kz-\omega t)}\right\}$$
$$=\mathrm{Re}(i\omega\boldsymbol{B}_0e^{i(kz-\omega t)})$$

これから

$$-kE_0\sin(kz-\omega t)\,\boldsymbol{e}_y\pm kE_0\cos(kz-\omega t)\,\boldsymbol{e}_x$$
$$=-\omega\boldsymbol{B}_0\sin(kz-\omega t)$$

整理すると

$$\boldsymbol{B}_0\sin(kz-\omega t)=\mp\frac{k}{\omega}E_0\cos(kz-\omega t)\,\boldsymbol{e}_x+\frac{k}{\omega}E_0\sin(kz-\omega t)\boldsymbol{e}_y,$$

$$\boldsymbol{B}=\mathrm{Re}\{\boldsymbol{B}_0e^{i(kz-\omega t)}\}=\boldsymbol{B}_0\cos(kz-\omega t)$$
$$=\boldsymbol{B}_0\sin\left(kz-\omega t+\frac{\pi}{2}\right)$$

であるので

$$\boldsymbol{B}=\pm\frac{k}{\omega}E_0\sin(kz-\omega t)\,\boldsymbol{e}_x+\frac{k}{\omega}E_0\cos(kz-\omega t)\,\boldsymbol{e}_y$$

これはある z に対して B_x と B_y の位相が $\frac{\pi}{2}$ ずれて時間的に振動している．$\pm$ の $-$ をとると電場の振動面は xy 平面内で時計回りになり，$+$ をとると反時計回りになる．この磁束密度は振幅が一定なので円偏光である．$k>0$ より平面波の進行方向は z 軸方向なので，$\pm$ の $+$ の符号をとったものが右円偏光，$-$ の符号をとったものが左円偏光である．よって電場と同じ偏光になる．

(2) $\boldsymbol{E}_0=E_0(\boldsymbol{e}_x\pm i\,\boldsymbol{e}_y)$ の $+$ の波が $+z$ 軸方向，$-$ の波が $-z$ 軸方向に進むので $k>0$ とすると，それぞれ $\boldsymbol{E}_\pm$ と書くと，重ね合わされた結果の電場 $\boldsymbol{E}$ は

$$\boldsymbol{E}=\boldsymbol{E}_++\boldsymbol{E}_-$$
$$=(E_0\cos(kz-\omega t),-E_0\sin(kz-\omega t),0)$$
$$+(E_0\cos(-kz-\omega t),E_0\sin(-kz-\omega t),0)$$
$$=(2E_0\cos\omega t\cos kz,$$
$$-2E_0\cos\omega t\sin kz,0)$$

これはある z のところで見ると偏光面は一定なので直線偏光になっている．
同様に

$$\boldsymbol{B}=\boldsymbol{B}_++\boldsymbol{B}_-$$
$$=\left(\frac{k}{\omega}E_0\sin(kz-\omega t),\right.$$
$$\left.\frac{k}{\omega}E_0\cos(kz-\omega t),0\right)$$
$$+\left(-\frac{k}{\omega}E_0\sin(-kz-\omega t),\right.$$

6

$$\frac{k}{\omega}E_0\cos(-kz-\omega t), 0\Bigg)$$

$$= \left(2\frac{k}{\omega}E_0\cos\omega t\sin kz,\right.$$

$$\left.2\frac{k}{\omega}E_0\cos\omega t\cos kz, 0\right)$$

これはある z のところで見ると偏光面は一定なので直線偏光になっている．

ポイント ここで求めた $\boldsymbol{E}$ と $\boldsymbol{B}$ は互いに直交している．

6.2.5 (1) 導体中に電場があるとオームの法則

$$\boldsymbol{j} = \sigma_c \boldsymbol{E}$$

の関係があり，これをアンペール-マクスウェルの法則の $\boldsymbol{j}$ に代入すると

$$\nabla\times\boldsymbol{H} = \sigma_c\boldsymbol{E} + \frac{\partial \boldsymbol{D}}{\partial t} \quad ①$$

この両辺の回転をとると

$$\nabla\times(\nabla\times\boldsymbol{H}) = \sigma_c\nabla\times\boldsymbol{E} + \nabla\times\frac{\partial \boldsymbol{D}}{\partial t}$$

これに磁場に関するガウスの法則と電磁誘導の法則を使うと

$$-\frac{1}{\mu_0}\nabla^2\boldsymbol{B} = -\sigma_c\frac{\partial \boldsymbol{B}}{\partial t} - \varepsilon_0\frac{\partial^2 \boldsymbol{B}}{\partial t^2}$$

整理すると

$$\frac{\partial^2 \boldsymbol{B}}{\partial t^2} - \frac{1}{\varepsilon_0\mu_0}\nabla^2\boldsymbol{B} = -\frac{\sigma_c}{\varepsilon_0}\frac{\partial \boldsymbol{B}}{\partial t}$$

同様に電磁誘導の法則の式の回転をとりガウスの法則を使うと

$$-\nabla^2\boldsymbol{E} = -\nabla\times\frac{\partial \boldsymbol{B}}{\partial t}$$

これに①式を使うと

$$-\nabla^2\boldsymbol{E} = -\mu_0\frac{\partial}{\partial t}\left(\sigma_c\boldsymbol{E} + \frac{\partial \boldsymbol{D}}{\partial t}\right)$$

整理すると

$$\frac{\partial^2 \boldsymbol{E}}{\partial t^2} - \frac{1}{\varepsilon_0\mu_0}\nabla^2\boldsymbol{E} = -\frac{\sigma_c}{\varepsilon_0}\frac{\partial \boldsymbol{E}}{\partial t}$$

(2) z 軸方向に進行している波数 k，角振動数 ω の平面波

$$\boldsymbol{E} = \boldsymbol{E}_0 e^{i(kz-\omega t)}$$

を導体中の波動方程式に代入すると

$$-\omega^2 + c^2k^2 = i\frac{\sigma_c}{\varepsilon_0}\omega$$

これから k を求め σ_c が十分小さいとして展開すると

$$k = \frac{\omega}{c} + i\frac{1}{2c}\frac{\sigma_c}{\varepsilon_0} + \cdots$$

この分散関係を導体内の平面波に代入すると

$$\begin{aligned}\boldsymbol{E} &= \boldsymbol{E}_0 e^{i(kz-\omega t)}\\ &= \boldsymbol{E}_0 e^{i\left(\frac{\omega}{c}z + i\frac{1}{2c}\frac{\sigma_c}{\varepsilon_0}z - \omega t\right)}\\ &= e^{-\frac{1}{2c}\frac{\sigma_c}{\varepsilon_0}z}\boldsymbol{E}_0 e^{i\left(\frac{\omega}{c}z-\omega t\right)}\end{aligned}$$

このことから平面波が導体内に伝わっていくにつれて振幅は減衰し

$$z = \frac{2c\varepsilon_0}{\sigma_c}$$

で $z=0$ の電場の $\frac{1}{e}$ 倍になる．

6.3.1 Q は時間変化しないので磁場は存在しない．よって磁場による応力テンソルは考えなくて良い．図 9 のように座標系をとる．

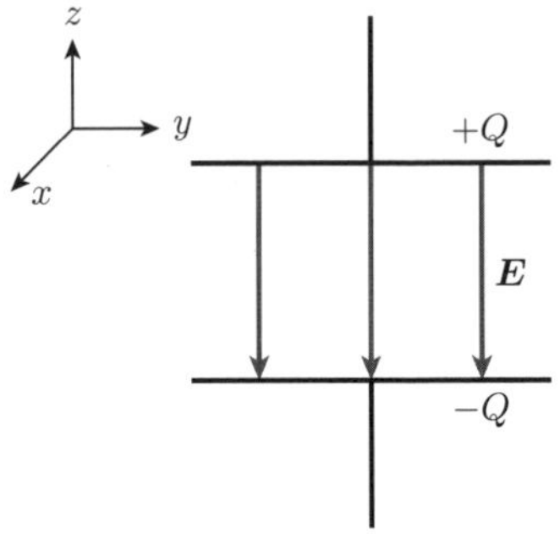

図 9

このときのコンデンサー間の電場の xyz 成分は

$$\boldsymbol{E} = \left(0, 0, -\frac{Q}{\varepsilon_0 S}\right)$$

よって，コンデンサーの極板間で電場の応力テンソルは

$$(T^{\mathrm{e}}_{ij}) = \begin{pmatrix} -A & 0 & 0\\ 0 & -A & 0\\ 0 & 0 & A\end{pmatrix}$$

ただし $A = \frac{1}{2}\varepsilon_0 \left(\frac{Q}{\varepsilon_0 S}\right)^2$.

図 10 の点線のように極板と平行で同じ底面積を持つ直方体の閉曲面 S で応力テンソルを積分する.

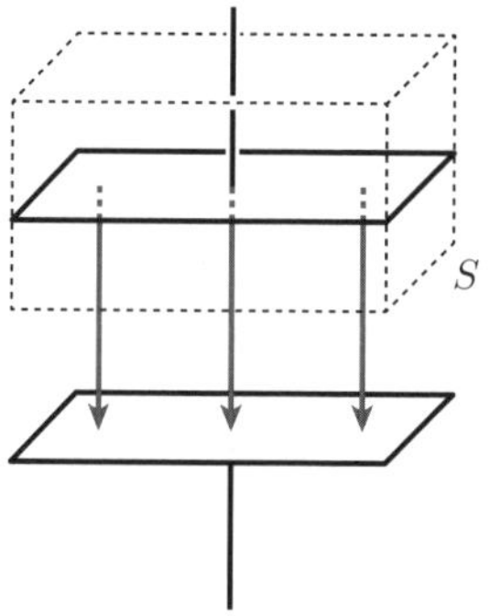

図 10

極板間以外に電場はないので，底面についてだけの積分になる．底面の方向は $-z$ 軸方向なので，結局応力テンソルを積分すると 0 でない成分は z 成分なので

$$F_z = \int_S T^{\mathrm{e}}_{zz} dS_z = -\frac{1}{2}\varepsilon_0 \left(\frac{Q}{\varepsilon_0 S}\right)^2 S = -\frac{1}{2}\frac{Q^2}{\varepsilon_0 S}$$

6.3.2 (1) 円柱の軸を z 軸とする円筒座標系を考える．円柱に一様な電流が z 軸に平行に流れているので，オームの法則

$$\boldsymbol{j} = \sigma \boldsymbol{E}$$

から電場も一様で z 軸に平行である．磁場は，電流の方向から考えて，円筒座標系の θ 成分のみを持つと考えられる．従って円柱導体の両端を電圧 V とすると

$$V = RI = El$$

であるので，電流の方向から考えて電場は

$$\boldsymbol{E} = \frac{RI}{l}\boldsymbol{e}_z$$

電流密度 $\boldsymbol{j}$ は

$$\boldsymbol{j} = \frac{I}{\pi a^2}\boldsymbol{e}_z$$

であるので磁場は，アンペールの法則

$$\int_S \nabla \times \boldsymbol{H} \cdot d\boldsymbol{S} = \int_S \boldsymbol{j} \cdot d\boldsymbol{S}$$

より S を円柱の底面に平行な半径 r の円にとると（ただし $0 < r < a$）

$$2\pi r H_\theta = \frac{I}{\pi a^2}\pi r^2,$$

$$\therefore \quad \boldsymbol{H} = \frac{I}{2\pi a^2} r\, \boldsymbol{e}_\theta$$

(2) 抵抗は R であるので単位時間当たりに発生するジュール熱 J は

$$J = RI^2$$

(3) ポインティングベクトル

$$\boldsymbol{S} = \boldsymbol{E} \times \boldsymbol{H}$$

は,

$$\boldsymbol{S} = \frac{RI}{l}\boldsymbol{e}_z \times \frac{I}{2\pi a^2} r\, \boldsymbol{e}_\theta = -\frac{RI^2 r}{2\pi a^2 l}\boldsymbol{e}_r$$

(4) ポインティングベクトル $\boldsymbol{S}$ は $-r$ 軸方向を向いているので，これを円柱の表面で積分すると

$$S 2\pi a l = -\frac{RI^2 a}{2\pi a^2 l} 2\pi a l = -RI^2$$

マイナスは円柱の側面で電磁場のエネルギーが内向きに流れていることを示している．この大きさはジュール熱に等しい．これは内側に流れている電磁場のエネルギーが，ジュール熱に変換されていると考えることができる．

6.3.3 (1) (6.1) 式の回転をとると

$$\nabla \times \boldsymbol{E} = -\frac{\partial}{\partial t}\nabla \times \boldsymbol{A}$$

となり，これは (6.2) 式を使うと電磁誘導の法則の式が出てくる．また，(6.1) 式の発散をとると

$$\nabla \cdot \boldsymbol{E} = -\frac{\partial}{\partial t}\nabla \cdot \boldsymbol{A}$$

となり，これに (6.4) 式を使うと真空中の電場のガウスの法則の式が出てくる．アンペールの法則の式に (6.1) 式と (6.2) 式を代入すると

$$\frac{1}{\mu_0}\nabla \times (\nabla \times \boldsymbol{A}) = -\varepsilon_0 \frac{\partial}{\partial t}\frac{\partial \boldsymbol{A}}{\partial t},$$

$$\frac{1}{\mu_0}\nabla(\nabla\cdot\boldsymbol{A})-\frac{1}{\mu_0}\nabla^2\boldsymbol{A}=-\varepsilon_0\frac{\partial^2\boldsymbol{A}}{\partial t^2}$$

となり，$c^2=\frac{1}{\varepsilon_0\mu_0}$ であるのと (6.4) 式を使うと (6.3) 式が出てくる．磁場に関するガウスの法則は (6.2) 式で満たされる．よって (6.1) 式から (6.4) 式は真空中のマクスウェル方程式から導ける．
ゲージ条件となっているのは，ゲージ条件がないとき

$$\boldsymbol{E}=-\nabla\phi-\frac{\partial}{\partial t}\boldsymbol{A}$$

となることから

$$\phi=0$$

6

$\phi=0$ であれば，磁場に関するガウスの法則から (6.2) 式が得られ，これを使うと電磁誘導の法則から (6.1) 式が得られ，電場に関するガウスの法則から (6.4) 式が得られ，アンペール-マクスウェルの法則と (6.4) 式から (6.3) 式が得られる．

(2) (6.5) 式

$$\boldsymbol{A}=Ae^{i(\boldsymbol{k}\cdot\boldsymbol{r}-\omega t)}\boldsymbol{e}$$

を (6.3) 式に代入すると

$$-k^2\boldsymbol{A}+\frac{\omega^2}{c^2}\boldsymbol{A}=0$$

となるので

$$\frac{\omega^2}{k^2}=c^2$$

(6.5) 式を (6.1) 式に代入すると

$$\boldsymbol{E}=i\omega Ae^{i(\boldsymbol{k}\cdot\boldsymbol{r}-\omega t)}\boldsymbol{e}$$

となり $\boldsymbol{E}$ と $\boldsymbol{e}$ は平行あるいは反平行である．
(6.5) 式を (6.2) 式に代入すると

$$\boldsymbol{B}=i\boldsymbol{k}\times Ae^{i(\boldsymbol{k}\cdot\boldsymbol{r}-\omega t)}\boldsymbol{e}$$

であるので $\boldsymbol{B}$ は $\boldsymbol{e}$ や $\boldsymbol{k}$ と直交している．(6.4) 式に (6.5) 式を代入すると

$$-i\boldsymbol{k}\cdot Ae^{i(\boldsymbol{k}\cdot\boldsymbol{r}-\omega t)}\boldsymbol{e}=0$$

より $\boldsymbol{k}$ と $\boldsymbol{e}$ は直交している．
まとめると，波の進行方向である $\boldsymbol{k}$ に対して $\boldsymbol{E}$ は直交しており，$\boldsymbol{B}$ はこの両方に直交している．

(3) ポインティングベクトル $\boldsymbol{S}$ は $\boldsymbol{E}$ と $\boldsymbol{B}$ が複素数としたので

$$\boldsymbol{S}=\frac{1}{\mu_0}\mathrm{Re}(\boldsymbol{E})\times\mathrm{Re}(\boldsymbol{B})$$

これは

$$\boldsymbol{S}=\frac{1}{\mu_0}\omega A^2\boldsymbol{e}\times(\boldsymbol{k}\times\boldsymbol{e})\sin^2(\boldsymbol{k}\cdot\boldsymbol{r}-\omega t)$$

これから $T=\frac{2\pi}{\omega}$ として，ある $\boldsymbol{r}$ に対して $\boldsymbol{S}$ の平均を計算すると

$$\begin{aligned}\langle\boldsymbol{S}\rangle &= \frac{1}{T}\int_0^T\frac{1}{\mu_0}\omega A^2\boldsymbol{e}\\ &\qquad\times(\boldsymbol{k}\times\boldsymbol{e})\sin^2(\boldsymbol{k}\cdot\boldsymbol{r}-\omega t)dt\\ &= \frac{1}{T}\int_0^T\frac{1}{\mu_0}\omega A^2\boldsymbol{k}\\ &\qquad\times\frac{1-\cos 2(\boldsymbol{k}\cdot\boldsymbol{r}-\omega t)}{2}dt\\ &= \frac{1}{2\mu_0}\omega A^2\boldsymbol{k}\\ &= \frac{1}{2\mu_0}|\boldsymbol{E}||\boldsymbol{B}|\frac{\boldsymbol{k}}{k}\end{aligned}$$

ここで，

$$\begin{aligned}\boldsymbol{E}\times\boldsymbol{B}^* &= \{i\omega Ae^{i(\boldsymbol{k}\cdot\boldsymbol{r}-\omega t)}\boldsymbol{e}\}\\ &\qquad\times\{-i\boldsymbol{k}\times Ae^{-i(\boldsymbol{k}\cdot\boldsymbol{r}-\omega t)}\boldsymbol{e}\}\\ &= \omega A^2\boldsymbol{k}\\ &= |\boldsymbol{E}||\boldsymbol{B}|\frac{\boldsymbol{k}}{k}\end{aligned}$$

であるので

$$\langle\boldsymbol{S}\rangle=\frac{1}{2\mu_0}\boldsymbol{E}\times\boldsymbol{B}^*$$

同様に

$$\begin{aligned}&\langle u_{\mathrm{em}}\rangle\\ &=\frac{1}{T}\int_0^T\frac{1}{2}\biggl(\varepsilon_0\mathrm{Re}(\boldsymbol{E})^2\\ &\qquad\qquad+\frac{1}{\mu_0}\mathrm{Re}(\boldsymbol{B})^2\biggr)dt\\ &=\frac{1}{4}\left(\varepsilon_0|\boldsymbol{E}|^2+\frac{1}{\mu_0}|\boldsymbol{B}|^2\right)\end{aligned}$$

ここで

$$|\boldsymbol{E}|^2=\boldsymbol{E}\cdot\boldsymbol{E}^*,$$
$$|\boldsymbol{B}|^2=\boldsymbol{B}\cdot\boldsymbol{B}^*$$

より

$$\langle u_{\rm em}\rangle = \frac{1}{4}\left(\varepsilon_0 \boldsymbol{E}\cdot\boldsymbol{E}^* + \frac{1}{\mu_0}\boldsymbol{B}\cdot\boldsymbol{B}^*\right)$$

(4) (3) の $\langle u_{\rm em}\rangle$ の右辺を (2) で求めた結果を使って計算すると

$$\begin{aligned}
&\frac{1}{4}\left(\varepsilon_0 \boldsymbol{E}\cdot\boldsymbol{E}^* + \frac{1}{\mu_0}\boldsymbol{B}\cdot\boldsymbol{B}^*\right)\\
&= \frac{1}{4}\Big[\varepsilon_0 i\omega A e^{i(\boldsymbol{k}\cdot\boldsymbol{r}-\omega t)}\boldsymbol{e}\cdot\{i\omega A e^{i(\boldsymbol{k}\cdot\boldsymbol{r}-\omega t)}\boldsymbol{e}\}^*\\
&\quad + \frac{1}{\mu_0}i\boldsymbol{k}\\
&\quad\times A e^{i(\boldsymbol{k}\cdot\boldsymbol{r}-\omega t)}\boldsymbol{e}\cdot\{i\boldsymbol{k}\times A e^{i(\boldsymbol{k}\cdot\boldsymbol{r}-\omega t)}\boldsymbol{e}\}^*\Big]\\
&= \frac{1}{4}\left(\varepsilon_0\omega^2 A^2 + \frac{1}{\mu_0}k^2 A^2\right)\\
&= \frac{1}{2}\varepsilon_0\omega^2 A^2
\end{aligned}$$

ここで，(2) で求めた分散関係から

$$\frac{k^2}{\varepsilon_0\mu_0} = c^2k^2 = \omega^2$$

を使った．よって

$$\begin{aligned}
\langle u_{\rm em}\rangle &= \frac{1}{4}\left(\varepsilon_0 \boldsymbol{E}\cdot\boldsymbol{E}^* + \frac{1}{\mu_0}\boldsymbol{B}\cdot\boldsymbol{B}^*\right)\\
&= \frac{1}{2}\varepsilon_0\omega^2 A^2
\end{aligned}$$

(3) で求めた $\langle \boldsymbol{S}\rangle$ の結果を使うと

$$\begin{aligned}
\langle \boldsymbol{S}\rangle &= \frac{1}{2\mu_0}\boldsymbol{E}\times\boldsymbol{B}^* = \frac{1}{2\mu_0}\omega A^2\boldsymbol{k}\\
&= \frac{1}{2}\varepsilon_0\omega^2A^2\frac{k}{\omega\varepsilon_0\mu_0}\frac{\boldsymbol{k}}{k} = \frac{1}{2}\varepsilon_0\omega^2A^2c\frac{\boldsymbol{k}}{k}\\
&= \langle u_{\rm em}\rangle c\frac{\boldsymbol{k}}{k}
\end{aligned}$$

ポイント ポインティングベクトルの大きさはエネルギー密度と光速の積なので単位面積当たり短時間当たりのエネルギー流量になっている．

6.3.4 (1) 入射波は平面波で z 軸方向に進行し，その方向は誘電体に垂直であるので，反射波は $-z$ 軸方向に，透過波は z 軸方向に進行し，それぞれ平面波で電場や磁場は z 座標のみに依存し xy 座標によらない．
誘電体の境界面を xy 平面とする．この境界にまたがった xz 平面上の長方形 S で電磁誘導の法則の方程式を面積分する．

$$\int_S \nabla\times\boldsymbol{E}\cdot d\boldsymbol{S} = -\int_S \frac{\partial\boldsymbol{B}}{\partial t}d\boldsymbol{S}$$

平面波の電場は x 成分のみを持つので S の四つの角の点の xz 座標は $x=\pm l, z=\pm\Delta z$ とする．$\frac{\partial\boldsymbol{B}}{\partial t}$ が有限なので，$\Delta z\to 0$ とすると $S\to 0$ となり右辺は 0 になる．左辺にストークスの定理を適用する．C を S の周囲の経路とすると

$$\begin{aligned}
\int_S \nabla\times\boldsymbol{E}\cdot d\boldsymbol{S} &= \oint_C \boldsymbol{E}\cdot d\boldsymbol{S}\\
&= \{E_x(\Delta z) - E_x(-\Delta z)\}\,2l\\
&= 0
\end{aligned}$$

ここで平面波の電場は z のみに依存することを使った．これから

$$E_x(\Delta z) = E_x(-\Delta z)$$

従って $\Delta z\to 0$ とすると電場 $\boldsymbol{E}$ は x 成分のみを持つので $z=0$ で連続であることが示された．次に磁場についても同様に示すことができる．真空中や誘電体中には電流は無いのでアンペール-マクスウェルの法則は

$$\nabla\times\boldsymbol{H} = \frac{\partial\boldsymbol{D}}{\partial t}$$

となることから問題で与えられている平面波の式を

$$\boldsymbol{D} = \boldsymbol{D}_0\cos(\boldsymbol{k}\cdot\boldsymbol{r}-\omega t)$$

として代入すると

$$\nabla\times\boldsymbol{H} = \omega\boldsymbol{D}_0\sin(\boldsymbol{k}\cdot\boldsymbol{r}-\omega t)$$

となるので $\boldsymbol{H}$ は平面波の磁場なので $\boldsymbol{k}, \boldsymbol{E}$ と直交している．よって $\boldsymbol{H}$ は y 成分のみを持つ．よって

$$\nabla\times\boldsymbol{H} = \frac{\partial\boldsymbol{D}}{\partial t}$$

を yz 平面上の長方形 S で積分する．

$$\int_S \nabla\times\boldsymbol{H}\cdot d\boldsymbol{S} = \int_S \frac{\partial\boldsymbol{D}}{\partial t}\cdot d\boldsymbol{S}$$

ここで S の四つの角の点の yz 座標は $y=\pm l, z=\pm\Delta z$ とし，$\Delta z\to 0$ とすると $S\to 0$ となり $\frac{\partial\boldsymbol{D}}{\partial t}$ は有限なので右辺は 0 になる．左辺にストークスの定理を適用する．C を S の周囲の経路とすると

$$\int_S \nabla\times\boldsymbol{H}\cdot d\boldsymbol{S} = \oint_C \boldsymbol{H}\cdot d\boldsymbol{S}$$

6

$$= \{H_y(\Delta z) - H_y(-\Delta z)\}\, 2l$$
$$= 0$$

ここで平面波の磁場は z のみに依存することを使った．これから

$$H_y(\Delta z) = H_y(-\Delta z)$$

従って $\Delta z \to 0$ とすると磁場 $\boldsymbol{H}$ は y 成分のみを持つので $z = 0$ で連続であることが示された．

(2) 誘電体中のアンペール-マクスウェルの法則

$$\nabla \times \boldsymbol{H} = \frac{\partial \boldsymbol{D}}{\partial t}$$

の両辺を時間微分して電磁誘導の法則

$$\nabla \times \boldsymbol{E} = -\frac{\partial \boldsymbol{B}}{\partial t}$$

を代入すると

$$-\frac{1}{\mu}\nabla \times \nabla \times \boldsymbol{E} = \varepsilon \frac{\partial^2 \boldsymbol{E}}{\partial t^2}$$

左辺は

$$-\frac{1}{\mu}\nabla \times \nabla \times \boldsymbol{E} = -\frac{1}{\mu}\{\nabla(\nabla \cdot \boldsymbol{E}) - \nabla^2 \boldsymbol{E}\}$$

であり，誘電体中の電場に関するガウスの法則

$$\nabla \cdot \boldsymbol{D} = 0$$

を使うと

$$\frac{1}{\mu}\nabla^2 \boldsymbol{E} = \varepsilon \frac{\partial^2 \boldsymbol{E}}{\partial t^2}$$

整理して

$$\frac{\partial^2 \boldsymbol{E}}{\partial t^2} - \frac{1}{\mu\varepsilon}\nabla^2 \boldsymbol{E} = 0$$

これが誘電体中の電場についての波動方程式である．これに透過波として

$$\boldsymbol{E}_T = \boldsymbol{E}_{T_0} \cos(\boldsymbol{k}' \cdot \boldsymbol{r} - \omega' t)$$

を代入すると

$$-\omega'^2 \boldsymbol{E}_T + \frac{1}{\mu\varepsilon} k'^2 \boldsymbol{E}_T = 0$$

$$\therefore \quad \omega'^2 = \frac{1}{\mu\varepsilon} k'^2$$

波の位相速度 v は $\frac{\omega'}{|\boldsymbol{k}'|}$ であるので

$$v = \sqrt{\frac{1}{\mu\varepsilon}}$$

(3) (1) より境界面（$z = 0$）では電場 $\boldsymbol{E}$ が連続であるので，反射波，透過波をそれぞれ $\boldsymbol{E}_R, \boldsymbol{E}_T$ とすると $z = 0$ で

$$\boldsymbol{E} + \boldsymbol{E}_R = \boldsymbol{E}_T$$

入射波は z 軸方向に進行しているので

$$\boldsymbol{E} = \boldsymbol{E}_0 \cos(kz - \omega t)$$

であり，$z = 0$ では

$$\boldsymbol{E} = \boldsymbol{E}_0 \cos(-\omega t)$$

であるので，$\boldsymbol{E}_R, \boldsymbol{E}_T$ は $z = 0$ で

$$\boldsymbol{E}_R = \boldsymbol{E}_{R_0} \cos(-\omega t),$$
$$\boldsymbol{E}_T = \boldsymbol{E}_{T_0} \cos(-\omega t)$$

よって振幅の関係は

$$\boldsymbol{E}_0 + \boldsymbol{E}_{R_0} = \boldsymbol{E}_{T_0}$$

であり $\boldsymbol{E}_0$ は x 成分のみなので

$$E_0 + E_{R_0} = E_{T_0}$$

反射波は真空中を伝播するので波の位相速度は

$$c^2 = \frac{\omega^2}{k^2}$$

であり，波の進行方向が $-z$ 軸方向であるから

$$\boldsymbol{E}_R = \boldsymbol{E}_{R_0} \cos(-kz - \omega t)$$

一方，透過波は誘電体中を伝播するので波の位相速度は (2) で求めたように

$$v = \frac{\omega}{k'} = \sqrt{\frac{1}{\mu\varepsilon}}$$

ここで ω は誘電体中でも同じになることを使った．よって

$$k' = \sqrt{\mu\varepsilon}\,\omega$$
$$= \sqrt{\mu\varepsilon}\,kc$$

よって透過波は

$$\boldsymbol{E}_T = \boldsymbol{E}_{T_0}\cos\left(\sqrt{\frac{\mu\varepsilon}{\mu_0\varepsilon_0}}kz - \omega t\right)$$

磁場は電磁誘導の法則を使って

$$\frac{\partial \boldsymbol{B}}{\partial t} = -\nabla \times \boldsymbol{E}$$

の関係がある．よって入射波では

$$\boldsymbol{B} = -\frac{1}{\omega}\boldsymbol{k} \times \boldsymbol{E}_0 \cos(kz - \omega t)$$

反射波では

$$\boldsymbol{B}_R = \frac{1}{\omega}\boldsymbol{k} \times \boldsymbol{E}_{R_0}\cos(-kz - \omega t)$$

透過波では

$$\boldsymbol{B}_T = -\frac{1}{\omega}\boldsymbol{k}' \times \boldsymbol{E}_{T_0}\cos\left(\sqrt{\frac{\mu\varepsilon}{\mu_0\varepsilon_0}}kz - \omega t\right)$$

磁場 $\boldsymbol{H}$ の y 成分が $z = 0$ で連続であることから

$$\frac{1}{\mu_0\omega}kE_0 - \frac{1}{\mu_0\omega}kE_{R_0} = \frac{1}{\mu\omega}k'E_{T_0}$$

これから

$$kE_0 - kE_{R_0} = k'\frac{\mu_0}{\mu}E_{T_0}$$

上で求めた $k' = \sqrt{\dfrac{\mu\varepsilon}{\mu_0\varepsilon_0}}k$ を使うと

$$kE_0 - kE_{R_0} = \sqrt{\frac{\mu_0\varepsilon}{\mu\varepsilon_0}}kE_{T_0}$$

以上をまとめると二つの条件は

$$E_0 + E_{R_0} = E_{T_0},$$
$$E_0 - E_{R_0} = \sqrt{\frac{\mu_0\varepsilon}{\mu\varepsilon_0}}E_{T_0}$$

(4) 振幅反射率 $\frac{E_{R_0}}{E_0}$ は，(3) の二つの結果

$$E_0 + E_{R_0} = E_{T_0},$$
$$E_0 - E_{R_0} = \sqrt{\frac{\mu_0\varepsilon}{\mu\varepsilon_0}}E_{T_0}$$

を使うと

$$E_0 - E_{R_0} = \sqrt{\frac{\mu_0\varepsilon}{\mu\varepsilon_0}}(E_0 + E_{R_0})$$

これから

$$\frac{E_{R_0}}{E_0} = \frac{1 - \sqrt{\frac{\mu_0\varepsilon}{\mu\varepsilon_0}}}{1 + \sqrt{\frac{\mu_0\varepsilon}{\mu\varepsilon_0}}}$$

従って

$$\frac{E_{R_0}}{E_0} = \frac{\sqrt{\frac{\varepsilon_0}{\mu_0}} - \sqrt{\frac{\varepsilon}{\mu}}}{\sqrt{\frac{\varepsilon_0}{\mu_0}} + \sqrt{\frac{\varepsilon}{\mu}}}$$

$\varepsilon = 9\varepsilon_0, \mu = \mu_0$ のとき

$$\frac{E_{R_0}}{E_0} = -\frac{1}{2}$$

ポイント 符号が $-$ は E_{R_0} と E_0 の符号関係を意味し，$z = 0$ で入射波と反射波が逆位相になることを意味している．

(5) (3) より，境界面におけるポインティングベクトルは，入射波は

$$\boldsymbol{S}_0 = \boldsymbol{E} \times \boldsymbol{H} = \boldsymbol{E} \times \left(\frac{1}{\mu_0\omega}\boldsymbol{k} \times \boldsymbol{E}\right)$$
$$= E_0^2\sqrt{\frac{\varepsilon_0}{\mu_0}}\cos^2(-\omega t)\boldsymbol{e}_z$$

反射波のポインティングベクトル $\boldsymbol{S}_R$ は

$$\boldsymbol{S}_R = \boldsymbol{E}_R \times \boldsymbol{H}_R = \boldsymbol{E}_R \times \left\{\frac{1}{\mu_0\omega}(-\boldsymbol{k}) \times \boldsymbol{E}_R\right\}$$
$$= -E_{R_0}^2\sqrt{\frac{\varepsilon_0}{\mu_0}}\cos^2(-\omega t)\boldsymbol{e}_z$$

透過波のポインティングベクトル $\boldsymbol{S}_T$ は

$$\boldsymbol{S}_T = \boldsymbol{E}_T \times \boldsymbol{H}_T = \boldsymbol{E}_T \times \left\{\frac{1}{\mu\omega}(\boldsymbol{k})' \times \boldsymbol{E}_T\right\}$$
$$= E_{T_0}^2\sqrt{\frac{\varepsilon}{\mu}}\cos^2(-\omega t)\boldsymbol{e}_z$$

(3) の二つの結果

$$E_0 + E_{R_0} = E_{T_0},$$
$$E_0 - E_{R_0} = \sqrt{\frac{\mu_0\varepsilon}{\mu\varepsilon_0}}E_{T_0}$$

より

$$E_0 = \frac{1}{2}\left(1 + \sqrt{\frac{\mu_0\varepsilon}{\mu\varepsilon_0}}\right)E_{T_0},$$
$$E_0^2 - E_{R_0}^2 = \sqrt{\frac{\mu_0\varepsilon}{\mu\varepsilon_0}}E_{T_0}^2$$

が得られ，これを使うと

$$\begin{aligned} \boldsymbol{S}_T &= E_{T_0}^2\sqrt{\frac{\varepsilon}{\mu}}\cos^2(-\omega t)\boldsymbol{e}_z \\ &= (E_0^2 - E_{R_0}^2)\sqrt{\frac{\mu\varepsilon_0}{\mu_0\varepsilon}}\sqrt{\frac{\varepsilon}{\mu}}\cos^2(-\omega t)\boldsymbol{e}_z \\ &= (E_0^2 - E_{R_0}^2)\sqrt{\frac{\varepsilon_0}{\mu_0}}\cos^2(-\omega t)\boldsymbol{e}_z \end{aligned}$$

よって

$$\boldsymbol{S}_0 + \boldsymbol{S}_R = \boldsymbol{S}_T$$

の関係がある．

(6) ポインテイングベクトルは単位面積を単位時間に流れるエネルギーで，これを真空中なら c^2 で割ると電磁波の運動量密度が得られる．これに電磁波の位相速度をかけると単位面積を単位時間に通る運動量が得られる．誘電率が ε，透磁率が μ なら c^2 の代わりに $\frac{1}{\mu\varepsilon}$ を使う．単位面積を単位時間に通る運動量が空間的に変化することは電磁波が力を及ぼしたことを意味するので，この変化から電磁波による力を求めることができる．

まずポインテイングベクトルは時間変化しているので，時間平均を求めよう．

$$\begin{aligned} &\langle\boldsymbol{S}_0\rangle + \langle\boldsymbol{S}_R\rangle = \langle\boldsymbol{S}_T\rangle \\ &= \frac{1}{T}\int_T (E_0^2 - E_{R_0}^2)\sqrt{\frac{\varepsilon_0}{\mu_0}}\cos^2(-\omega t)\boldsymbol{e}_z\,dt \\ &= \frac{1}{2}(E_0^2 - E_{R_0}^2)\sqrt{\frac{\varepsilon_0}{\mu_0}}\boldsymbol{e}_z \end{aligned}$$

ここで平均をとる時間を $T = \frac{2\pi}{\omega}$ とした．$\boldsymbol{S}_0$ は時間的に振動しているので，十分長い T をとれば同じ結果となる．

透過波の領域では波の位相速度は $\sqrt{\frac{1}{\mu\varepsilon}}$ であるので単位面積を単位時間に通る運動量は

$$\sqrt{\frac{1}{\mu\varepsilon}}\mu\varepsilon\langle\boldsymbol{S}_T\rangle = \frac{1}{2}\sqrt{\mu\varepsilon}\sqrt{\frac{\varepsilon_0}{\mu_0}}(E_0^2 - E_{R_0}^2)\boldsymbol{e}_z$$

入射波と反射波は真空中を伝わり，波の位相速度の大きさは c なので

$$\begin{aligned} &c\frac{1}{c^2}\langle\boldsymbol{S}_0\rangle = \frac{1}{2}\sqrt{\frac{\varepsilon_0}{\mu_0}}\sqrt{\mu_0\varepsilon_0}E_0^2\,\boldsymbol{e}_z = \frac{1}{2}\varepsilon_0 E_0^2\,\boldsymbol{e}_z, \\ &c\frac{1}{c^2}\langle\boldsymbol{S}_R\rangle = -\frac{1}{2}\sqrt{\frac{\varepsilon_0}{\mu_0}}\sqrt{\mu_0\varepsilon_0}E_{R_0}^2\,\boldsymbol{e}_z \\ &\qquad = -\frac{1}{2}\varepsilon_0 E_{R_0}^2\,\boldsymbol{e}_z \end{aligned}$$

入射波の一部が反射波となるので $z = 0$ を通る $+z$ 軸方向の運動量の流れは

$$\sqrt{\mu_0\varepsilon_0}(\langle\boldsymbol{S}_0\rangle - \langle\boldsymbol{S}_R\rangle) = \frac{1}{2}\varepsilon_0(E_0^2 + E_{R_0}^2)\,\boldsymbol{e}_z$$

透過波と（入射波 + 反射波）の単位面積を単位時間に通る運動量の差は境界面が単位面積当たりに受ける力の z 成分 f_z と考えられるので

$$\begin{aligned} f_z &= \sqrt{\mu_0\varepsilon_0}(\langle\boldsymbol{S}_0\rangle - \langle\boldsymbol{S}_R\rangle) - \sqrt{\mu\varepsilon}\langle\boldsymbol{S}_T\rangle \\ &= \frac{1}{2}\varepsilon_0(E_0^2 + E_{R_0}^2)\boldsymbol{e}_z \\ &\quad - \frac{1}{2}\sqrt{\mu\varepsilon}\sqrt{\frac{\varepsilon_0}{\mu_0}}(E_0^2 - E_{R_0}^2)\boldsymbol{e}_z \end{aligned}$$

電磁応力テンソルは

$$\begin{aligned} T_{ij}^{\mathrm{em}} &= \varepsilon\left(E_iE_j - \frac{1}{2}E^2\delta_{ij}\right) \\ &\quad + \mu\left(H_iH_j - \frac{1}{2}H^2\delta_{ij}\right) \end{aligned}$$

$\boldsymbol{E}$ は x 成分，$\boldsymbol{H}$ は y 成分のみなので，0 でない T_{ij}^{em} は

$$\begin{aligned} T_{xx}^{\mathrm{em}} &= \frac{1}{2}\varepsilon E_x^2, \\ T_{yy}^{\mathrm{em}} &= \frac{1}{2}\mu H_y^2, \\ T_{zz}^{\mathrm{em}} &= -\frac{1}{2}\varepsilon E_x^2 - \mu\frac{1}{2}H_y^2 \end{aligned}$$

境界面は透過波の領域では z 軸方向を向いており，それに対する応力は単位面積当たり

$$T_{zz}^{\mathrm{em}}$$

これを f_{z+} と置く．上に示した応力テンソルから

$$\begin{aligned} f_{z+} &= T_{zz}^{\mathrm{em}} \\ &= -\varepsilon\frac{1}{2}E_T^2 - \mu\frac{1}{2}H_T^2 \\ &= -\varepsilon\frac{1}{2}E_{T_0}^2\cos^2(-\omega t) \\ &\quad - \mu\frac{1}{2\mu^2\omega^2}\frac{\mu\varepsilon}{\mu_0\varepsilon_0}k^2E_{T_0}^2\cos^2(-\omega t) \\ &= -\varepsilon E_{T_0}^2\cos^2(-\omega t) \end{aligned}$$

これを時間平均すると

$$\langle f_{z+}\rangle = -\frac{1}{2}\varepsilon E_{T_0}^2$$

$$= -\frac{1}{2}\sqrt{\varepsilon\mu}\sqrt{\frac{\varepsilon_0}{\mu_0}}(E_0^2 - E_{R_0}^2)$$

これは上で求めた $\sqrt{\varepsilon\mu}\langle \boldsymbol{S}_T\rangle$ と絶対値が等しく符号が逆である.

入射波と反射波については境界面は $-z$ 軸方向なので入射波と反射波によって境界面が受ける単位面積当たりの力の z 成分を f_{z-} とすると

$$\begin{aligned} f_{z-} &= T_{zz}^{\mathrm{em}} \\ &= \varepsilon_0\frac{1}{2}E^2 + \mu_0\frac{1}{2}H^2 + \varepsilon_0\frac{1}{2}E_R^2 + \mu_0\frac{1}{2}H_R^2 \\ &= \varepsilon_0\frac{1}{2}E_0^2\cos^2(-\omega t) \\ &\quad + \mu_0\frac{1}{2\mu_0^2\omega^2}k^2E_0^2\cos^2(-\omega t) \\ &\quad + \varepsilon_0\frac{1}{2}E_{R_0}^2\cos^2(-\omega t) \\ &\quad + \mu_0\frac{1}{2\mu_0^2\omega^2}k^2E_{R_0}^2\cos^2(-\omega t) \\ &= \varepsilon_0E_0^2\cos^2(-\omega t) + \varepsilon_0E_{R_0}^2\cos^2(-\omega t) \end{aligned}$$

時間平均して

$$\begin{aligned} \langle f_{z-}\rangle &= \frac{1}{2}\varepsilon_0E_0^2 + \frac{1}{2}\varepsilon_0E_{R_0}^2 \\ &= \frac{1}{2}\varepsilon_0(E_0^2 + E_{R_0}^2) \end{aligned}$$

となる. これは上で求めた $\sqrt{\mu_0\varepsilon_0}(\langle \boldsymbol{S}_0\rangle - \langle \boldsymbol{S}_R\rangle)$ と一致している. 境界面が受ける単位面積当たりの力の z 成分の時間平均 $\langle f\rangle$ は $\langle f_{z+}\rangle$ と $\langle f_{z-}\rangle$ の和なので

$$\begin{aligned} \langle f\rangle = \langle f_{z+}\rangle + \langle f_{z-}\rangle &= -\frac{1}{2}\sqrt{\varepsilon\mu}\sqrt{\frac{\varepsilon_0}{\mu_0}}(E_0^2 - E_{R_0}^2) \\ &\quad + \frac{1}{2}\varepsilon_0(E_0^2 + E_{R_0}^2) \end{aligned}$$

これは境界面の単位面積を単位時間当たりに通る電磁波の運動量の差に等しい.

付　章

A.3.1 (1) (A.2) 式の両辺の発散をとると

$$\nabla\cdot\boldsymbol{B} = \nabla\cdot(\nabla\times\boldsymbol{A}) = 0,$$

$$\therefore\quad \nabla\cdot\boldsymbol{B} = 0$$

また (A.1) 式の両辺の回転をとると, $\nabla\times\nabla\phi = 0$ を使って

$$\begin{aligned} \nabla\times\boldsymbol{E} &= \nabla\times\left(-\nabla\phi(\boldsymbol{r},t) - \frac{\partial\boldsymbol{A}(\boldsymbol{r},t)}{\partial t}\right) \\ &= -\frac{\partial}{\partial t}\nabla\times\boldsymbol{A}(\boldsymbol{r},t) \\ &= -\frac{\partial\boldsymbol{B}}{\partial t}, \end{aligned}$$

$$\therefore\quad \nabla\times\boldsymbol{E} = -\frac{\partial\boldsymbol{B}}{\partial t}$$

(2) (A.3) 式の $\boldsymbol{D}$ を (A.1) 式を使って表すと

$$\nabla\cdot\left\{\varepsilon_0\left(-\nabla\phi(\boldsymbol{r},t) - \frac{\partial\boldsymbol{A}(\boldsymbol{r},t)}{\partial t}\right)\right\} = \rho(\boldsymbol{r},t)$$

ここで (A.5) 式のゲージを使って $\nabla\cdot\boldsymbol{A}$ を書き換えると

$$-\nabla^2\phi(\boldsymbol{r},t) + \frac{1}{c^2}\frac{\partial^2\phi(\boldsymbol{r},t)}{\partial t^2} = \frac{\rho}{\varepsilon_0}$$

次に (A.4) 式の $\boldsymbol{H}$ を (A.2) 式で, $\boldsymbol{D}$ を (A.1) 式で書き換えると

$$\frac{1}{\mu_0}\nabla\times(\nabla\times\boldsymbol{A}) - \frac{\partial}{\partial t}\left\{\varepsilon_0\left(-\nabla\phi - \frac{\partial\boldsymbol{A}}{\partial t}\right)\right\} = \boldsymbol{j}$$

ここで (A.5) 式のゲージを使って ϕ を書き換えると

$$\begin{aligned} &\frac{1}{\mu_0}\nabla\times(\nabla\times\boldsymbol{A}) \\ &\quad - \left\{\varepsilon_0\left(c^2\nabla(\nabla\cdot\boldsymbol{A}) - \frac{\partial^2\boldsymbol{A}}{\partial t^2}\right)\right\} \\ &= \boldsymbol{j} \end{aligned}$$

ここで $c^2 = \frac{1}{\varepsilon_0\mu_0}$ と (A.6) 式より

$$\nabla\times(\nabla\times\boldsymbol{A}) = \nabla(\nabla\cdot\boldsymbol{A}) - \nabla^2\boldsymbol{A},$$

$$\therefore\quad -\nabla^2\boldsymbol{A} + \frac{1}{c^2}\frac{\partial^2\boldsymbol{A}}{\partial t^2} = \mu_0\boldsymbol{j}$$

A.3.2 (1) 解答は第 6 章基本問題 6.6 と同じ解き方なので省略.

(2) (A.11) 式を使って

$$\begin{aligned} \boldsymbol{E}\times\boldsymbol{H} &= \boldsymbol{E}\times\frac{(\boldsymbol{r}\times\boldsymbol{E})}{\mu_0 rc} \\ &= \frac{1}{\mu_0 rc}\{\boldsymbol{r}\boldsymbol{E}^2 - (\boldsymbol{r}\cdot\boldsymbol{E})\boldsymbol{E}\} \end{aligned}$$

(A.10) 式から $\boldsymbol{r}\cdot\boldsymbol{E} = 0$ より

$$\begin{aligned}
&\boldsymbol{E}\times\boldsymbol{H}\\
&=\frac{1}{\mu_0 rc}\left[\frac{e}{4\pi\varepsilon_0 c^2 r^3}\{\boldsymbol{r}\times(\boldsymbol{r}\times\dot{\boldsymbol{v}})\}\right]^2\boldsymbol{r}\\
&=\frac{1}{\mu_0 rc}\frac{e^2}{(4\pi\varepsilon_0 c^2 r^3)^2}r^2\{\dot{v}^2 r^2-(\dot{\boldsymbol{v}}\cdot\boldsymbol{r})^2\}\boldsymbol{r}\\
&=\frac{e^2\dot{v}^2\sin^2\theta}{16\pi^2\varepsilon_0 c^3 r^3}\boldsymbol{r}
\end{aligned}$$

ここで θ は $\boldsymbol{r}$ と $\dot{\boldsymbol{v}}$ のなす角である．これを使うと (A.8) 式の右辺は半径 r の球の体積 V について積分すると

$$\begin{aligned}
&-\int_V d^3x\nabla\cdot(\boldsymbol{E}\times\boldsymbol{H})\\
&=-\int_V d^3x\nabla\cdot\left(\frac{e^2\dot{v}^2\sin^2\theta}{16\pi^2\varepsilon_0 c^3 r^3}\boldsymbol{r}\right)\\
&=-\int_0^{2\pi}\int_0^{\pi}\left(\frac{e^2\dot{v}^2\sin^2\theta}{16\pi^2\varepsilon_0 c^3 r^3}r\right)r^2\sin\theta\,d\theta d\varphi\\
&=-\frac{e^2\dot{v}^2}{6\pi\varepsilon_0 c^3}
\end{aligned}$$

荷電粒子が半径 a，角速度 ω の円運動をしているとき，

$$\dot{v}=a\omega^2,$$

$$\therefore\quad S=-\frac{e^2a^2\omega^4}{6\pi\varepsilon_0 c^3}$$

索　　引

● た行 ●

監修者略歴

鈴木久男
すずき ひさお

1988年　名古屋大学大学院理学研究科博士後期課程修了　理学博士
現　在　北海道大学大学院理学研究院教授
（2006 年，「風間・鈴木模型の提唱」により
素粒子メダル受賞）

専門分野　素粒子理論

主要著書　「超弦理論を学ぶための 場の量子論」
（サイエンス社，2010 年）
「演習しよう　物理数学」（監修，数理工学社，2016 年）
「演習しよう　量子力学」（共著，数理工学社，2016 年）
「カラー版 レベル別に学べる 物理学 I, II 改訂版」
（共著，丸善出版，2015, 2016 年）

著者略歴

羽部朝男
はべ あさお

1982年　北海道大学大学院理学研究科物理学専攻博士課程修了
理学博士
現　在　北海道大学大学院理学研究院名誉教授

専門分野　宇宙物理学

主要著書　シリーズ現代の天文学，
「銀河 I」（共著，現代評論社，2007 年）

榎本潤次郎
えのもと じゅんじろう

2013年　北海道大学大学院理学院宇宙理学専攻博士前期課程修了
修士（理学）
在学時，北海道大学理学部物理学科の教育制度 GSI にて
「電磁気学演習」の講師を担当
現　在　DMG MORI Digital 株式会社

ライブラリ物理の演習しよう＝2
演習しよう　電磁気学
—これでマスター！　学期末・大学院入試問題—

2017年5月10日© 初版発行
2024年5月25日 初版第5刷発行

監修者 鈴木久男
著　者 羽部朝男
榎本潤次郎
発行者 矢沢和俊
印刷者 小宮山恒敏

【発行】 株式会社 数理工学社
〒151–0051 東京都渋谷区千駄ヶ谷1丁目3番25号
編集☎（03）5474–8661（代） サイエンスビル

【発売】 株式会社 サイエンス社
〒151–0051 東京都渋谷区千駄ヶ谷1丁目3番25号
営業☎（03）5474–8500（代） 振替 00170–7–2387
FAX☎（03）5474–8900

印刷・製本 小宮山印刷工業（株）
≪検印省略≫

ISBN978-4-86481-044-9

PRINTED IN JAPAN

サイエンス社・数理工学社の
ホームページのご案内
https://www.saiensu.co.jp
ご意見・ご要望は
suuri@saiensu.co.jp まで.